FELICIDADE POR ACASO

Daniel Gilbert

Felicidade por acaso

Como equilibrar as expectativas do futuro para alcançar uma vida feliz no presente

TRADUÇÃO
Renato Marques

OBJETIVA

Grafia atualizada segundo o Acordo Ortográfico da Língua Portuguesa de 1990, que entrou em vigor no Brasil em 2009.

Título original
Stumbling on Happiness

Capa
Eduardo Foresti

Preparação
Fernanda Mello

Índice remissivo
Probo Poletti

Revisão
Clara Diament
Ana Maria Barbosa

Dados Internacionais de Catalogação na Publicação (CIP)
(Câmara Brasileira do Livro, SP, Brasil)

Gilbert, Daniel
Felicidade por acaso : Como equilibrar as expectativas do futuro para alcançar uma vida feliz no presente / Daniel Gilbert ; tradução Renato Marques. — 1ª ed. — Rio de Janeiro : Objetiva, 2021.

Título original: Stumbling on Happiness
ISBN 978-85-470-0130-8

1. Conduta de vida 2. Felicidade I. Título.

21-69824 CDD-158

Índice para catálogo sistemático:
1. Felicidade : Psicologia 158
Cibele Maria Dias — Bibliotecária — CRB-8/9427

[2021]

EDITORA SCHWARCZ S.A.
Praça Floriano, 19, sala 3001 — Cinelândia
20031-050 — Rio de Janeiro — RJ
Telefone: (21) 3993-7510
www.companhiadasletras.com.br
www.blogdacompanhia.com.br
facebook.com/editoraobjetiva
instagram.com/editora_objetiva
twitter.com/edobjetiva

Para Oli, sob a macieira

Uma pessoa não pode adivinhar nem prever as circunstâncias
que a farão feliz; só tropeça nelas ao acaso, num
momento de sorte, no mais inesperado fim de mundo,
e se mantém agarrada, como à riqueza ou à fama.

Willa Cather, "Le Lavandou", 1902

Sumário

PARTE V: RACIONALIZAÇÃO

PARTE VI: CORRIGIBILIDADE

Prefácio

As presas de uma víbora não doem mais
Que a ingratidão de um filho.
William Shakespeare, *Rei Lear*, Ato I, cena 4

O que você faria neste exato momento se soubesse que iria morrer em dez minutos? Sairia correndo atrás daquele cigarro escondido na gaveta de meias há mais de quatro décadas? Invadiria a sala de seu chefe rodopiando e lhe apresentaria uma descrição detalhada de todos os seus defeitos? Dirigiria até aquela churrascaria perto do novo shopping e pediria uma picanha malpassada com uma camada extra de colesterol *ruim*? Claro que é difícil dizer, mas, dentre todas as coisas que você poderia fazer em seus derradeiros dez minutos de vida, é um palpite bastante seguro afirmar que quase nenhuma delas foi algo que você realmente fez hoje.

Bem, algumas pessoas lamentarão esse fato, apontando o dedo na sua direção para lhe dizer, em tom severo, que você deve viver cada minuto de sua vida como se fosse o último, o que só serve para mostrar que algumas pessoas passariam os últimos dez minutos de sua vida dando conselhos idiotas aos outros. As coisas que fazemos quando achamos que nossa vida vai seguir em frente são natural e adequadamente diferentes das que faríamos se nossa expectativa fosse a de que a vida terminaria de modo abrupto. Pegamos leve na gordura e no tabaco, rimos com diligência de mais uma piada sem graça do nosso chefe, lemos livros como este quando poderíamos estar usando chapéus de papel numa banheira de espuma e comendo macarons de pistache, e fazemos cada uma dessas coisas como um ato de caridade em favor das pessoas que em breve nos tornaremos. Cada um de nós trata seu futuro eu como se fosse um filho, dedicando boa parte das horas de boa parte dos nossos dias para construir um amanhã que, esperamos, resulte em sua felicidade. Em vez de cedermos ao que quer que surja em nossa fantasia momentânea, assumimos a responsabilidade pelo bem-estar do nosso futuro eu, reservando todo mês parte de nosso salário para que *ele* possa desfrutar de sua aposentadoria em um campo de golfe, fazendo exercícios e passando fio dental com certa regularidade para que *ele* possa evitar doenças cardíacas e enxertos gengivais, enfrentando fraldas sujas e entediantes reprises de *Frozen* e *O rei leão* para que um dia *ele* tenha netos de bochechas rechonchudas saltando em seu colo. Até mesmo gastar um dólar na loja de conveniência é um ato de caridade que visa garantir que a pessoa que estamos prestes a nos tornar desfrutará do cupcake pelo qual pagamos agora. Na verdade, toda vez que *queremos* alguma coisa — uma promoção, um casamento, um automóvel, um cheesbúrguer —, nossa expectativa é que, se conseguirmos, a pessoa que tem nossas impressões digitais — daqui a um segundo, um minuto, um dia ou uma década — desfrutará do mundo que herdou de nós, honrando nossos sacrifícios ao colher os frutos de nossas sensatas decisões em termos de investimentos e renúncias alimentares.

Sim, sim. Espere sentado. Como todos os frutos de nossas entranhas, a nossa prole futura é muitas vezes ingrata. Suamos a camisa para dar aos nossos rebentos simplesmente aquilo que achamos que eles vão querer, e eles se demitem do emprego, deixam o cabelo crescer, mudam-se de cidade e se perguntam como fomos tão burros de pensar que gostariam *daquilo que lhes demos*. Não conseguimos fornecer os elogios e recompensas que consideramos fundamentais para o bem-estar deles, e eles acabam agradecendo a Deus pelo fato de que as coisas não funcionaram de acordo com nosso plano míope e equivocado. Mesmo a pessoa que dá uma mordida no cupcake que compramos alguns minutos antes pode acabar apresentando uma careta e *nos* acusando de ter comprado a guloseima errada. É claro que ninguém gosta de ser criticado, mas se as coisas pelas quais nos esforçamos com grande êxito não conseguem causar a felicidade de nossos futuros eus, ao passo que as coisas que sem sucesso evitamos fazer geram felicidade, então parece razoável (ainda que um tanto indelicado) da parte deles lançar um desdenhoso olhar retrospectivo, depreciando o passado enquanto tentam saber que diabos tínhamos em mente. Talvez reconheçam nossas boas intenções e, a contragosto, pode até ser que admitam que fizemos o melhor que podíamos, mas inevitavelmente lamentarão para seus terapeutas que o nosso melhor não era bom o suficiente para eles.

Como é que isso pode acontecer? Não seria nossa obrigação conhecer os gostos, as preferências, as necessidades e os desejos das pessoas que seremos no ano que vem — ou pelo menos hoje à tarde? Não nos caberia entender nossos eus futuros suficientemente bem para moldar a vida deles — encontrar carreiras e amantes a quem valorizarão, comprar as capas de sofá que estimarão como a um tesouro por muitos anos vindouros? Então por que acabam com sótãos e vidas atulhados de coisas que consideramos indispensáveis e que consideram dolorosas, constrangedoras ou inúteis? Por que criticam nossas escolhas de parceiros amorosos, questionam nossas estratégias de promoção profissional e pagam uma boa grana para remover as tatuagens que pagamos uma grana para fazer? Por que, quando pensam em nós, sentem arrependimento e alívio em vez de orgulho e gratidão? Até poderíamos entender tudo isso se os tivéssemos negligenciado, ignorado, maltratado de modo fundamental — mas, caramba, nós lhes demos os melhores anos de nossa vida! Como podem ter ficado desapontados se alcançamos os nossos cobiçados objetivos e por que são tão *inconstantes*, acabando exatamente no lugar do qual demos um duro danado para mantê-los longe? Há algo de errado com eles?

Ou há algo de errado conosco?

Quanto eu tinha dez anos, o objeto mais mágico da minha casa era um livro de ilusões de ótica. Suas páginas me apresentaram ao cubo de Necker, em que ora percebemos a face da esquerda em primeiro plano como estando na frente e no momento seguinte ficamos na dúvida sobre qual vértice está na frente e qual está atrás; os segmentos de reta de Müller-Lyer, cujas extremidades em setas pareciam ter comprimentos diferentes, mesmo que uma régua demonstrasse que eram idênticos; o desenho de um cálice que de repente se tornava um par de rostos em silhueta antes de, num piscar de olhos, voltar a ser um cálice (ver figura 1). Eu me sentava no chão do escritório do meu pai e analisava aquele livro durante horas, hipnotizado pelo fato de que os desenhos simples poderiam forçar meu cérebro a acreditar em coisas que ele sabia com absoluta certeza serem percepções errôneas. Foi quando aprendi que erros são interessantes e comecei a planejar uma vida que continha vários deles. Mas uma ilusão de ótica não é interessante simplesmente porque faz com que todos cometam um erro; antes, é interessante porque leva todos a cometerem o *mesmo* erro. Se eu visse um cálice, você visse Elvis e um amigo nosso visse uma caixa de comida chinesa, então o objeto que estávamos observando seria um belo borrão de tinta, mas uma péssima ilusão de ótica. O que instiga nas ilusões de ótica é que todo mundo vê o cálice primeiro, depois os rostos e em seguida — *num piscar de olhos* — eis o cálice de novo. Os erros que as ilusões de ótica induzem em nossas percepções são legítimos, regulares e sistemáticos. Não são erros estúpidos, mas erros inteligentes — erros que permitem às pessoas que os compreendem vislumbrar a elegante concepção e os mecanismos de funcionamento interno do sistema visual.

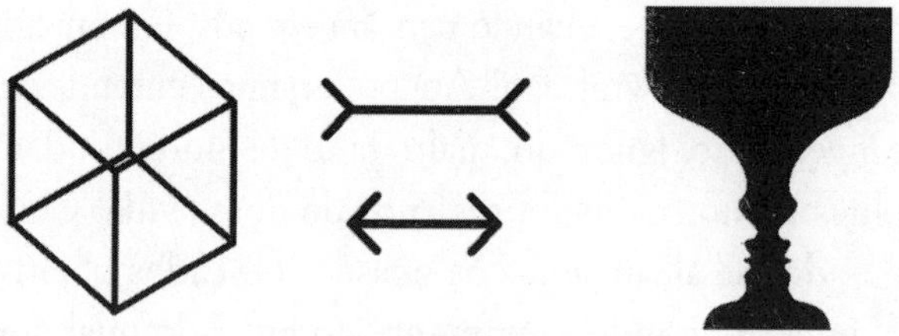

Figura 1.

Os erros que cometemos quando tentamos imaginar nosso futuro pessoal são também legítimos, regulares e sistemáticos. Também têm um padrão que nos diz muito sobre os poderes e limites da previsão, da mesma forma que as ilusões nos dizem muito sobre os poderes e limites da visão. É disso que trata o livro que você tem em mãos. Apesar do título, este não é um manual de instruções que lhe dirá algo útil sobre como ser feliz. Os livros desse tipo estão na seção de autoajuda, dois corredores adiante, e depois que você comprar um deles, fizer absolutamente tudo o que ele disser para você fazer, e mesmo assim continuar se sentindo infeliz, você sempre pode voltar aqui para entender o motivo. Ao contrário, este livro descreve o que a ciência tem a nos dizer sobre como e até que ponto o cérebro humano é capaz de imaginar o próprio futuro, e sobre como e com que exatidão o cérebro tem a capacidade de prever de qual desses futuros ele gostará mais. Este livro gira em torno de um quebra-cabeça sobre o qual muitos pensadores refletiram ao longo dos dois últimos milênios e usa as ideias desses filósofos (e algumas minhas) para explicar por que aparentemente sabemos tão pouco sobre os corações e as mentes das pessoas que estamos prestes a nos tornar. A história é mais ou menos parecida com um rio que cruza fronteiras sem precisar de passaporte, porque nenhuma ciência sozinha produziu uma solução convincente para o quebra-cabeça. Mesclando fatos e teorias da psicologia, da neurociência cognitiva, da filosofia e da economia comportamental, este livro permite que venha à tona uma explicação que pessoalmente considero convincente, mas cujos méritos você terá que julgar por si mesmo.

Escrever um livro é a própria recompensa, mas ler um livro é um comprometimento de tempo e dinheiro que deve render dividendos inequívocos. Se você não se sentir informado e entretido, merece que sua idade e patrimônio líquido originais lhe sejam devolvidos. É claro que isso não é possível, então escrevi um livro que, espero, será uma leitura interessante e divertida para você, contanto que você não se leve muito a sério e ainda tenha pelo menos dez minutos de vida. Ninguém pode dizer como você se sentirá quando chegar ao final deste livro, e isso inclui a versão de você que está prestes a iniciar a leitura. Mas se o seu futuro eu não estiver satisfeito quando chegar à última página, pelo menos entenderá por que você erroneamente pensou que estaria.[1]

Parte I

Antecipação

antecipação: o ato de antever o tempo futuro; ponderar sobre o porvir; visão adiantada de acontecimentos e situações.

1. Viagem a outros tempos

Soubesse um pobre humano
O fim do dia, antes que o dia acabe!
William Shakespeare, *Júlio César*, Ato V, cena 1

Padres fazem voto de celibato, médicos fazem o juramento de não causar dano, e carteiros prometem concluir rapidamente as entregas que lhes cabem, apesar da neve, do granizo ou do calor. Pouca gente se dá conta de que os psicólogos também fazem votos, de que em algum momento da vida profissional publicarão um livro, um capítulo ou pelo menos um artigo que contenha a seguinte frase: "O ser humano é o único animal que..." Temos liberdade para terminar a frase do jeito que bem quisermos, mas ela tem que começar com essas palavras. A maioria de nós espera até algum momento relativamente tardio na carreira para cumprir essa obrigação solene, porque sabemos que sucessivas gerações de psicólogos ignorarão todas as outras palavras que conseguimos enfiar em livros e artigos ao longo de uma vida inteira de pesquisas acadêmicas bem-intencionadas e farão questão de se lembrar de nós principalmente pela maneira como terminarmos *A Frase*. Sabemos também que, quanto pior a frase, mais seremos lembrados. Por exemplo, os psicólogos que completaram a frase com "é capaz de usar a linguagem" foram exaustivamente trazidos à memória pública quando chimpanzés aprenderam a se comunicar com sinais das mãos. E quando pesquisadores descobriram que os chimpanzés na natureza usam gravetos para extrair saborosos cupins de cupinzeiros e pedras para quebrar sementes e frutos duros (e para dar pancadas na cabeça uns dos outros de vez em quando), o mundo de repente se lembrou do nome e do endereço completos de cada psicólogo que já havia arrematado *A Frase* com "é capaz de usar ferramentas". Portanto, é por um bom motivo que de modo geral os psicólogos adiam o máximo que podem a tarefa de concluir a frase, na esperança de que, se aguardarem o suficiente, talvez morram a tempo de evitar serem humilhados publicamente por um macaco.

Jamais escrevi *A Frase*, mas gostaria de fazer isso agora, tendo você, leitor, como testemunha. *O ser humano é o único animal que pensa no futuro*. Agora, permita-me dizer logo de cara que já tive gatos, cachorros, esquilo-da-mongólia, camundongos, peixes-dourados e caranguejos, e reconheço que animais não humanos muitas vezes *agem* como se tivessem a capacidade de pensar sobre o futuro. Contudo, fato de que os homens carecas com perucas baratas sempre parecem esquecer, agir como se você tivesse algo e realmente ter algo não são a mesma coisa, e qualquer um que olhe de perto poderá notar a diferença. Por exemplo, eu moro em um bairro urbano, e todo ano, no outono, os esquilos no meu quintal (que tem aproximadamente o tamanho de dois esquilos) agem como se soubessem que não terão o que comer mais tarde a menos que enterrem um pouco de comida agora. Minha cidade tem cidadãos relativamente bem-educados, mas até onde se sabe os esquilos não se notabilizam por seu intelecto excepcional. Em vez disso, têm um cérebro de esquilo normal que coloca em prática o programa de enterrar alimentos assim que a quantidade de luz solar que entra em seus olhos normais de esquilo diminui a um nível crítico. Dias mais curtos desencadeiam o comportamento de enterrar comida sem qualquer expectativa sobre o amanhã, e o esquilo que esconde uma noz no meu quintal "sabe" acerca do futuro aproximadamente da forma que uma pedra em queda "sabe" sobre a lei da gravidade — o que equivale a dizer: na verdade não sabe nada. Até que um chimpanzé chore ao pensar que vai envelhecer sozinho, ou sorria ao contemplar a ideia de férias de verão, ou recuse uma maçã do amor porque está parecendo meio gordo quando usa short, vou me manter firme na minha versão da Frase. Pensamos sobre o futuro de uma maneira que nenhum outro animal é capaz de fazer, faz ou jamais fez, e esse ato simples, onipresente e trivial é uma característica definidora de nossa humanidade.[1]

Se lhe pedissem para mencionar a maior de todas as realizações do cérebro humano, você poderia pensar primeiro nos impressionantes artefatos que ele já produziu — a Grande Pirâmide de Gizé, a Estação Espacial Internacional ou talvez a Ponte Golden Gate em San Francisco. São estupendas realizações, de fato, e nosso cérebro merece ser homenageado com seu próprio desfile de Carnaval e uma chuva de confetes por ter produzido essas maravilhas. Mas não são as maiores façanhas. Uma máquina sofisticada poderia projetar e construir qualquer uma dessas coisas, porque projetar e construir exige conhecimento, lógica e paciência, algo de que as máquinas sofisticadas dispõem em abundância. A bem da verdade, existe apenas *uma* proeza tão fabulosa que nem mesmo a mais sofisticada das máquinas poderia fingir tê-la realizado, e esse feito é a experiência da consciência. *Ver* a Grande Pirâmide ou *lembrar-se* da Golden Gate ou *imaginar* a Estação Espacial são atos muito mais extraordinários do que construir qualquer uma dessas obras. Além disso, um desses atos extraordinários é ainda mais extraordinário do que os outros. Ver é vivenciar a experiência do mundo tal qual ele é; lembrar é ter sentido em primeira mão o mundo como ele era; mas imaginar — ah, *imaginar* é experimentar o mundo como ele não é nem nunca foi, mas como poderia ser. A mais formidável realização do cérebro humano é sua capacidade de imaginar objetos e episódios que não existem no reino do real, e é essa habilidade que nos permite pensar sobre o futuro. Como observou um filósofo, o cérebro humano é uma "máquina de previsão", e "criar o futuro" é a coisa mais importante que o cérebro faz.[2]

Mas o que exatamente significa "criar o futuro"? Há pelo menos duas maneiras em que se pode dizer que o cérebro cria o futuro, uma das quais temos em comum com muitos outros animais, a outra não compartilhamos com mais ninguém. Todos os cérebros — cérebros humanos, cérebros de chimpanzés, até mesmo cérebros de esquilos normais que enterram comida — fazem previsões acerca do *futuro imediato, local, pessoal*. Eles fazem isso usando informações sobre eventos atuais ("Estou sentindo o cheiro de alguma coisa") e eventos passados ("Da última vez que senti esse cheiro, uma coisa grande tentou me comer") para prever o evento que muito provavelmente ocorrerá com eles ("Uma coisa grande está prestes a________").[3] Mas observe dois aspectos dessa chamada previsão. Primeiro, apesar dos gracejos cômicos entre parênteses, supostas previsões desse tipo não requerem que o cérebro que as faz tenha algo nem sequer remotamente parecido com um pensamento consciente. Assim como um ábaco pode somar dois mais dois para totalizar quatro sem ter pensamentos sobre aritmética, o cérebro pode somar passado e futuro sem jamais pensar em nenhum dos dois. Na verdade, para fazer esse tipo de previsão não é nem necessário ter cérebro. Com apenas um pouco de treinamento prático, a lesma-do-mar gigante conhecida como *Aplysia parvula* pode aprender a prever e evitar um choque elétrico em suas guelras, e, como qualquer pessoa munida de um bisturi pode facilmente demonstrar, lesmas-do-mar são indiscutivelmente desprovidas de cérebro. Computadores também são desprovidos de cérebro, mas usam precisamente o mesmo truque da lesma-do-mar quando recusam seu cartão de crédito porque você estava tentando pagar o jantar em Paris depois de ter comprado o almoço em Los Angeles. Em suma, máquinas e invertebrados são provas de que não é preciso ter um cérebro inteligente, consciente e autoconsciente para fazer previsões simples sobre o futuro.

O segundo aspecto a notar é que previsões como essas não são especialmente abrangentes. Não são previsões no mesmo sentido em que poderíamos prever a taxa anual de inflação, o impacto intelectual do pós-modernismo, a morte térmica do universo ou a próxima cor de cabelo da cantora Madonna. Em vez disso, são previsões sobre o que vai acontecer precisamente neste local, precisamente a seguir, precisamente comigo, e as chamamos de *previsões* apenas porque não há palavra melhor para elas. Todavia, o uso desse termo — com suas inescapáveis conotações de reflexão calculada e ponderada sobre eventos que podem ocorrer em qualquer lugar, com qualquer pessoa, a qualquer momento — corre o risco de obscurecer o fato de que os cérebros estão continuamente fazendo previsões sobre o futuro imediato, local e pessoal de seus proprietários, sem que seus proprietários tenham consciência disso. Em vez de dizer que esses cérebros estão *prevendo*, digamos que eles estão *pensando no depois*.

O seu cérebro está pensando no que vem depois bem agora. Por exemplo, neste exato momento pode ser que você esteja pensando conscientemente na frase que acabou de ler, ou no chaveiro no bolso da calça que está pressionando sua coxa e causando desconforto, ou se a guerra de 1812 merecia que Tchaikóvski compusesse uma abertura solene. Seja lá o que estiver passando por sua cabeça, seus pensamentos com certeza giram em torno de algo diferente da palavra com a qual esta frase vai terminar. Mas, ainda quando você ouve essas mesmas palavras ecoando em sua própria cabeça e forma os pensamentos que elas inspiram, sejam quais forem, seu cérebro está usando a palavra que está lendo *exatamente agora* e as palavras que *acabou de ler* para formular uma suposição logicamente plausível sobre a identidade da palavra que será lida *a seguir*, que é o que permite que você leia com tanta fluência.[4] Qualquer cérebro que tenha sido criado à base de uma dieta constante de filmes policiais *noir* e romances de detetive baratos espera que a frase iniciada com *Era uma noite* seja seguida de termos como *sombria* e *tempestuosa*, e assim, quando se depara com esses adjetivos, está especialmente bem preparado para digeri-los. Contanto que no fim fique claro que a suposição do seu cérebro sobre a palavra seguinte esteja certa, você segue adiante numa boa, da esquerda para a direita, da esquerda para a direita, transformando rabiscos pretos em ideias, cenas, personagens e conceitos, felizmente sem saber que seu cérebro absorto no que vem depois está prevendo o futuro da frase a uma velocidade fantástica. É somente quando seu cérebro erra no prognóstico que você de súbito se sente abacate.

Quero dizer, surpreso. Viu?

Agora, pare para pensar no significado daquele breve momento de surpresa. Surpresa é uma emoção que sentimos quando encontramos o inesperado — por exemplo, 34 conhecidos seus usando chapéus de papel e perfilados na sua sala de estar gritando "Feliz aniversário!" quando você entra pela porta da frente carregando uma sacola de compras de supermercado e morrendo de vontade de fazer xixi — e, portanto, a ocorrência de surpresa revela a natureza de nossas expectativas. A surpresa que você sentiu no final do último parágrafo revela que, enquanto você estava lendo a frase *É somente quando seu cérebro erra no prognóstico que você de súbito se sente...*, seu cérebro estava simultaneamente elaborando um prognóstico razoável sobre o que aconteceria a seguir. Ele previu que, em algum momento dos milissegundos seguintes, seus olhos se deparariam com um conjunto de rabiscos pretos que codificam uma palavra que descreve um sentimento, a exemplo de *triste* ou *nauseado* ou até *surpreso*. Em vez disso, encontrou uma fruta, o que despertou você de seu sono dogmático e revelou para quem estivesse assistindo a natureza de suas expectativas. A surpresa nos diz que estávamos esperando algo diferente do que recebemos, mesmo quando não sabíamos que estávamos esperando o que quer que fosse.

Uma vez que os sentimentos de surpresa são geralmente acompanhados por reações que podem ser observadas e medidas — como arquear a sobrancelha, arregalar os olhos, ficar de queixo caído, e ruídos seguidos por uma série de pontos de exclamação —, os psicólogos podem usar a surpresa para dizer quando um cérebro está pensando no que vem depois. Por exemplo, ao verem um pesquisador jogar uma bola que sai rolando por uma de várias rampas, macacos olham rapidamente para o fundo dessa rampa e esperam que a bola reapareça. Quando algum truque experimental faz com que a bola surja de uma rampa diferente daquela em que foi depositada, os macacos demonstram surpresa, provavelmente porque o cérebro deles estava *pensando no que viria depois.*[5] Os bebês humanos apresentam respostas semelhantes diante da física bizarra. Por exemplo, quando bebezinhos assistem a um vídeo mostrando uma colisão entre um grande bloco vermelho e um pequeno bloco amarelo, reagem com indiferença quando o pequeno bloco amarelo imediatamente se inclina e vai caindo para fora da tela. Mas quando o pequeno bloco amarelo hesita por uns instantes antes de sair da tela, os bebês encaram fixamente a imagem como espectadores fitando um desastre de trem — como se o atraso na inclinação do bloco tivesse violado algumas previsões feitas por seu cérebro em pleno ato de *pensar no que vem depois.*[6] Estudos como esses nos dizem que o cérebro dos macacos "sabe" sobre a gravidade (objetos caem em linha reta, não para os lados) e que o cérebro de bebês humanos "sabe" sobre cinética (objetos em movimento transferem energia para objetos estacionários precisamente no momento em que entram em contato com eles, e não segundos depois). O mais importante: dizem-nos que o cérebro de macacos e o cérebro de bebês humanos acrescentam o que eles já sabem (o passado) ao que veem no momento (o presente) para prever o que acontecerá depois (o futuro). Quando a coisa real seguinte é diferente da coisa prevista seguinte, macacos e bebês sentem surpresa.

Nosso cérebro foi feito para *pensar no que vem depois*, e é exatamente o que ele faz. Quando saímos para um passeio na praia, nosso cérebro prevê qual será o grau de estabilidade da areia quando nosso pé tocar nela no passo seguinte, e então ajustamos a tensão em nosso joelho. Quando saltamos para agarrar um Frisbee, nosso cérebro prevê a posição no espaço em que o disco estará quando cruzarmos sua trajetória de voo, e então colocamos as mãos precisamente nesse ponto. Quando avistamos um caranguejo correndo atrás de um pedaço de madeira flutuante em seu caminho para a água, nosso cérebro prevê quando e onde a criatura reaparecerá, e então direcionamos nossos olhos para o ponto exato de seu ressurgimento. Essas previsões são feitas com velocidade e precisão extraordinárias, e é difícil imaginar como seria nossa vida se nosso cérebro parasse de fazê-las, deixando-nos completamente "no aqui e agora" e incapazes de dar o próximo passo. Contudo, embora essas previsões automáticas, contínuas e inconscientes sobre o futuro imediato, local e pessoal sejam impressionantes e onipresentes, não são os tipos de previsão que fizeram nossa espécie descer das árvores e vestir calças compridas. Na verdade, essas são previsões do tipo que os sapos fazem sem nunca sair de seus nenúfares e, portanto, não são os tipos de previsões que *A Frase* foi feita para descrever. Não, a variedade de futuro que nós, seres humanos, engendramos — e que somente nós engendramos — é uma coisa completamente diferente.

O MACACO QUE OLHA PARA A FRENTE

Os adultos adoram fazer perguntas idiotas às crianças para que possamos rir quando elas nos dão respostas idiotas. Uma pergunta especialmente idiota que gostamos de fazer a crianças é:"O que você quer ser quando crescer?". Crianças pequenas parecem ficar confusas, o que é compreensível, talvez preocupadas que nossa pergunta sugira a ideia de que elas correm o risco de, em vez de aumentar de tamanho, acabar diminuindo. Quando as crianças respondem, geralmente se saem com coisas como "o homem dos doces" ou "um escalador de árvores". Damos risadas porque as chances de a criança se tornar o homem dos doces ou um escalador de árvores são cada vez menores, e são cada vez menores porque não são o tipo de coisa que a maioria das crianças vai querer ser quando tiver idade suficiente para fazer suas próprias perguntas idiotas. Mas observe que, embora sejam as respostas erradas à nossa pergunta, são as respostas certas para outra pergunta, a saber: "O que você quer ser *agora*?". Crianças pequenas não são capazes de dizer o que querem ser mais tarde porque na verdade não entendem o que significa *mais tarde*.[7] Então, como políticos astutos, ignoram a pergunta que lhes é feita e respondem à pergunta que conseguem responder. Os adultos se saem muito melhor, é claro. Quando uma moradora de Manhattan de trinta anos de idade é questionada sobre onde acha que poderia viver quando se aposentar, ela menciona Miami, Phoenix, ou algum outro lugar da moda propício ao descanso social. Pode ser que adore a existência urbana que leva agora, mas pode imaginar que dali a algumas décadas valorizará rodadas de bingo e acesso imediato a atendimento médico mais do que museus de arte e sujeitos que limpam o para-brisa do carro nos semáforos da cidade grande. Ao contrário da criança que só consegue pensar em como as coisas são, o adulto é capaz de pensar em como as coisas serão. Em algum ponto entre nossas cadeiras de alimentação e nossas cadeiras de balanço, aprendemos a respeito do *mais tarde*.[8]

Mais tarde! Que ideia sensacional. Que conceito poderoso. Que descoberta fabulosa. Como os seres humanos aprenderam a visualizar em sua imaginação cadeias de eventos que ainda não aconteceram? Que gênio pré-histórico percebeu que poderia escapar do dia de hoje fechando os olhos e se transportando em silêncio para o amanhã? Infelizmente, nem mesmo as grandes ideias deixam fósseis para a datação por carbono, e por isso a história natural do *mais tarde* se perdeu para sempre. Mas paleontólogos e neuroanatomistas nos asseguram de que esse momento decisivo no drama da evolução humana aconteceu em algum período dos últimos 3 milhões de anos, e muito de repente. Os primeiros cérebros apareceram na Terra cerca de 500 milhões de anos atrás, levaram vagarosos 430 milhões de anos ou mais evoluindo para o cérebro dos primeiros primatas, e cerca de outros 70 milhões de anos evoluindo para o cérebro dos primeiros proto-humanos. Então algo aconteceu – ninguém sabe exatamente o quê, mas as especulações vão desde o esfriamento da temperatura à invenção do cozimento –, e o futuro cérebro humano teve um surto de crescimento sem precedentes que mais do que dobrou sua massa em pouco mais de 2 milhões de anos, transformando-o do cérebro de 567 gramas do *Homo habilis* no cérebro de 1,36 quilo do *Homo sapiens*.[9]

Ora, se você fizesse uma dieta à base de calda de chocolate e dobrasse sua massa em pouquíssimo tempo, não seria de esperar que as várias partes do seu corpo compartilhassem igualmente o ganho de peso. Sua barriga e suas nádegas provavelmente seriam os principais receptores da gordura recém-adquirida, ao passo que sua língua e os dedos dos pés permaneceriam relativamente esbeltos e incólumes. Da mesma forma, o drástico aumento no tamanho do cérebro humano não dobrou democraticamente a massa de cada uma das partes de modo que as pessoas modernas acabassem com novos cérebros que tinham estrutura idêntica à dos antigos, só que maiores. Em vez disso, uma parcela desproporcional do crescimento centrou-se numa parte específica do cérebro conhecida como lobo frontal, que, como o próprio nome indica, se localiza na parte da frente da cabeça, bem acima dos olhos (ver figura 2). A testa baixa e inclinada de nossos primeiros ancestrais foi empurrada para a frente de modo a se tornar a testa angulosa e vertical que mantém nosso chapéu na cabeça, e a mudança na estrutura de nossa cabeça ocorreu principalmente para acomodar essa repentina mudança no tamanho do nosso cérebro. O que esse novo pedaço de aparato cerebral fez para justificar uma revisão arquitetônica do crânio humano? O que há nessa parte específica que tornou a natureza tão ansiosa para que cada um de nós tivesse um em tamanho grande? Para que serve um lobo frontal?

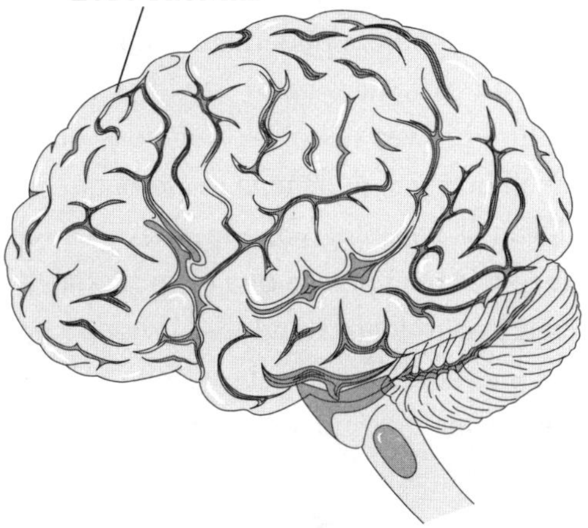

Figura 2. *O lobo frontal é a adição recente ao cérebro humano que nos permite imaginar o futuro.*

Até bem recentemente, os cientistas pensavam que o lobo frontal não servia para muita coisa, porque pessoas cujo lobo frontal sofria algum dano pareciam viver muito bem sem ele. Phineas Gage era um capataz da empresa ferroviária norte-americana Rutland Railroad que, em um aprazível dia de outono de 1848, manejando um aparelho para compactar o pó explosivo nas rochas onde trabalhava, desencadeou uma pequena explosão nas proximidades de seus pés, que lançou ao ar seu objeto de trabalho, uma haste de ferro de cerca de 1 metro de comprimento, que Phineas habilmente capturou com o próprio rosto. A barra entrou bem abaixo de sua bochecha esquerda e irrompeu pelo topo do crânio, abrindo um túnel através da caixa craniana e levando consigo um bom pedaço do lobo frontal (veja a figura 3). Phineas desabou no chão, onde ficou alguns minutos. Então, para o espanto de todos, ele se levantou e pediu a um colega de trabalho que o acompanhasse até o médico, insistindo o tempo todo que não precisava de carona e podia ir caminhando, obrigado. O médico limpou um pouco da sujeira do ferimento, um colega de trabalho limpou fragmentos de massa encefálica da haste de metal e, em um tempo relativamente curto, Phineas e seu pé de cabra estavam de volta ao trabalho.[10] A personalidade e o temperamento de Phineas deram uma evidente guinada para pior – e esse fato é a fonte de sua fama até hoje –, porém o mais impressionante em Phineas era o quanto ele levou uma vida de resto *normal*. Se a haste tivesse transformado em hambúrguer a outra parte do cérebro – o córtex visual, a área de Broca, o tronco encefálico –, então Phineas poderia ter morrido, ficado cego, perdido a capacidade de falar, ou passaria o resto da vida fazendo uma convincente imitação de um repolho. Em vez disso, ao longo dos doze anos seguintes ele viveu, viu, falou, trabalhou e viajou de uma maneira que nada tinha a ver com um repolho, o que levou os neurologistas à inevitável conclusão de que o lobo frontal fazia tão pouco por uma pessoa que ela poderia viver muito bem sem um.[11] Como escreveu um neurologista em 1884: "Desde a ocorrência do famoso caso do pé cabra nos Estados Unidos, sabe-se que a destruição desses lobos não necessariamente origina quaisquer sintomas".[12]

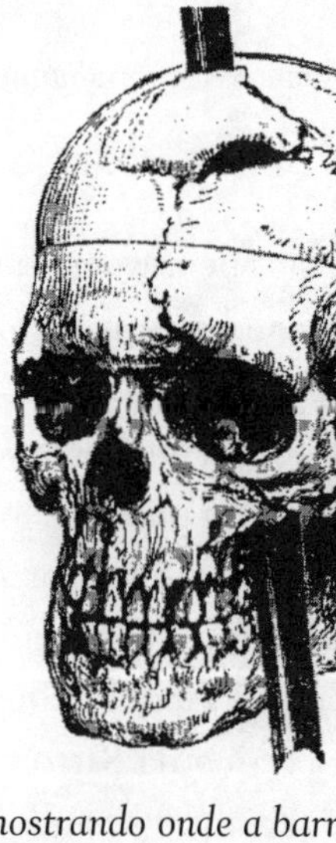

Figura 3. *Esboço médico mostrando onde a barra de ferro usada para fixar dormentes entrou e saiu do crânio de Phineas.*

Mas o neurologista estava errado. No século XIX, o conhecimento acerca das funções cerebrais era em larga medida baseado na observação de pessoas que, a exemplo de Phineas Gage, foram as infelizes cobaias de algum dos ocasionais e inexatos experimentos neurológicos. No século XX, os cirurgiões continuaram de onde a natureza havia parado e começaram a realizar experimentos mais precisos, cujos resultados pintaram um quadro muito diferente das funções do lobo frontal. Na década de 1930, um médico português chamado António Egas Moniz procurava uma forma de acalmar seus agitadíssimos pacientes psicóticos quando soube de um novo procedimento cirúrgico denominado lobotomia frontal, que envolvia a destruição química ou mecânica de partes do lobo frontal. Esse procedimento era realizado em macacos, que normalmente ficavam bastante zangados quando sua comida era retida, mas reagiam com inabalável paciência a essas indignidades após serem submetidos à operação. Egas Moniz realizou o procedimento em seus pacientes humanos e descobriu que a lobotomia tinha um efeito calmante semelhante. (Teve também o efeito calmante de render a Egas Moniz o prêmio Nobel de Medicina em 1949.) Nas décadas seguintes, as técnicas cirúrgicas foram aprimoradas (o procedimento pode ser realizado sob anestesia local com um picador de gelo), e os indesejados efeitos colaterais (como diminuição da inteligência e incontinência urinária) diminuíram. A destruição de alguma parte do lobo frontal tornou-se um tratamento-padrão para casos de ansiedade e depressão resistentes a outras formas de terapia.[13] Ao contrário da sabedoria médica convencional do século anterior, o lobo frontal fez a diferença. A diferença é que algumas pessoas pareciam melhores sem ele.

Contudo, enquanto alguns cirurgiões teciam elogios aos benefícios do dano no lobo frontal, outros estavam percebendo os custos. Embora pacientes com danos no lobo frontal muitas vezes tivessem bom desempenho em testes padronizados de inteligência e de memória e em coisas do tipo, mostravam deficiências graves em qualquer teste — até mesmo os mais simples — que envolvesse planejamento. Por exemplo, diante de um labirinto ou um quebra-cabeça cuja solução exigia que levassem em consideração toda uma série de movimentos antes de fazer seu primeiro movimento, essas pessoas de modo geral inteligentes ficavam aturdidas.[14] Seu déficit de planejamento não se limitava ao laboratório. Esses pacientes poderiam ser razoavelmente funcionais em situações comuns, como beber chá sem derramar e conversar sobre cortinas, mas descobriam que era praticamente impossível dizer o que fariam mais tarde no mesmo dia. Sintetizando o conhecimento científico a respeito desse tema, um cientista renomado concluiu: "Nenhum sintoma pré-frontal foi verificado de forma mais consistente do que a incapacidade de planejar [...] o sintoma parece ser exclusivo da disfunção do córtex pré-frontal [...] [e] não está associado a danos clínicos de qualquer outra estrutura neural".[15]

Ora, esse par de observações — que o dano de certas partes do lobo frontal pode fazer as pessoas se sentirem calmas, mas também pode deixá-las incapazes de planejar — parece convergir para uma única conclusão. Qual é o elo conceitual que vincula *ansiedade* e *planejamento*? Ambos, é claro, estão intimamente relacionados a pensar sobre o futuro. Sentimos ansiedade quando prevemos que algo de ruim vai acontecer, e planejamos imaginando de que modo nossas ações se desdobrarão no decorrer do tempo. O planejamento exige que olhemos atentamente para o nosso futuro, e a ansiedade é uma das reações que podemos ter quando fazemos isso.[16] O fato de que danos ao lobo frontal prejudicam o planejamento e a ansiedade de forma tão singular e tão precisa sugere que o lobo frontal é a peça decisiva do maquinário cerebral que permite a humanos adultos normais e modernos se projetarem futuro adiante. Sem isso, ficamos presos na armadilha do momento presente, incapazes de imaginar o amanhã e, portanto, despreocupados com relação ao que o futuro poderá trazer. Como os cientistas agora reconhecem, o lobo frontal "dota os humanos adultos saudáveis da capacidade de ponderar sobre a sua existência estendida ao longo do tempo".[17] Assim, as pessoas cujo lobo frontal sofre danos são descritas por aqueles que as estudam como "fadadas a estímulos do aqui e agora"[18] ou "trancafiadas no espaço e tempo imediatos",[19] ou como indivíduos que exibem uma "tendência para a concretude temporal".[20] Em outras palavras, como os homens do doce e os escaladores de árvores, vivem em um mundo em que o *mais tarde* não existe.

O triste caso do paciente conhecido como N. N. propicia uma janela para esse mundo. N. N. sofreu um traumatismo cranioencefálico em um acidente automobilístico em 1981, aos trinta anos de idade. Os testes revelaram severas lesões em seu lobo frontal. Um psicólogo entrevistou N. N. alguns anos depois do acidente e gravou a seguinte conversa:

PSICÓLOGO: O que você vai fazer amanhã?
N. N.: Eu não sei.

PSICÓLOGO: Você se lembra da pergunta?

N. N.: Sobre o que vou fazer amanhã?

PSICÓLOGO: Sim. Pode descrever seu estado de espírito quando tenta pensar sobre isso?

N. N.: Em branco, eu acho...... é como estar dormindo...... é como estar em uma sala vazia e com um cara lá dizendo pra você ir encontrar uma cadeira, só que não tem nada lá...... é como nadar no meio de um lago. Não há onde se segurar nem como se manter à tona.[21]

A incapacidade de N. N. de pensar sobre seu próprio futuro é característica dos pacientes com lesão do lobo frontal. Para N. N., amanhã será sempre uma sala vazia, e quando ele tentar imaginar o *mais tarde*, sempre sentirá o que o restante de nós sente quando tenta imaginar a inexistência ou o infinito. No entanto, se você entabulasse conversa com N. N. no metrô, ou batesse papo com ele na fila da agência dos correios, talvez não soubesse que faltava a ele algo tão fundamentalmente humano. Afinal, ele entende o *tempo* e o *futuro* como abstrações. Ele sabe o que são horas e minutos, quantos minutos há numa hora, e o que significam *antes* e *depois*. O psicólogo que entrevistou N. N. relatou: "Ele sabe muitas coisas sobre o mundo, está ciente desse conhecimento e é capaz de expressá-lo com flexibilidade. Nesse sentido, ele não é muito diferente de um adulto normal. Mas parece não ter capacidade de vivenciar a experiência do tempo subjetivo estendido [...]. Ele parece estar vivendo em um 'presente permanente'".[22]

Um presente permanente — que expressão assustadora. Como deve ser bizarro e surreal cumprir uma pena de prisão perpétua no presídio do momento, trancafiado para sempre no perpétuo agora, um mundo sem fim, um tempo sem depois. Uma existência desse tipo é algo que a maioria de nós tem tanta dificuldade para imaginar, é algo tão estranho e alheio à nossa experiência normal, que somos tentados a descartá-la como um acaso — uma infeliz, rara e bizarra aberração provocada por traumatismo craniano. Mas, na verdade, essa existência estranha é a regra, e *nós* é que somos a exceção. Pelos primeiros 100 milhões de anos após seu aparecimento inicial em nosso planeta, todos os cérebros estavam presos no presente permanente, e ainda hoje muitos cérebros estão encarcerados. Mas não o seu nem o meu, porque 2 ou 3 milhões de anos atrás nossos ancestrais deram início à grande escapada do aqui e do agora, e o veículo de fuga que usaram foi uma massa extremamente especializada de tecido cinzento, frágil, enrugada e constituída de sulcos e convoluções. O lobo frontal – a última parte do cérebro humano a evoluir, a mais lenta para amadurecer e a primeira a se deteriorar na velhice – é uma máquina do tempo que permite a cada um de nós deixar o presente e vivenciar a experiência do futuro antes que ele aconteça. Nenhum outro animal tem um lobo frontal como o nosso, por isso somos os únicos animais que pensam no futuro da maneira como pensamos. Mas se a história do lobo frontal nos diz *como* as pessoas evocam seus amanhãs imaginários, não nos diz *por quê*.

OBRA DO DESTINO

No final dos anos 1960, um professor de psicologia de Harvard tomou LSD, renunciou ao cargo (com algum incentivo da reitoria), foi para a Índia, conheceu um guru e voltou para escrever um livro popular chamado *Be Here Now* [Esteja aqui agora], cuja mensagem central foi devidamente sintetizada pela instrução contida em seu título.[23] A chave para a felicidade, realização e iluminação, argumentou o ex-professor,* era parar de pensar tanto no futuro.

Ora, por que alguém iria até a Índia e gastaria tempo, dinheiro e neurônios apenas para aprender a não pensar no futuro? Porque, como bem sabe qualquer pessoa que já tentou aprender a meditar, não pensar sobre o futuro é muito mais difícil do que ser professor de psicologia. Não pensar no futuro exige que convençamos nosso lobo frontal a não fazer o que ele foi projetado para fazer, e, tal qual um coração a que se pede para não bater, o lobo frontal naturalmente resiste a essa sugestão. Ao contrário de N. N., a maioria de nós não *se esforça* para pensar no futuro, porque as simulações mentais do futuro chegam à nossa consciência regularmente e sem ser convidadas, ocupando cada canto de nossa vida mental. Quando se pede às pessoas que informem em que medida pensam sobre o passado, presente e futuro, elas afirmam que pensam mais no futuro.[24] Quando os pesquisadores efetivamente *contam* os itens que flutuam no fluxo de consciência de uma pessoa média, constatam que cerca de

* Trata-se do psicólogo Richard Alpert (1931-2019), que depois da viagem à Índia adotou o nome Baba Ram Dass ("Servo de Deus"). (N. T.)

12% dos nossos pensamentos diários giram em torno do futuro.[25] Em outras palavras, cada oito horas de pensamento incluem uma hora de pensamento em coisas que ainda não aconteceram. E, se você passasse uma em cada oito horas morando no meu estado, seria obrigado a pagar impostos, o que quer dizer que, em um sentido muito real, cada um de nós é um residente de meio período do amanhã.

Por que não podemos simplesmente estar aqui agora? Por que não podemos fazer algo que o peixinho dourado no nosso aquário acha tão simples? Por que nosso cérebro teimosamente insiste em nos projetar futuro adentro quando há tantas coisas em que pensar bem aqui e hoje?

Antecipação e emoção

A resposta mais óbvia a essa pergunta é que pensar sobre o futuro pode ser prazeroso. Sonhamos acordados em marcar um golaço na pelada da festa de fim de ano da firma, fantasiamos ganhar sozinhos o prêmio acumulado da loteria, jogamos conversa fora flertando com a moça ou o rapaz atraente que trabalha como caixa do banco — não porque esperamos ou queremos que essas coisas aconteçam, mas porque o mero ato de imaginar essas possibilidades é em si uma fonte de alegria. Estudos confirmam aquilo de que você provavelmente já desconfia: quando as pessoas sonham acordadas com o futuro, em seus devaneios tendem a se imaginar alcançando suas metas e tendo êxito, em vez de se atrapalhar ou fracassar.[26]

Na verdade, pensar no futuro pode ser tão prazeroso que às vezes preferimos fazer castelos de areia a chegar lá de fato. Em determinado estudo, os voluntários foram informados de que ganharam um jantar em um fabuloso restaurante francês, e a seguir foram questionados sobre quando gostariam de ir saborear o prêmio. Agora? Hoje à noite? Amanhã? Embora as delícias da refeição fossem óbvias e tentadoras, a maioria dos voluntários optou por adiar um pouco a visita ao restaurante, geralmente até a semana seguinte.[27] Por que essa procrastinação autoimposta? Porque, ao esperar durante uma semana, essas pessoas não apenas poderiam passar várias horas sorvendo ostras e bebericando Château Cheval Blanc safra 1947, mas também teriam que aguardar ansiosamente ao longo de sete dias inteiros de antecedência o momento de sorver as ostras e bebericar o vinho. Adiar o prazer é uma técnica inventiva para obter o dobro do suco a partir de metade da fruta. De fato, alguns eventos são mais prazerosos de imaginar do que de vivenciar (a maioria de nós consegue se lembrar de uma ocasião em que fez amor com um parceiro desejável ou comeu uma sobremesa tremendamente saborosa, apenas para descobrir que o ato em si foi melhor de antever do que de consumar), e nesses casos as pessoas podem decidir de caso pensado protelar indefinidamente o evento. Por exemplo, em um estudo pediu-se a voluntários que se imaginassem convidando para um encontro romântico uma pessoa por quem sentiam uma forte atração; os voluntários que criaram as fantasias mais elaboradas e deliciosas sobre sair com a pessoa por quem seu coração batia mais rápido foram os *menos* propensos a fazer o convite nos meses seguintes.[28]

Gostamos de deitar e rolar no melhor de todos os amanhãs imaginários — e por que não? Afinal, enchemos nossos álbuns com fotografias de festas de aniversário e férias tropicais em vez de acidentes de carro e visitas ao pronto-socorro porque queremos ser felizes quando nos aventuramos pela Alameda da Memória para relembrar o passado, então por que não deveríamos ter a mesma atitude em relação aos nossos passeios pela Avenida da Imaginação? Embora vislumbrar um futuro feliz possa nos fazer sentir felizes, pode também ter algumas consequências preocupantes. Pesquisadores descobriram que, quando as pessoas acham fácil imaginar um evento, superestimam a probabilidade de ele realmente ocorrer.[29] Uma vez que a maioria de nós adquire muito mais prática em imaginar eventos bons do que ruins, tendemos a superestimar a probabilidade de os eventos bons realmente acontecerem conosco, o que nos leva a ser irrealisticamente otimistas em relação ao nosso futuro.

Por exemplo, estudantes universitários norte-americanos têm a expectativa de viverem mais, permanecerem casados por mais tempo e viajarem para a Europa com mais frequência do que a média.[30] Acreditam que são maiores as suas probabilidades de terem filhos talentosos, de comprarem sua casa própria e de aparecerem nos jornais, e que são menores as chances de sofrerem ataques cardíacos, doenças venéreas, problemas de alcoolismo, acidentes de carro, doenças gengivais ou de quebrarem um osso. Norte-americanos de todas as idades esperam que seu futuro seja uma melhoria em relação a seu presente,[31] e, embora os cidadãos de outras nações não sejam tão otimistas quanto os norte-americanos, também tendem a imaginar que seu futuro será mais brilhante do que os de seus pares.[32] Não é fácil desfazer essas expectativas excessivamente otimistas acerca de nosso futuro pessoal: a experiência de um terremoto leva as pessoas a se tornarem temporariamente realistas quanto ao risco de morrer em um futuro desastre, mas depois de algumas poucas semanas até mesmo os sobreviventes do terremoto voltam ao seu nível normal de otimismo infundado.[33] Na verdade, eventos que lançam dúvida sobre nossas crenças otimistas podem por vezes nos tornar *mais* otimistas em vez de *menos* otimistas. Um estudo descobriu que os pacientes com câncer eram mais otimistas sobre seu futuro do que seus análogos saudáveis.[34]

Logicamente, os futuros que nosso cérebro insiste em simular não são sempre mares de rosas, vinhos e beijos. Muitas vezes são banais, enfadonhos, estúpidos, desagradáveis ou totalmente assustadores, e em geral as pessoas que procuram tratamento para sua incapacidade de parar de pensar no futuro *preocupam-se* com ele em vez de se deleitar com ele. Assim como um dente solto parece implorar para mexermos nele, de tempos em tempos todos nós parecemos perversamente compelidos a imaginar desastres e tragédias. A caminho do aeroporto, imaginamos um cenário futuro em que o avião decola sem nós e perdemos aquela importante reunião com o cliente. A caminho do jantar na casa de um amigo, imaginamos um cenário futuro em que todos entregam à anfitriã uma garrafa de vinho enquanto nós, envergonhados, a cumprimentamos de mãos vazias. No caminho para a clínica, imaginamos um futuro cenário em que nosso médico inspeciona nossa radiografia de tórax, franze a testa e diz algo sinistro do tipo: "Vamos conversar sobre suas opções". Essas imagens medonhas nos dão uma sensação terrível – literalmente –, então por que estamos dispostos a fazer de tudo para construí-las?

Duas razões. Em primeiro lugar, antever eventos desagradáveis pode minimizar seus impactos. Por exemplo, os voluntários em um estudo recebiam uma série de vinte choques elétricos e eram avisados três segundos antes do início de cada um.[35] Alguns voluntários (o grupo de choques de alta intensidade) recebiam vinte descargas de alta intensidade no tornozelo direito. Outros voluntários (o grupo de choques de baixa intensidade) recebiam três descargas de alta intensidade e dezessete de baixa intensidade. Apesar de os voluntários do grupo de baixa voltagem receberem descargas de voltagem mais baixa do que os do grupo de alta intensidade, seu coração batia mais rápido, eles suavam mais profusamente e, na classificação do nível de medo, ficaram em posição mais alta. Por quê? Porque os voluntários do grupo de choques de baixa intensidade receberam descargas de intensidades diferentes em momentos diferentes, o que tornava impossível para eles antever seu futuro. Aparentemente, três solavancos elétricos que não podemos prever são mais dolorosos do que vinte desses solavancos que podemos antever.[36]

A segunda razão pela qual não medimos esforços para imaginar eventos desagradáveis é que o medo, a preocupação e a ansiedade têm papéis úteis a desempenhar em nossa vida. Motivamos funcionários, filhos, cônjuges e animais de estimação a fazerem a coisa certa dramatizando as consequências desagradáveis de seus comportamentos inadequados, e assim também nos motivamos ao imaginar os amanhãs desagradáveis que nos esperam caso decidamos pegar leve no uso de protetor solar e pegar pesado na sobremesa. As previsões, no sentido de antecipação do que ainda não aconteceu, podem funcionar como "suposição dos medos futuros",[37] cujo propósito não é antever certos futuros, mas sim evitá-los, e estudos têm mostrado que essa estratégia é muitas vezes uma forma eficaz de motivar as pessoas a se envolverem em práticas prudentes e comportamentos profiláticos.[38] Em suma, às vezes imaginamos futuros sombrios apenas para que eles nos deixem morrendo de medo.

Antecipação e controle

A antecipação pode proporcionar prazer e prevenir a dor, e essa é uma das razões pelas quais nosso cérebro teimosamente insiste em produzir, aos montes, pensamentos sobre o futuro. Mas não é o motivo mais importante. Todo ano, os norte-americanos pagam de bom grado milhões — talvez até bilhões — de dólares para médiuns, consultores em investimentos financeiros, líderes espirituais, meteorologistas e toda sorte de embusteiros que afirmam ser capazes de prenunciar o futuro. Aqueles de nós que subsidiam essa indústria de adivinhação e clarividência não estão interessados em saber o que pode acontecer apenas pela alegria de perceber algo antes da hora. Queremos saber o que provavelmente pode acontecer para que assim tenhamos condições de fazer *alguma coisa* a respeito. Se no mês que vem as taxas de juros vão disparar, então queremos transferir agora o dinheiro que investimos em títulos de renda fixa. Se hoje à tarde vai chover, então queremos pegar um guarda-chuva ao sairmos de casa logo pela manhã. Conhecimento é poder, e a razão mais importante pela qual nosso cérebro insiste em simular o futuro, mesmo quando preferiríamos ficar no aqui e agora, desfrutando de um "momento peixinho dourado", é que nosso cérebro quer *controlar* as experiências que estamos prestes a ter.

Mas por que esse interesse em ter controle sobre nossas experiências futuras? Aparentemente, isso parece algo tão sem sentido quanto perguntar por que alguém quer ter controle sobre seu aparelho de televisão e seu automóvel. Mas tenha um pouco de boa vontade comigo e acompanhe meu raciocínio. Temos um lobo frontal grande para que possamos olhar para o futuro; olhamos para o futuro para que possamos fazer previsões sobre ele; fazemos previsões sobre o futuro para que possamos controlá-lo — mas por que queremos controlar o futuro? Por que simplesmente não deixar o futuro se desenrolar como ele quiser e vivenciá-lo como tal? Por que não estar *aqui* agora e *lá* depois? Existem duas respostas para essa pergunta, uma das quais é surpreendentemente certa e a outra é surpreendentemente errada.

A resposta surpreendentemente certa é que as pessoas acham gratificante *exercer* controle — não apenas em relação aos futuros que o controle compra para elas, mas o exercício de controle em si é gratificante. Ser eficaz — mudar coisas, influenciar coisas, fazer as coisas acontecerem — é uma das necessidades fundamentais das quais o cérebro humano parece ser naturalmente dotado, e boa parte do nosso comportamento desde a infância é simplesmente uma expressão dessa propensão para o controle.[39] Antes que nosso bumbum entre em contato com sua primeira fralda, já temos um desejo pulsante de chupar o dedo, dormir, fazer cocô e fazer as coisas acontecerem. Demora um pouco para entender o último desses desejos, apenas porque demoramos um pouco para descobrir que temos dedos, mas quando descobrimos — que o mundo se cuide! Crianças pequenas gritam de alegria quando derrubam uma pilha de blocos, empurram uma bola ou esmagam um bolinho na própria testa. Por quê? Porque *elas fizeram isso*, só por isso. *Olha, mamãe, a minha mão fez isso acontecer. O ambiente está diferente porque eu estava nele. Pensei em derrubar os blocos, e puf, eles caíram.*

O fato é que os seres humanos vêm ao mundo com uma paixão por controle, vão embora do mundo da mesma maneira, e pesquisas sugerem que, se as pessoas perdem a capacidade de controlar as coisas em qualquer momento entre o dia em que entram no mundo e o dia em que saem do mundo, tornam-se infelizes, desamparadas, desesperadas e deprimidas.[40] E, vez por outra, mortas. Em um estudo, os pesquisadores deram aos residentes idosos de uma casa de repouso um vaso com uma planta ornamental e disseram para metade dos residentes que eles estavam no controle dos cuidados e da alimentação da planta (o grupo de alto controle), e para os residentes restantes disseram que um funcionário assumiria a responsabilidade pelo bem-estar da planta (o grupo de baixo controle).[41] Seis meses depois, 30% dos residentes do grupo de baixo controle morreram, em comparação com apenas 15% dos residentes no grupo de alto controle. Um estudo de acompanhamento confirmou a importância da percepção de controle para o bem-estar dos residentes de asilos, mas teve um fim inesperado e infeliz.[42] Pesquisadores organizaram um estudo em que estudantes voluntários faziam visitas regulares a residentes de casas de repouso. Os residentes do grupo de alto controle receberam permissão para controlar o tempo e a duração das visitas dos estudantes ("Por favor, venha me visitar na próxima quinta-feira por uma hora"), e os residentes do grupo de baixo controle não tinham esse controle (o estudante decidia: "Virei visitá-lo na próxima quinta-feira por uma hora"). Após dois meses, os residentes no grupo de alto controle estavam mais felizes, mais saudáveis, mais ativos e tomando menos medicamentos do que aqueles do grupo de baixo controle. A essa altura, os pesquisadores concluíram seu estudo e interromperam as visitas dos estudantes. Vários meses depois, ficaram decepcionados ao saber que um número desproporcional de residentes que fazia parte do grupo de alto controle havia morrido. Apenas em retrospecto a causa dessa tragédia parecia clara. Os residentes aos quais tinha sido dado o controle, e que se beneficiaram consideravelmente desse controle enquanto o tiveram, foram inadvertidamente privados de controle assim que o estudo terminou. Aparentemente, adquirir controle pode ter um impacto positivo na saúde e no bem-estar, mas perder o controle pode ser pior do que nunca ter tido nenhum.

Nosso desejo de controlar é tão potente, e a sensação de estar no controle é tão gratificante, que as pessoas muitas vezes agem como se pudessem controlar o incontrolável. Por exemplo, as pessoas apostam mais dinheiro em jogos de azar quando julgam que seus oponentes parecem incompetentes em vez de competentes — como se acreditassem que são capazes de controlar a retirada aleatória de cartas de um baralho e, assim, levar vantagem em relação a um adversário fraco.[43] As pessoas têm mais certeza de que vão ganhar na loteria se puderem controlar o número de seu bilhete,[44] e se sentem mais confiantes de que ganharão um jogo de dados se elas mesmas puderem lançar os dados com as próprias mãos.[45] As pessoas apostam mais dinheiro em dados que ainda não foram lançados do que em dados que já foram lançados, mas cujo resultado ainda não é conhecido,[46] e fazem apostas mais altas se elas, e não outra pessoa, tiverem permissão para decidir qual número contará como uma vitória.[47] Em cada um desses casos, as pessoas se comportam de uma forma que seria totalmente absurda se acreditassem não ter controle algum sobre um evento incontrolável. Porém, se em algum lugar bem lá no fundo acreditassem *ser capazes* de exercer controle — mesmo que só uma pitada de controle —, então seu comportamento seria perfeitamente razoável. E, no fundo, é exatamente nisso que a maioria de nós parece acreditar. Por que não é divertido assistir a uma gravação da partida de futebol da noite passada mesmo quando não sabemos quem ganhou? Porque o fato de a partida já ter acontecido exclui a possibilidade de que nossa torcida de alguma forma penetre na televisão, viaje através do sistema a cabo, abra caminho até o estádio e influencie a trajetória da bola quando é chutada em direção ao gol! Talvez a coisa mais estranha com relação a essa ilusão de controle não é que ela aconteça, mas que pareça conferir muitos benefícios psicológicos do controle genuíno. Na verdade, o único grupo que parece em geral imune a essa ilusão são as pessoas clinicamente deprimidas,[48] que tendem a estimar com precisão o grau em que podem controlar eventos na maioria das situações.[49] Essas e outras descobertas levaram alguns pesquisadores a concluir que o sentimento de controle — real ou ilusório — é um dos mananciais de saúde mental.[50] Então, se a pergunta é "Por que deveríamos querer controlar nosso futuro?", a resposta surpreendentemente correta é que é bom fazer isso — faz bem e ponto-final. O impacto é recompensador. A percepção de que somos importantes nos deixa felizes. O ato de guiar o barco ao longo do rio do tempo é uma fonte de prazer, seja qual for o porto de escala.

Ora, a essa altura você provavelmente acredita em duas coisas. Em primeiro lugar, provavelmente acredita que, se nunca mais ouvir a expressão "o rio do tempo", será uma maravilha. Amém. Em segundo lugar, provavelmente acredita que, mesmo que o ato de conduzir um barco metafórico ao longo de um rio (um baita clichê) seja uma fonte de prazer e bem-estar, o *lugar para onde* o barco vai é muito, muito mais importante. Dar uma de capitão é uma alegria por si só, mas a verdadeira razão pela qual queremos guiar nossos navios é que podemos levá-los para Hanalei, uma bela praia no Havaí, em vez de para Jersey City. A natureza de um lugar determina a maneira como nos sentimos ao chegar, e nossa capacidade singularmente humana de pensar sobre o futuro estendido nos permite escolher os melhores destinos e evitar os piores. Somos os macacos que aprenderam a olhar para a frente porque fazer isso nos permite esmiuçar os muitos destinos que podem se abater sobre nós e selecionar o melhor deles. Outros animais precisam *ter a experiência em primeira mão* de um evento para aprender sobre as dores e delícias que ele propicia, mas nossos poderes de previsão nos permitem imaginar o que ainda não aconteceu e, portanto, nos poupar das duras lições da experiência. Não precisamos estender a mão e tocar as brasas de uma fogueira para saber que fazer isso vai nos machucar, e não precisamos sentir na pele a dor do abandono, do desprezo, do despejo, do rebaixamento, da doença ou do divórcio para saber que todos esses são fins indesejáveis os quais devemos fazer o melhor possível para evitar. Queremos — e *deveríamos* querer — controlar a direção do nosso barco porque alguns futuros são melhores do que outros, e mesmo de longe devemos ser capazes de diferenciá-los.

Essa ideia é tão óbvia que quase não vale a pena mencioná-la, mas vou fazê-lo mesmo assim. Para dizer a verdade, vou passar o resto do livro mencionando essa ideia porque provavelmente serão necessárias mais do que algumas menções para convencer você de que o que parece uma obviedade é, na verdade, a resposta surpreendentemente errada à nossa pergunta. Insistimos em guiar nosso barco porque achamos que temos uma boa ideia de para onde devemos ir, mas a verdade é que em grande medida nossa condução do barco é em vão — não porque o barco não responda aos nossos comandos, e não porque somos incapazes de encontrar nosso destino, mas porque o futuro é fundamentalmente diferente do que aparece nos nossos antecipômetros. Assim como temos ilusões de visão ("Não é estranho como uma fila parece mais longa do que a outra, mesmo que não seja?") e ilusões retrospectivas ("Não é estranho como não me lembro de ter tirado o lixo embora eu tenha feito isso?"), temos também ilusões de previsão — e todos os três tipos de ilusão são explicados pelos mesmos princípios básicos da psicologia humana.

Para ser totalmente honesto, não vou me limitar a apenas *mencionar* a resposta surpreendentemente errada; vou esmurrá-la e açoitá-la até que ela desista e vá embora. A resposta surpreendentemente errada dá a impressão de ser muito sensata e aceita por todos, e somente uma surra demorada oferece alguma esperança de extirpá-la da nossa sabedoria convencional. Então, antes que os ajustes de contas comecem, permita-me dividir com você meu plano de ataque.

- Na parte II, "Subjetividade", falarei sobre a ciência da felicidade. Todos nós nos guiamos em direção ao futuro que achamos que nos fará felizes, mas o que essa palavra realmente significa? E como podemos ter a esperança de obter respostas científicas sólidas para perguntas sobre algo tão delicado quanto um sentimento?
- Usamos nossos olhos para investigar o espaço e nossa imaginação para analisar o tempo. Assim como nossos olhos às vezes nos levam a ver as coisas como elas não são, nossa imaginação às vezes nos leva a prever as coisas como elas não serão. A imaginação padece de três deficiências que dão origem às ilusões de previsão que são o cerne das preocupações deste livro. Na parte III, "Realismo", contarei a você sobre a primeira deficiência: a imaginação funciona de um jeito tão rápido, silencioso e eficaz que somos insuficientemente céticos em relação ao que ela produz.
- Na parte IV, "Presentismo", falarei sobre a segunda deficiência: os produtos da imaginação não são... bem, não são especialmente imaginativos, razão pela qual o futuro imaginado muitas vezes se parece bastante com o presente real.
- Na parte V, "Racionalização", falarei sobre a terceira deficiência: a imaginação tem dificuldade para nos dizer como *pensaremos* sobre o futuro quando chegarmos lá. Se temos problemas para prever eventos futuros, então temos problemas ainda mais numerosos para prever como os veremos quando eles acontecem.
- Finalmente, na parte VI, "Corrigibilidade", direi por que as ilusões de previsão não são facilmente corrigidas pela experiência pessoal ou pela

sabedoria que herdamos de nossas avós. Concluirei o livro contando a você sobre um remédio simples para essas ilusões — e é quase líquido e certo que você não irá aceitá-lo.

Espero que, quando você terminar de ler estes capítulos, entenda por que a maioria de nós gasta uma porção tão grande da nossa vida girando lemes e içando velas apenas para descobrir que Shangri-la não é o que pensávamos e não está onde achávamos que estaria.

Parte II

Subjetividade

subjetividade: o fato de que a experiência é individual e inobservável para qualquer outra pessoa a não ser para aquela que a vivencia em primeira mão.

2. A vista daqui

Mas que coisa amargosa é contemplar a felicidade através dos olhos de outrem!
William Shakespeare, *Como gostais*, Ato V, cena 2

Apesar de serem gêmeas, Lori e Reba Schappel são pessoas muito diferentes. Reba é uma abstêmia um tanto tímida que gravou um premiado álbum de música country. Lori, que é extrovertida, brincalhona e gosta muito de daiquiris de morango, trabalha em um hospital e sonha um dia se casar e ter filhos. De vez em quando elas se desentendem, como acontece entre quaisquer irmãs, mas na maior parte do tempo se dão bem, trocam elogios, se provocam, completam as frases uma da outra. Na verdade, há apenas duas coisas incomuns a respeito de Lori e Reba. A primeira é que compartilham um suprimento sanguíneo, parte de um mesmo crânio e um pouco do mesmo tecido cerebral, uma vez que nasceram unidas pela testa. Um lado da testa de Lori está colado a um lado da testa de Reba, e elas passam cada momento de sua vida juntas, cara a cara. A segunda coisa incomum sobre Lori e Reba é que são felizes — não apenas resignadas ou contentes, mas alegres, brincalhonas e otimistas.[1] Sua vida insólita apresenta muitos desafios, claro, mas, como elas costumam apontar, qual vida não tem? Quando indagadas sobre a possibilidade de separação cirúrgica, Reba fala por ambas: "Nosso ponto de vista é não, francamente não.

Por que fazer isso? Por todo o dinheiro da China, por quê? Seria arruinar duas vidas no processo".[2]

Então eis a questão: se esta fosse a sua vida, e não a delas, como você se sentiria? Se você respondeu "alegre, brincalhão e otimista", então você não está jogando o jogo de acordo com as regras, e vou lhe dar outra chance. Tente ser honesto em vez de correto. A resposta honesta é "desanimado, desesperado e deprimido". Na verdade, parece óbvio que ninguém que tem a cabeça no lugar poderia *realmente* ser feliz sob tais circunstâncias, razão pela qual a sabedoria médica convencional diz que gêmeos siameses devem ser separados no nascimento, mesmo sob o risco de matar um ou ambos. Como escreveu um renomado historiador da medicina: "Muitas pessoas autônomas, especialmente cirurgiões, acham inconcebível que valha a pena viver como um gêmeo xifópago, inconcebível que alguém não esteja disposto a arriscar tudo — mobilidade, capacidade reprodutiva, a vida de um ou de ambos os gêmeos — para tentar a separação".[3] Em outras palavras, não apenas todos sabem que os gêmeos siameses serão drasticamente menos felizes do que pessoas normais, mas todos também sabem que vidas em conjunto são tão inúteis que perigosas cirurgias de separação são um imperativo ético. Todavia, em contraste com a nossa certeza sobre esses assuntos estão os próprios gêmeos. Quando perguntamos a Lori e a Reba como se sentem acerca de sua situação, elas nos dizem que não fariam a cirurgia de jeito nenhum. Em uma pesquisa exaustiva da literatura médica, o mesmo historiador da medicina constatou que o "desejo de permanecer juntos é tão generalizado entre gêmeos siameses comunicantes que chega a ser praticamente universal".[4] Há algo terrivelmente errado aqui. Mas o quê?

Parece haver apenas duas possibilidades. Alguém — Lori, Reba, ou todas as outras pessoas no mundo — está cometendo um erro pavoroso quando fala sobre felicidade. Como somos todas as outras pessoas do mundo em questão, é apenas natural que sejamos atraídos pela primeira conclusão, rejeitando a alegação de felicidade das gêmeas siamesas com respostas de bate-pronto do tipo "Oh, elas estão dizendo isso apenas por dizer" ou "Elas podem até pensar que são felizes, mas não são" ou a sempre popular "Elas não sabem de verdade o que é a felicidade" (quem fala isso geralmente acha que sabe). Tudo bem. Porém, assim como as alegações que elas rejeitam, essas réplicas também são afirmações — científicas e filosóficas — que supõem respostas para questões que incomodam cientistas e filósofos há milênios. Do que estamos *falando* quando fazemos afirmações desse tipo sobre a felicidade?

Há milhares de livros sobre felicidade, e a maioria começa perguntando o que a felicidade *realmente* é. Como os leitores logo constatam, equivale mais ou menos a começar uma peregrinação marchando diretamente para o primeiro poço de piche disponível, porque a felicidade *na verdade* não é nada além de uma palavra que nós, fabricantes de palavras, podemos usar para indicar o que bem quisermos. O problema é que as pessoas parecem contentes em usar essa palavra para indicar uma série de diferentes coisas, o que acabou por criar uma tremenda bagunça terminológica em torno da qual várias boas carreiras acadêmicas foram baseadas. Se alguém se deixa atolar nessa bagunça por tempo suficiente, mais cedo ou mais tarde vê que a maior parte das discordâncias com relação ao que a felicidade *realmente* é não passa de divergências sobre se a palavra deve ser usada para indicar *isto* ou *aquilo*, em vez de desacordos científicos ou filosóficos quanto à natureza *disto* e *daquilo*. O que são o *isto* e o *aquilo* aos quais a felicidade na maioria das vezes se refere? A palavra *felicidade* é usada para indicar pelo menos três coisas correlatas, que, grosso modo, podemos chamar de *felicidade emocional*, *felicidade moral* e *felicidade crítica*.

Sentindo-se feliz

A felicidade emocional é a mais básica do trio — tão básica, na verdade, que ficamos sem palavras quando tentamos defini-la, como se alguma criança malcriada tivesse acabado de nos desafiar a dizer qual é o significado da palavra o e, no processo, apresentado um argumento verdadeiramente convincente em defesa dos castigos corporais. A felicidade emocional é uma expressão para descrever um *sentimento*, uma *experiência*, um *estado subjetivo*, e, portanto, não tem referente objetivo no mundo físico. Se, tomando cerveja no bar da esquina, conhecêssemos um alienígena que nos pedisse para definir esse sentimento, nós ou apontaríamos para os objetos no mundo que tendem a suscitar a felicidade, ou mencionaríamos outros sentimentos semelhantes. Na verdade, é a única coisa que *podemos* fazer quando nos pedem para definir uma experiência subjetiva.

Tenha em mente, por exemplo, a maneira como podemos definir uma experiência muito simples, como o amarelo. Você pode pensar que amarelo é uma cor, mas não é. É um estado psicológico. É a experiência que seres humanos com aparato visual funcional *vivenciam* quando seus olhos são atingidos pela luz com um comprimento de onda de 580 nanômetros. Se nosso amigo alienígena no bar nos pedisse para definir nossa sensação quando afirmamos estar *vendo amarelo*, provavelmente começaríamos apontando para um limão-siciliano, um pote de mostarda ou um patinho de borracha e diríamos: "Está vendo todas estas coisas? O que há em comum às experiências visuais que a pessoa tem quando olha para elas é chamado de *amarelo*". Ou poderíamos tentar definir a experiência chamada de *amarelo* em termos de outras experiências. "Amarelo? Bem, é meio parecido com a experiência do alaranjado, com um pouco menos da experiência do vermelho." Se o alienígena confidenciasse sua incapacidade de entender o que o patinho, o limão-siciliano e um pote de mostarda tinham em comum, e que jamais havia vivenciado a experiência do alaranjado ou do vermelho, então seria hora de pedir outra cerveja e mudar de assunto para falar sobre algum esporte universal, o hóquei no gelo, porque simplesmente não existe outra maneira de definir amarelo. Os filósofos gostam de dizer que os estados subjetivos são "irredutíveis", o que significa que nada para que apontemos, nada com que possamos compará-las e nada que tenhamos a dizer sobre seus fundamentos neurológicos podem substituir totalmente as experiências em si.[5] Dizem que o guitarrista e compositor Frank Zappa afirmou que escrever sobre música é como dançar sobre arquitetura, e quando se trata de falar sobre o amarelo é a mesma coisa. Se nosso novo companheiro de bebedeira no bar não dispõe de um mecanismo para ver cores, então nossa experiência de amarelo é algo que ele nunca compartilhará conosco — ou nunca saberá que compartilha —, não importando quão bem mostremos e expliquemos.[6]

A felicidade emocional é assim. É o sentimento comum às sensações que temos quando vemos nossa netinha recém-nascida sorrir pela primeira vez, recebemos uma promoção no trabalho, ajudamos um turista perdido a encontrar o museu de arte, saboreamos o gosto do chocolate belga na parte de trás da língua, inalamos o cheiro do xampu da pessoa amada, ouvimos aquela música de que gostávamos tanto na faculdade mas não ouvíamos havia décadas, encostamos a bochecha no pelo do gatinho, curamos o câncer ou aspiramos uma carreira repleta de cocaína. Essas sensações são diferentes, é claro, mas também têm algo em comum. Um imóvel não é a mesma coisa que uma ação muito valorizada na Bolsa, que não é o mesmo que um grama de ouro, mas são formas de *riqueza* que ocupam diferentes posições em uma escala de *valores*. Da mesma maneira, a experiência de cocaína não é a de roçar o rosto contra a pelagem do gatinho, que não é a de receber uma promoção, mas todas são formas de *sensação* que ocuparam posições diferentes numa escala de *felicidade*. Em cada um desses casos, uma interação com alguma coisa no mundo gera um padrão aproximadamente semelhante de atividade neural,[7] e, portanto, faz sentido que haja algo em comum nas nossas *experiências* de cada interação — alguma coerência conceitual que levou os seres humanos a, desde que o mundo é mundo, agrupar essa mistura de ocorrências na mesma categoria linguística. Com efeito, quando os pesquisadores analisam de que modo todas as palavras de um idioma se relacionam entre si, inevitavelmente constatam que a positividade das palavras — isto é, a medida em que se referem à experiência de felicidade ou infelicidade — é o mais importante determinante da relação que estabelecem umas com as outras.[8] Apesar dos tremendos esforços de Tolstói, a maioria dos falantes considera que *guerra* está mais relacionada a *vômito* do que a *paz*.

A felicidade, então, é o sentimento você-sabe-o-que-eu-quero-dizer. Se você é um ser humano que vive neste século e compartilha alguns dos meus condicionamentos culturais, então minha estratégia de fazer comparações e apontar para coisas similares terá sido eficaz e você saberá *exatamente* a que sensação me refiro. Se você é um alienígena que ainda está se esforçando para entender o que é o amarelo, então a felicidade será uma dificuldade e tanto. Mas tenha ânimo: seria igualmente difícil para mim se você me dissesse que em seu planeta há uma sensação comum aos atos de dividir os números por três, bater de leve a cabeça em uma maçaneta e liberar rajadas rítmicas de nitrogênio de qualquer um de seus orifícios a qualquer dia e horário, exceto às terças-feiras. Eu não faria a menor ideia acerca dessa sensação, e só poderia aprender o nome dela e torcer para usá-la educadamente em uma conversa. Por ser uma experiência, a felicidade emocional só pode ser definida de maneira aproximada por seus antecedentes e por sua relação com outras experiências.[9] O poeta inglês Alexander Pope dedicou cerca de um quarto de seu *Ensaio sobre o homem* ao tópico de felicidade, e concluiu com a seguinte pergunta: "Quem a define, pois, declara mais ou menos / isto: felicidade é felicidade?".[10]

A felicidade emocional pode resistir aos nossos esforços para domesticá-la por meio da descrição, mas quando a sentimos, não temos dúvidas quanto a sua realidade e importância. Qualquer um que tenha observado o comportamento humano por mais de trinta segundos parece ter notado que as pessoas são fortemente, talvez até mesmo principalmente, ou talvez obstinadamente, motivadas a se sentirem felizes. Se algum dia existiu um grupo de seres humanos que preferia o desespero ao deleite, a frustração à satisfação e a dor ao prazer, deve ter sido muito bom em se esconder, porque ninguém jamais o viu. As pessoas querem ser felizes, e todas as outras coisas que elas desejam são em geral meios para alcançar esse fim. Mesmo quando as pessoas renunciam à felicidade no momento – fazendo regime quando poderiam estar comendo, ou trabalhando até tarde quando poderiam estar dormindo –, geralmente o fazem com o propósito de aumentar sua cota de felicidade futura. O dicionário nos diz que preferir é "escolher uma pessoa ou coisa entre outras, gostar mais de alguém ou algo (do que de outro ou outrem) *por este ser mais prazeroso*", o que quer dizer que a busca da felicidade está embutida na própria definição de desejo. Nesse sentido, uma preferência pela dor e pelo sofrimento não é tanto uma condição psiquiátrica diagnosticável, é um oxímoro.

Os psicólogos tradicionalmente fazem da luta pela felicidade a peça central de suas teorias do comportamento humano porque descobriram que, se não o fizerem, suas teorias não funcionam tão bem. Como escreveu Sigmund Freud:

> A questão da finalidade da vida humana já foi suscitada inúmeras vezes. Jamais encontrou resposta satisfatória, e talvez nem sequer a tenha. [...] Passaremos, pois, à questão menos ambiciosa: o que revela a própria conduta dos homens acerca da finalidade e intenção de sua vida, o que pedem da vida e desejam nela alcançar? É difícil haver dúvidas acerca da resposta: buscam a felicidade, querem se tornar e permanecer felizes. Essa busca tem dois lados, uma meta positiva e uma negativa; por um lado, almeja a ausência de dor e desprazer e, por outro lado, a vivência da experiência de fortes prazeres.[11]

Freud foi um articulado defensor dessa ideia, mas não seu criador, e a mesma observação aparece de uma forma ou de outra nas teorias psicológicas de Platão, Aristóteles, Hobbes, Mill, Bentham e outros. O filósofo e matemático Blaise Pascal foi especialmente claro neste ponto:

> Todos os homens buscam a felicidade. Sem exceção. Independentemente dos diversos meios que empregam, o fim é o mesmo. O que leva um homem a lançar-se à guerra e outros a evitá-la é o mesmo desejo, revestido de visões diferentes. O desejo só dá o último passo com este fim. É isto que motiva as ações de todos os homens, inclusive dos que tiram a própria vida.[12]

Sentindo-se feliz porque

Se todos os pensadores em todos os séculos reconheceram que as pessoas buscam a felicidade emocional, então como surgiu tanta confusão acerca do significado da palavra? Um dos problemas é que muitas pessoas consideram que o desejo de felicidade é um pouco semelhante ao desejo de defecar: algo que todos sentimos, mas não de que devamos ter especial orgulho. O tipo de felicidade que elas têm em mente é barato e vil — um estado vazio de "contentamento bovino"[13] que não pode ser a base de uma vida humana significativa. Como o filósofo John Stuart Mill escreveu: "É melhor ser uma pessoa humana insatisfeita do que um porco satisfeito; é melhor ser Sócrates insatisfeito do que um tolo satisfeito. E se o tolo ou o porco têm uma opinião diferente é porque só conhecem o seu lado da questão".[14]

O filósofo Robert Nozick tentou ilustrar a onipresença dessa crença descrevendo uma máquina de realidade virtual fictícia que permitiria a qualquer pessoa ter qualquer experiência que escolhesse, e que convenientemente a levaria a se esquecer de que estava ligada à máquina.[15] Ele concluiu que ninguém escolheria de bom grado ficar plugado a essa máquina de prazeres para o resto da vida, porque a experiência que sentiria com tal máquina não teria absolutamente nada a ver com a felicidade. "A alguém cuja emoção se baseia em avaliações flagrantemente injustificadas e falsas relutaremos em considerar feliz, a despeito do que sinta."[16] Em suma, felicidade emocional é algo bom para porcos, mas é um objetivo indigno de criaturas tão sofisticadas e capazes quanto nós.

Agora, façamos uma pausa momentânea para refletir sobre a difícil posição em que se encontra alguém que defende esse ponto de vista, e vamos deduzir de que maneira essa pessoa pode resolver o problema. Se você considerava perfeitamente trágico que a vida não visasse a nada mais substantivo e expressivo do que um *sentimento*, e ainda assim não pôde deixar de notar que as pessoas passam seus dias buscando a felicidade, então a que conclusão você talvez possa ter sido instigado a chegar? Bingo! Você pode ter cedido à tentação de concluir que a palavra *felicidade* não indica um sentimento bom, mas, antes, indica um sentimento *muito bom e especial* que só pode ser produzido por meios muito especiais – por exemplo, viver a vida de uma forma adequada, moral, significativa, profunda, abundante, de maneira socrática e nem um pouco semelhante a porcos. Ora, *esse* seria o tipo de sentimento do qual uma pessoa não se envergonharia de se esforçar para alcançar. Na verdade, os gregos tinham uma palavra para esse tipo de felicidade: *eudaimonia*, cuja tradução literal é "bom espírito", mas provavelmente significa algo mais como "florescimento humano" ou "vida bem vivida". Para Sócrates, Platão, Aristóteles, Cícero e até Epicuro (nome geralmente associado à felicidade suína), a única coisa que poderia gerar esse tipo de felicidade era o desempenho virtuoso dos deveres, cabendo a cada filósofo elaborar por si mesmo o significado exato de *virtuoso*. O antigo legislador ateniense Sólon sugeriu que não era possível dizer se uma pessoa era feliz enquanto sua vida não terminasse, porque a felicidade é o resultado de viver de acordo com o potencial de cada indivíduo – e como podemos fazer esse julgamento até vermos como a coisa toda acaba? Alguns séculos depois, os teólogos cristãos adicionaram uma admirável pitada a essa concepção clássica: a felicidade era não apenas o *produto* de uma vida de virtude, mas a *recompensa* por uma vida de virtude, e tal recompensa não era necessariamente esperada nesta vida.[17]

Ao longo de 2 mil anos, os filósofos se sentiram compelidos a associar felicidade e virtude porque esse é o tipo de felicidade que a seu ver *deveríamos* querer. E talvez estivessem certos. Mas se viver uma vida de maneira virtuosa é uma causa da felicidade, não a felicidade em si, não faz bem obscurecer uma discussão chamando pelo mesmo nome a causa e a consequência. Posso causar dor furando seu dedo com um alfinete ou estimulando eletricamente um ponto específico do seu cérebro, e as duas dores serão sensações *idênticas* produzidas por meios diferentes. Não nos faria bem chamar a primeira de *dor real* e a outra de *dor falsa*. Dor é dor, não importa a causa. Ao confundir causas e consequências, os filósofos foram obrigados a construir tortuosas e distorcidas defesas de algumas alegações verdadeiramente surpreendentes – por exemplo, a de que um criminoso de guerra nazista se deleitando numa praia argentina não é muito feliz, ao passo que o piedoso missionário devorado vivo por canibais é. "A felicidade não tremerá", escreveu Cícero no século I a.C., "por mais que seja supliciada."[18] Essa afirmação pode ser admirada por sua coragem, mas provavelmente não traduz os sentimentos do missionário a quem coube desempenhar o papel de antepasto.

Felicidade é uma palavra que geralmente usamos para indicar uma experiência, e não as ações que dão origem a ela. Faz algum sentido dizer: "Depois de passar um dia matando seus pais, Frank estava feliz"? Certamente que sim. Esperamos que uma pessoa como essa nunca tenha existido, mas a frase obedece aos padrões da norma culta, é bem construída e facilmente compreendida. Frank é um cachorrinho doente, mas se ele disser que está feliz e parece feliz, há alguma razão baseada em princípios morais sólidos para duvidar dele? Faz algum sentido dizer: "Sue se sentia feliz por estar em coma"? Não, claro que não. Se Sue estiver inconsciente, não pode se sentir feliz, não importa quantas boas ações tenha feito antes de a calamidade ocorrer. Ou que tal esta: "O computador obedeceu a todos os Dez Mandamentos e estava feliz feito um molusco"? Mais uma vez, desculpe, mas não. Existe, sim, alguma possibilidade remota de que os mariscos possam ser felizes porque há alguma possibilidade remota de que mariscos tenham a capacidade de sentir. Talvez haja algo parecido com a sensação de ser um molusco, mas podemos ter quase certeza de que não há nada parecido com ser um computador e, portanto, o computador não pode ser feliz, não importa quantas esposas de seu vizinho ele tenha deixado de cobiçar.[19] Felicidade refere-se a sentimentos e sensações, virtude diz respeito a ações, e estas ações podem causar aqueles sentimentos e sensações. Mas não necessariamente e não exclusivamente.

Sentindo-se feliz por

O sentimento você-sabe-o-que-eu-quero-dizer é o que as pessoas normalmente querem dizer com *felicidade*, mas não é a única coisa que querem dizer. Se os filósofos embaralharam os significados morais e emocionais da palavra *felicidade*, então os psicólogos confundiram os significados das felicidades emocionais e judiciosa, em igual medida e com a mesma frequência. Por exemplo, quando uma pessoa diz: "No geral, estou feliz com os rumos que minha vida tem tomado", os psicólogos geralmente estão dispostos a admitir que a pessoa está feliz. O problema é que às vezes as pessoas usam a palavra *feliz* para expressar suas crenças com relação aos méritos das coisas, como quando dizem: "Estou feliz que pegaram o filho da mãe que quebrou meu para-brisa", e dizem coisas desse tipo mesmo ao não estarem sentindo algo vagamente semelhante a prazer. Como sabemos quando uma pessoa está expressando um ponto de vista em vez de fazer uma afirmação sobre sua experiência subjetiva? Quando a palavra *feliz* é seguida pelas palavras *que* ou *por* ou *com*, entre outras, os falantes geralmente estão tentando nos dizer que devemos interpretar a palavra *feliz* como uma indicação não de seus sentimentos, mas sim de sua postura, de sua atitude. Por exemplo, quando nosso cônjuge nos revela animadamente que acabou de ser convidado a passar seis meses na nova filial da empresa no Taiti enquanto ficamos em casa para cuidar das crianças, talvez digamos: "Não estou feliz, é claro, mas estou feliz *que* você esteja feliz". Frases como essas deixam os professores de gramática do ensino médio apopléticos, mas são bastante sensatas se pudermos apenas resistir à tentação de interpretar cada ocorrência da palavra *feliz* como um exemplo de felicidade emocional. Na verdade, na primeira vez em que pronunciamos a palavra *feliz*, estamos informando nosso cônjuge de que certamente não estamos tendo o sentimento você-sabe-o-que-eu-quero-dizer (felicidade emocional), e na segunda vez em que pronunciamos a palavra estamos indicando que aprovamos o fato de que nosso cônjuge está *feliz* (felicidade judiciosa ou crítica). Quando afirmamos que estamos felizes ou felizes *com* alguma coisa, felizes *por* alguma coisa ou felizes *que* alguma coisa, estamos apenas observando que algo é uma fonte potencial do sentimento de prazer, ou foi uma fonte de uma sensação prazerosa, ou que percebemos que deveria ser uma fonte de uma sensação prazerosa, mas com certeza não dá essa impressão no momento. Não estamos realmente afirmando que no momento estamos tendo o sentimento prazeroso ou algo parecido. Seria mais apropriado dizermos ao nosso cônjuge: "Não estou feliz, mas entendo que você esteja, e posso até imaginar que se eu fosse para o Taiti enquanto você ficaria em casa com esses delinquentes juvenis eu estaria *sentindo na pele* a felicidade em vez de admirar a sua". Claro, falar assim exige que abandonemos todas as possibilidades de companhia humana, então optamos pela abreviação comum e dizemos que estamos felizes *com*, *que* ou *por*, mesmo quando estamos nos sentindo profundamente atormentados. Tudo bem, contanto que continuemos tendo em mente que nem sempre queremos dizer o que dizemos.

Se concordássemos em reservar a palavra *felicidade* para nos referirmos a essa classe de experiências emocionais subjetivas que são vagamente descritas como *agradáveis* ou *prazerosas*, e se prometêssemos não usar a mesma palavra para indicar a moralidade das ações que alguém pode realizar a fim de induzir essas experiências ou para indicar nossos julgamentos sobre os méritos dessas experiências, ainda assim poderíamos nos perguntar se a felicidade que alguém sente ao ajudar uma velhinha a atravessar a rua constitui um tipo diferente de experiência emocional — maior, melhor, mais profunda — do que a felicidade que alguém obtém ao comer uma fatia de torta de creme de banana. Talvez a felicidade que uma pessoa sente como resultado de boas ações *pareça* ser diferente daquele outro tipo de felicidade. Na verdade, enquanto falamos sobre isso, podemos também especular se a felicidade que se obtém ao comer a torta de creme de banana é diferente da que se obtém ao comer torta de creme de coco. Ou de comer uma fatia *desta* torta de creme de banana em vez de uma fatia *daquela* torta. Até que ponto podemos dizer se as experiências emocionais subjetivas são diferentes ou idênticas?

A verdade é que não podemos — da mesma forma como não somos capazes de dizer se a experiência do amarelo que temos ao olhar para um pote de mostarda é a mesma experiência do amarelo que outras pessoas têm quando olham para o mesmo pote de mostarda. Durante um bocado de tempo os filósofos mergulharam de cabeça na tentativa de resolver esse problema e saíram de mãos abanando, com pouca coisa para mostrar além de hematomas,[20] porque no fim das contas a única maneira de medir com exatidão a semelhança de duas coisas é a pessoa que está fazendo a medição compará-las lado a lado — isto é, *ter a experiência* de ambas lado a lado. E, a não ser na ficção científica, ninguém pode realmente ter a mesma experiência de outra pessoa. Quando éramos crianças, nossa mãe nos ensinou a chamar de *amarelo* a experiência de olhar para o pote de mostarda, e, sendo pequenos aprendizes obedientes, fizemos o que nos foi ensinado. Ficamos satisfeitos quando, mais tarde, descobrimos que todas as outras crianças no jardim de infância afirmavam também ter a experiência de amarelo quando olhavam para o pote de mostarda. Mas esses rótulos compartilhados podem mascarar o fato de que nossas experiências reais de amarelo são bastante diferentes, razão pela qual muitas pessoas só descobrem que são daltônicas já na vida adulta, quando um oftalmologista percebe que não fazem as distinções que outros parecem fazer. Portanto, embora pareça bastante improvável que os seres humanos tenham experiências drasticamente diferentes quando olham para um pote de mostarda, quando ouvem um bebê chorar ou quando sentem o cheiro de um gambá, *é* possível, sim, e se você quiser acreditar, tem todo o direito e ninguém que valorize o próprio tempo deveria tentar argumentar com você.

Lembrando-se das diferenças

Espero que você não seja de desistir *tão* facilmente. Talvez a maneira de determinar se duas felicidades são diferentes é esquecer a comparação de experiências de mentes diferentes e perguntar a alguém que já teve ambas as experiências. Pode ser que eu nunca saiba se a *minha* experiência do amarelo é diferente da *sua* experiência do amarelo, mas com certeza posso dizer que minha experiência do *amarelo* é diferente da minha experiência do *azul* quando comparo mentalmente as duas. Certo? Infelizmente, essa estratégia é mais complicada do que parece. O xis da questão é que, quando dizemos que estamos comparando mentalmente duas de nossas próprias experiências subjetivas, na verdade não estamos *tendo* as duas experiências ao mesmo tempo. Em vez disso, na melhor das hipóteses estamos tendo uma delas, já tivemos a outra, e quando alguém nos pergunta qual das experiências nos deixou mais felizes, ou se as duas felicidades eram iguais, estamos, na melhor das hipóteses, comparando algo que, no momento da resposta, vivenciamos com nossa *lembrança* de algo que sentimos no passado. Isso seria inquestionável, não fosse pelo fato de que as lembranças — sobretudo as de experiências — são notoriamente duvidosas, fato que foi demonstrado por mágicos e cientistas. Primeiro a magia. Olhe para as seis cartas de reis e rainhas na figura 4 e escolha a sua favorita. Não, não me diga qual é. Guarde essa informação para você. Apenas olhe para a sua carta e diga em voz alta uma ou duas vezes (ou escreva) qual é ela, de modo que você se lembre dela por algumas páginas.

Bom. Agora pense em como os cientistas abordaram o problema da experiência lembrada. Em um estudo, os pesquisadores apresentaram a voluntários uma amostra de cores do tipo que se pode encontrar no corredor de tintas de lojas de materiais de construção e permitiram que a estudassem por cinco

Figura 4.

segundos.[21] Em seguida, alguns voluntários passaram trinta segundos descrevendo a cor (os descritores), enquanto outros voluntários não a descreveram (os não descritores). Os pesquisadores mostraram a todos os voluntários uma seleção de seis amostras de cores, uma das quais era a cor que tinham visto trinta segundos antes, e solicitaram que escolhessem a amostra original. A primeira descoberta interessante foi que apenas 73% dos não descritores conseguiram identificar com precisão a cor original. Em outras palavras, menos de três quartos das pessoas foram capazes de dizer se *essa* experiência de amarelo era idêntica à experiência de amarelo que tinham tido apenas meio minuto antes. A segunda constatação interessante foi que descrever a cor prejudicava, em vez de melhorar, o desempenho na tarefa de identificação. Apenas 33% dos descritores foram capazes de identificar com precisão a cor original. Aparentemente, as prolixas descrições verbais que os descritores faziam de sua experiência "suplantava" sua lembrança da experiência em si, e eles acabavam se lembrando não do que viram, mas do que *disseram* sobre a experiência que tinham tido. E o que disseram não era suficientemente claro e preciso para ajudá-los a reconhecer a cor quando a viam de novo trinta segundos depois.

A maioria de nós já esteve nessa posição. Dizemos a um amigo que ficamos decepcionados com o chardonnay da casa naquele bistrô badalado do centro da cidade, ou com a interpretação que o quarteto de cordas resolveu dar ao nosso querido Quarteto n. 4 de Béla Bartók, mas o fato é que, no momento em que fazemos esses pronunciamentos, é muito pouco provável que sejamos capazes de nos lembrar do gosto do vinho ou da performance do quarteto de cordas. Pelo contrário, é provável que nos lembremos de que, no momento em que estávamos saindo da apresentação, mencionamos ao nosso amigo que tanto o vinho quanto a música tiveram um começo promissor e um desfecho lamentável. Experiências com degustações de chardonnay, apresentações de quartetos de cordas, ações altruísticas e tortas de creme de banana são férteis, complexas, multidimensionais e impalpáveis. Uma das funções da linguagem é nos ajudar a torná-las palpáveis, tangíveis — nos ajudar a extrair as características importantes de nossas experiências, e a nos lembrarmos delas, para que possamos analisá-las e comunicá-las mais tarde. O acervo on-line de cinema do jornal *The New York Times* arquiva sinopses críticas de filmes em vez dos próprios filmes, o que ocuparia espaço em demasia, seria muito mais difícil de pesquisar e completamente inútil para quem quisesse saber do que tratava um filme sem realmente ter que assisti-lo. As experiências são como filmes aos quais se adicionam várias dimensões, e, se nosso cérebro tivesse que armazenar os longas-metragens da nossa vida em vez de suas descrições organizadas, nossa cabeça precisaria ser várias vezes maior. E quando quiséssemos saber ou contar aos outros se aquele passeio pelo jardim de esculturas valeu o preço do ingresso, teríamos que reprisar todo o evento para descobrir. Cada ato de memória exigiria exatamente a mesma quantidade de tempo que durou o evento original que está sendo lembrado, o que nos relegaria permanentemente ao ostracismo social na primeira vez que alguém perguntasse se gostamos de ter passado a infância em nossa cidade natal. Portanto, reduzimos nossas experiências a palavras como *feliz*, que mal dá conta de lhes fazer justiça, mas que são as coisas que conseguimos carregar conosco de forma confiável e conveniente futuro afora. É impossível ressuscitar o aroma das rosas, mas se sabemos que foi *bom* e que foi *doce*, então sabemos parar e cheirar a rosa seguinte.

Percebendo as diferenças

Nossa lembrança de coisas perdidas no passado é imperfeita; portanto, comparar a nossa nova felicidade à nossa memória da nossa felicidade antiga é uma forma arriscada de determinar se duas experiências subjetivas são de fato diferentes. Então, vamos tentar um enfoque ligeiramente modificado. Se não conseguimos nos lembrar suficientemente bem da sensação da torta de creme de banana de ontem para compará-la ao sentimento da boa ação praticada hoje, talvez a solução seja comparar experiências que estejam tão próximas em termos de intervalo de tempo de modo que possamos efetivamente vê-las mudar. Por exemplo, se realizássemos uma versão do experimento das amostras de cor em que reduzimos a quantidade de tempo entre a apresentação da amostra original e a apresentação da seleção de cores, certamente as pessoas não teriam problemas em identificar a amostra original, certo? E se então reduzíssemos o tempo para, digamos, 25 segundos? Ou quinze? Dez? Que tal *uma fração de segundo*? E se, como um bônus, tornarmos a tarefa de identificação um pouco mais fácil, mostrando aos voluntários uma amostra de cor por alguns segundos, retirando-a por apenas uma fração de segundo e por fim mostrando a eles uma amostra-teste (em vez de uma seleção de seis) e pedindo que nos digam se a única amostra-teste é idêntica à original. Nenhuma descrição verbal intermediária para confundir as lembranças do participante, nada de amostras rivais para confundir seus olhos, e apenas uma lasquinha de uma fatia de um instante entre a apresentação da cor original e as amostras-teste. Puxa. Simplificando tanto a tarefa, não deveríamos prever que todos seriam aprovados com, hum, distinção e louvor?

Sim, mas apenas se gostarmos de estar errados. Em um estudo conceitualmente semelhante àquele que acabamos de conceber, os pesquisadores pediram a voluntários que olhassem para a tela de um computador e lessem um texto de aparência estranha.[22] O que tornava o texto tão esquisito era que suas palavras alternavam letras maiúsculas e minúsculas, de modo que ficasse cOM eStE AspEcTo. Ora, como você deve saber, quando as pessoas parecem estar fitando diretamente algo, seus olhos estão na verdade piscando ligeiramente para longe da coisa sendo observada, três ou quatro vezes por segundo, e é por isso que o globo ocular parece dar bruscas sacudidelas quando os examinamos de perto. Os pesquisadores usaram um dispositivo de rastreamento ocular que informa a um computador quando os olhos do voluntário estão fixos no objeto na tela e quando se se afastam com um breve e brusco sacolejo. Sempre que os olhos dos voluntários se afastavam do texto por uma fração de segundo, o computador pregava uma peça neles: mudava a caixa de todas as letras no texto que eles estavam lendo, de modo que o texto de repente ficava agora Com EsTe aSPeCtO. Surpreendentemente, os voluntários não percebiam que, enquanto liam, o texto ia se alternando entre estilos diferentes (caixa-alta e caixa-baixa) várias vezes por segundo. Pesquisas posteriores mostraram que as pessoas não são capazes de perceber uma ampla gama dessas "descontinuidades visuais", e é por isso que os cineastas podem mudar subitamente o estilo do vestido de uma mulher entre uma cena e outra, ou a cor do cabelo de um homem entre um corte e outro, ou fazer com que um item sobre uma mesa desapareça por completo, tudo sem nunca acordar a plateia.[23] Curiosamente, quando se pede às pessoas que prevejam se notariam essas descontinuidades visuais, elas demonstram bastante confiança de que certamente notariam.[24]

E não são apenas as mudanças sutis que deixamos passar despercebidas. Às vezes até mesmo expressivas alterações na aparência são negligenciadas. Em um experimento saído diretamente das páginas do roteiro do *Câmera indiscreta*, tradicional programa de pegadinhas, organizou-se uma situação em que um pesquisador abordava pedestres em um campus universitário e pedia orientações sobre como chegar a um edifício específico.[25] Enquanto o pedestre e o pesquisador conferiam um mapa do pesquisador, dois trabalhadores da construção civil, cada um segurando a extremidade de uma comprida porta, passavam entre os dois, uma atitude grosseira que obstruía temporariamente a visão que o pedestre tinha do pesquisador. Assim que os trabalhadores passavam, o pesquisador original se agachava atrás da porta e acompanhava os operários, saindo de cena, enquanto um novo pesquisador, que estava escondido atrás da porta o tempo todo, ocupava seu lugar e retomava a conversa. O pesquisador original e os substitutos eram de diferentes alturas e compleições e tinham vozes, cortes de cabelo e roupas visivelmente diferentes. Ninguém teria dificuldade para distingui-los se estivessem lado a lado. Então, que opinião os bons samaritanos que paravam para ajudar um turista perdido tinham a respeito dessa troca? Não tinham muita coisa a dizer. Na verdade, a maioria dos pedestres não percebia — *não conseguia notar que a pessoa com quem estavam falando havia sido de súbito transformada em um indivíduo inteiramente novo.*

Devemos acreditar, então, que as pessoas não são capazes de perceber que sua experiência do mundo mudou bem diante de seus olhos? Claro que não. Se levarmos esse experimento a seu extremo lógico, acabamos como os extremistas geralmente acabam: atolados no absurdo e distribuindo panfletos. Se nunca conseguíssemos reconhecer quando nossa experiência do mundo mudou, como poderíamos saber que algo estava se mexendo, como poderíamos saber se devemos parar o carro ou seguir em frente num cruzamento e como é que poderíamos fazer uma enumeração que fosse além do 1? Esses experimentos nos dizem que as experiências de nossos antigos eus são *às vezes* tão opacas para nós quanto as experiências de outras pessoas, mas o fato mais importante é que nos dizem quando isso é mais provável e menos provável. Qual era o ingrediente decisivo que permitiu que cada um dos estudos anteriores produzisse os resultados que produziram? Em cada caso, os voluntários não estavam *prestando atenção* a sua própria experiência de determinado aspecto de um estímulo no momento de sua transição. No estudo das amostras de cor, a troca das amostras se dava em outra sala durante o intervalo de trinta segundos; no estudo da leitura, o texto era alterado enquanto o olho do voluntário momentaneamente se movia e desviava; no estudo da porta, os pesquisadores trocavam de lugar apenas quando uma enorme peça de madeira obstruía a visão do voluntário. Não poderíamos esperar que esses estudos mostrassem os mesmos resultados se úmbria queimada se tornasse malva fluorescente, ou se **isto** se tornasse **a q u i l o**, ou se um contador de uma cidadezinha do interior se tornasse a rainha Elizabeth II enquanto o voluntário olhava diretamente para ela, ou ele, ou o que seja. E, de fato, a pesquisa mostrou que, quando os voluntários estão prestando bastante atenção a um estímulo no momento preciso em que ele sofre alteração, percebem essa mudança de forma rápida e confiável.[26] O cerne da questão desses estudos não é que sejamos desesperadamente ineptos para detectar mudanças em nossa experiência do mundo, mas, a menos que nossa mente esteja intensamente focada em um aspecto específico dessa experiência no próprio momento em que há alteração, seremos forçados a confiar em nossas lembranças — forçados a comparar nossa experiência concreta e real à nossa memória de nossa experiência anterior — a fim de detectar a mudança.

Os mágicos sabem de tudo isso há séculos, é claro, e tradicionalmente usavam seu conhecimento para poupar o resto de nós de carregar um fardo excessivo de dinheiro. Algumas páginas atrás, você escolheu uma carta de um grupo de seis. O que eu não lhe disse lá atrás era que tenho poderes muito superiores aos dos homens mortais, e, portanto, já sabia qual das cartas você escolheria antes mesmo de você fazer sua escolha. Para provar isso, tirei sua carta do grupo. Dê uma olhada na figura 5 e me diga que não sou incrível. Como fiz isso? Esse truque é muito mais emocionante, é claro, quando você não sabe de antemão que é um truque e não precisa percorrer várias páginas de texto para ler a piada. E não funciona de jeito nenhum se você comparar as duas figuras lado a lado, porque verá instantaneamente que nenhuma das cartas na figura 4 (incluindo a que você escolheu) aparece na figura 5. Mas quando há alguma possibilidade de o mágico saber qual é a carta escolhida

– seja por prestidigitação, dedução perspicaz ou telepatia –, e quando seus olhos trêmulos não estão olhando diretamente para o primeiro grupo de seis à medida que se transforma no segundo grupo de cinco, a ilusão pode ser bastante poderosa. Na verdade, quando o truque apareceu pela primeira vez em um site, alguns dos cientistas mais inteligentes que conheço levantaram a hipótese de que uma tecnologia inovadora estava permitindo ao servidor adivinhar a carta escolhida por eles rastreando a velocidade e aceleração das teclas. De minha parte, tirei a mão do mouse apenas para me certificar de que seus movimentos sutis não estavam sendo medidos. Só da terceira vez me ocorreu que, embora eu tivesse *visto* o primeiro grupo de seis cartas, só me *lembrava* da minha etiqueta verbal para a carta que eu havia escolhido e, portanto, não tinha percebido que todas as outras cartas também tinham mudado.[27] O que é importante observar para nossos propósitos é que truques com cartas como esse funcionam exatamente pelo mesmo motivo que as pessoas acham difícil dizer em que medida foram felizes em seus casamentos anteriores.

Figura 5.

CONVERSA FELIZ

Reba e Lori Schappell afirmam ser felizes, e isso nos deixa transtornados. Temos a sólida certeza de que simplesmente não pode ser verdade, e, ainda assim, parece não existir método infalível para comparar a felicidade delas com a nossa. Se elas dizem que são felizes, então com base em que fatos podemos concluir que estão erradas? Bem, podemos tentar a tática mais jurídica de questionar sua capacidade de conhecer, avaliar ou descrever sua própria experiência. "Elas podem *pensar* que são felizes", diríamos, "mas isso é só porque não sabem realmente o que é a felicidade." Em outras palavras, como Lori e Reba nunca tiveram muitas experiências que nós, indivíduos independentes, tivemos – dar cambalhotas em um descampado, mergulhar com snorkel ao longo da Grande Barreira de Corais na Austrália, andar pela rua sem atrair uma multidão –, suspeitamos que talvez tenham um histórico de experiências felizes que é muito pobre e as leva a avaliar sua vida de uma forma diferente do que o restante de nós faria. Se, por exemplo, déssemos às gêmeas siamesas um bolo de aniversário, fornecendo-lhes uma escala de avaliação de oito pontos (que pode ser pensada como uma linguagem artificial com oito palavras para descrever diferentes intensidades de felicidade), e pedíssemos que relatassem sua experiência, pode ser que nos dissessem que sentiram um alegre *oito*. Mas não é provável que o *oito* delas e o nosso *oito* representem níveis de alegria fundamentalmente diferentes, e que o uso que elas fazem da linguagem de oito palavras seja distorcido por sua nada invejável situação, que nunca lhes permitiu descobrir o quanto uma pessoa pode realmente ser feliz? Pode ser que Lori e Reba estejam usando a linguagem de oito palavras de uma maneira diferente da que nós fazemos porque, para elas, bolo de aniversário é a melhor coisa que existe. Elas classificam sua experiência mais feliz com a palavra mais feliz da linguagem de oito palavras, naturalmente, mas isso não pode nos fazer esquecer o fato de que a experiência que elas chamam de *oito* é uma experiência que nós poderíamos descrever como *quatro e meio*. Em suma, elas não querem dizer *feliz* da mesma maneira como nós queremos dizer *feliz*. A figura 6 mostra como um conjunto pobre e apagado de experiências pode fazer com que a linguagem seja esmagada de modo que toda a gama de rótulos verbais é usada para descrever uma gama restrita de experiências. De acordo com essa hipótese, quando as irmãs gêmeas dizem que estão em êxtase, estão realmente *sentindo* o que sentimos quando dizemos que estamos satisfeitos.

Esmagamento da linguagem

As boas coisas sobre essa *hipótese do esmagamento da linguagem* são: (*a*) sugere que todas as pessoas em todos os lugares têm a mesma experiência subjetiva quando ganham um bolo de aniversário, mesmo que descrevam essa experiência de forma diferente, o que torna o mundo um lugar bastante simples para se viver e assar bolos; e (*b*) isso nos permite continuar acreditando que, apesar do que dizem a respeito de si mesmas, Lori e Reba não são

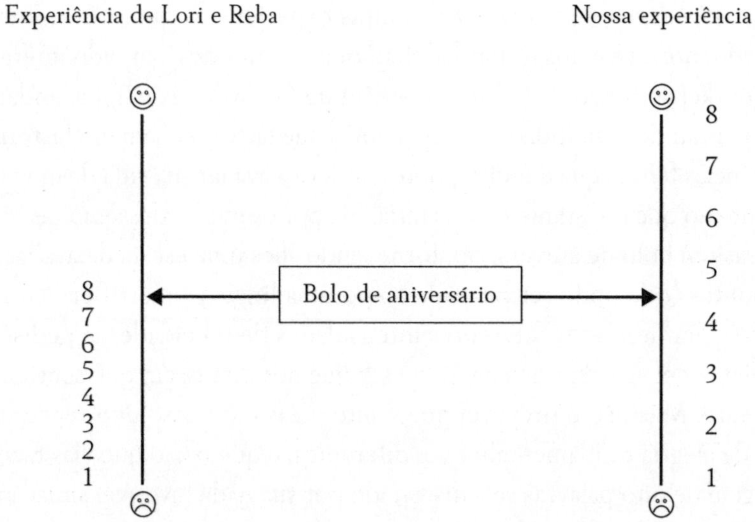

Figura 6. *A hipótese do esmagamento da linguagem sugere que, quando ganham um bolo de aniversário, Lori e Reba sentem exatamente o que você sente, mas expressam isso de forma diferente.*

realmente felizes, afinal, e assim temos motivos plenamente justificáveis para preferir nossa vida à delas. As coisas menos agradáveis sobre essa hipótese são numerosas, e se nos preocupamos com o fato de que Lori e Reba usam a linguagem de oito palavras de modo diferente do que nós usamos, porque nunca desfrutaram da emoção de dar uma cambalhota, então é melhor nos preocuparmos com algumas outras questões também. Por exemplo, seria melhor nos preocuparmos por nunca termos sentido a esmagadora sensação de paz e segurança que vem de saber que uma irmã querida está sempre ao nosso lado, que nunca perderemos a amizade dela, não importa o tipo de coisa maldosa que possamos dizer ou fazer em um dia ruim, que sempre haverá alguém que nos conhece tão bem quanto nós nos conhecemos, compartilha das nossas esperanças, tem as mesmas preocupações e assim por diante. Se elas não tiveram nossas experiências, então também não tivemos as delas, e é inteiramente possível que *nós* é que façamos uso do esmagamento da linguagem — que, quando afirmamos que estamos arrebatados de alegria, não temos ideia do que estamos falando porque nunca sentimos o amor companheiro, a união feliz, o puro ágape que Lori e Reba nutrem uma pela outra. E seria melhor se todos nós — você, eu, Lori, Reba — nos preocupássemos com o fato de que existem experiências muito melhores do que as que tivemos até agora — a experiência de voar sem avião, de ver nossos filhos ganharem o Oscar e o prêmio Pulitzer, de encontrar Deus e aprender o aperto de mão secreto —, e com o fato de que o uso que todo mundo faz da linguagem de oito palavras é defeituoso e *ninguém* sabe o que é realmente a felicidade. Por esse raciocínio, melhor seria se todos seguíssemos o conselho de Sólon e, enquanto vivermos, jamais dizermos que somos felizes, porque, caso contrário, se a genuína felicidade acontecer, já teremos exaurido a palavra e não teremos outra maneira de contar aos jornais a respeito.

Mas essas são apenas as preocupações preliminares. Há mais. Se quiséssemos realizar um experimento mental cujos resultados demonstrariam de uma vez por todas que Lori e Reba simplesmente não sabem o que é de fato a felicidade, talvez devêssemos imaginar que, com um meneio de uma varinha de condão, conseguiríamos separá-las e permitir que vivenciassem a vida como indivíduos independentes. Se depois de algumas semanas vivendo de forma autônoma elas nos procurassem, renegando suas afirmações anteriores e implorando para não revertermos a mudança e não voltar a seu estado anterior, isso não deveria nos convencer, já que aparentemente as convenceu, de que antes elas estavam confundindo seus quatros e oitos? Todos conhecemos alguém que passou por uma conversão religiosa, enfrentou um divórcio ou sobreviveu a um ataque cardíaco e agora afirma que seus olhos estão abertos pela primeira vez — e que, apesar do que pensava ou dizia em sua encarnação anterior, nunca tinha sido *realmente* feliz até agora. Devemos interpretar ao pé da letra o que dizem as pessoas que sofreram essas metamorfoses maravilhosas?

Não necessariamente. Tenha em mente um estudo no qual pesquisadores mostraram a voluntários algumas perguntas ao estilo de quiz show (aqueles programas de TV ou rádio em que as pessoas testam seus conhecimentos para ganhar brindes ou prêmios) e lhes pediram que estimassem a probabilidade de que as responderiam corretamente. Alguns voluntários tiveram acesso apenas às perguntas (o grupo apenas de perguntas), enquanto outros puderam ver as perguntas e respostas (o grupo de perguntas e respostas). Os voluntários do primeiro grupo acharam que as questões eram bastante difíceis, ao passo que os do segundo grupo — que tiveram acesso tanto às perguntas ("O que Philo T. Farnsworth inventou?") quanto às respostas ("O aparelho de televisão")

— acreditaram que teriam sido capazes de se sair bem, mesmo se nunca tivessem visto as respostas. Aparentemente, depois que os voluntários viam as respostas, as perguntas pareciam simples ("Claro que foi a televisão — todo mundo sabe disso!"), e eles perdiam a capacidade de julgar o nível de dificuldade que alguém que não compartilhava de seu conhecimento das respostas atribuiria às perguntas.[28]

Estudos como esses demonstram que, uma vez que vivenciamos uma experiência, não podemos simplesmente colocá-la de lado e ver o mundo como o teríamos visto caso a experiência jamais tivesse acontecido. Para desespero do juiz, o júri não pode desprezar os comentários sarcásticos do promotor. Nossas experiências tornam-se instantaneamente parte das lentes através das quais vemos todo o nosso passado, presente e futuro, e, como qualquer lente, elas moldam e distorcem o que vemos. Essas lentes não são como um par de óculos que podemos pousar sobre a mesinha de cabeceira quando acharmos conveniente, mas estão mais para um par de lentes de contato sempre afixadas com supercola em nossos globos oculares. Depois que aprendemos a ler, nunca mais podemos enxergar as letras como meros rabiscos de tinta. Depois que aprendemos sobre o free jazz, nunca mais poderemos ouvir as improvisações do saxofone de Ornette Coleman como uma fonte de ruído. Tão logo descobrimos que Van Gogh tinha problemas mentais, ou que Ezra Pound era antissemita, nunca mais poderemos ver a arte deles da mesma maneira. Se Lori e Reba fossem separadas durante algumas semanas e depois nos dissessem que estavam mais felizes agora do que costumavam ser, talvez tivessem razão. Talvez não. Poderiam estar apenas nos dizendo que os indivíduos independentes que elas agora se tornaram viam a ideia de viver ligadas ao corpo de outra pessoa com a mesma aflição que sentem as pessoas que sempre foram independentes. Mesmo se pudessem se lembrar do que pensavam, diziam e faziam como gêmeas siamesas, seria de esperar que sua experiência mais recente como pessoas autônomas desse um colorido especial a sua avaliação da experiência de vida conjunta, deixando-as incapazes de dizer com certeza como realmente se sentem gêmeos siameses que nunca foram indivíduos autônomos. Em certo sentido, a experiência de separação transformaria as irmãs siamesas em *nós*, e assim elas estariam na mesma posição difícil em que estamos quando tentamos imaginar a experiência de ser um gêmeo que nasceu ligado ao outro. Tornarem-se independentes afetaria o ponto de vista de Lori e Reba e sua opinião acerca do passado de maneiras que elas não poderiam simplesmente ignorar. Tudo isso significa que, quando as pessoas têm novas experiências que as levam a afirmar que sua linguagem foi esmagada – que elas não estavam realmente felizes, embora dissessem isso e pensassem assim na época –, podem estar enganadas. Em outras palavras, as pessoas podem estar erradas no presente quando dizem que estavam erradas no passado.

Experiência de alongamento

Lori e Reba não fizeram muitas das coisas que, para o restante de nós, suscitam as sensações que estão perto do topo da escala da felicidade – cambalhotas, mergulho, o que você preferir! –, e isso certamente deve fazer a diferença. Se um apagado e medíocre histórico de experiências vivenciais não necessariamente esmaga a linguagem, então o que ele faz? Vamos supor que Lori e Reba realmente tenham um histórico de experiências vivenciais pobre em contraste com o qual avaliar algo tão simples como, digamos, ganhar um bolo de chocolate em seu aniversário. Uma possibilidade é que seu histórico de experiências pobre esmagaria sua linguagem. Mas outra possibilidade é que seu apagado e medíocre histórico de experiências vivenciais não esmagaria sua linguagem, mas esticaria sua experiência – isto é, quando elas dizem *oito*, querem dizer exatamente a mesma coisa que nós queremos dizer quando dizemos *oito*, porque quando ganham um bolo de aniversário elas se sentem exatamente da mesma maneira que todos nós nos sentimos quando damos piruetas subaquáticas ao longo da Grande Barreira de Corais. A figura 7 ilustra a *hipótese do alongamento da experiência*.

O *alongamento da experiência* é uma expressão bizarra, mas não uma ideia bizarra. Com relação às pessoas que afirmam ser felizes, apesar das circunstâncias que na nossa opinião deveriam tornar isso impossível, quase sempre dizemos que "só pensam que estão felizes porque não sabem o que estão perdendo". Tudo bem, claro, *mas esse é o ponto principal*. Não saber o que estamos perdendo pode significar que somos realmente felizes sob as circunstâncias que não nos permitiriam ser felizes tão logo tivéssemos a experiência da coisa que falta. Isso *não* significa que aqueles que não sabem o que estão perdendo são *menos* felizes do que aqueles que tiveram a experiência. Há exemplos abundantes na minha vida e na sua, então vamos falar sobre a

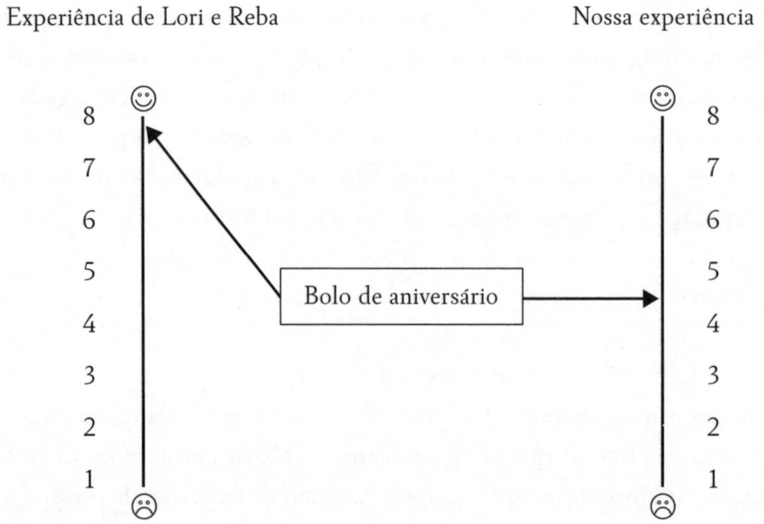

Figura 7. *A hipótese do alongamento da experiência sugere que, quando ganham um bolo de aniversário, Lori e Reba falam sobre os sentimentos delas da mesma maneira que você fala, mas sentem algo diferente.*

minha. De tempos em tempos fumo um charuto porque isso me faz feliz, e de tempos em tempos minha esposa não consegue entender por que resolvo que tenho que fumar um charuto para me sentir feliz se ela aparentemente pode ser tão feliz sem um (e até mesmo mais feliz ainda se eu não fumar um). Mas a hipótese do alongamento da experiência sugere que eu também poderia ter sido feliz sem charutos se não tivesse sentido na pele a experiência dos mistérios farmacológicos do charuto em minha juventude rebelde. Porém tive essa experiência, e porque agora sei o que estou perdendo quando não fumo um charuto, isto é, aquele glorioso momento durante minhas férias de primavera, quando me reclino numa cadeira de jardim nas areias douradas de Kauai, bebericando Talisker e observando o sol deslizar de forma lenta em um mar de tafetá, simplesmente não é tão perfeito se eu não tiver algo fedorento e cubano na minha boca. Eu poderia abusar da sorte e arriscar meu casamento apresentando a hipótese do esmagamento da linguagem, explicando cuidadosamente à minha esposa que, como ela nunca sentiu em primeira mão a pungente mundaneidade de um Montecristo n. 4, seu histórico de experiências vivenciais é empobrecido e, portanto, ela não sabe o que é realmente a felicidade. Eu perderia, é claro, porque sempre perco, mas nesse caso eu mereceria. Não faz mais sentido dizer que, ao aprender a apreciar charutos, mudei meu histórico de experiências vivenciais e inadvertidamente arruinei todas as experiências futuras que não as incluem? O pôr do sol havaiano era uma nota oito até que o pôr do sol havaiano regado a charutos tomou seu lugar e reduziu o pôr do sol sem charutos para um mero sete.[29]

Mas já falamos bastante sobre mim e minhas férias. Vamos falar sobre mim e meu violão. Toquei violão por anos a fio, e sinto muito pouco prazer ao executar uma repetição infinita de blues de três acordes. Mas quando aprendi a tocar, na adolescência, ficava sentado no meu quarto no andar de cima, feliz da vida, dedilhando esses três acordes até meus pais baterem no teto e invocarem os seus direitos sob a Convenção de Genebra. Suponho que aqui poderíamos tentar a hipótese do esmagamento da linguagem e dizer que meus olhos foram abertos por minhas habilidades musicais aprimoradas e agora percebo que eu não era *realmente* feliz naqueles meus dias de adolescente. Mas não parece mais razoável invocar a hipótese do alongamento da experiência e dizer que uma experiência que outrora me propiciava prazer agora não é mais prazerosa? Um homem a quem se dá um gole de água depois de ter passado uma semana perambulando, perdido, pelo deserto de Mojave pode, nesse momento, avaliar sua felicidade como nota oito. Um ano depois, a mesma bebida pode induzi-lo a sentir nada além de um dois. Devemos acreditar que ele estava errado sobre seu nível de felicidade ao tomar aquele revigorante gole de um cantil enferrujado, ou é mais razoável supor que um gole de água pode ser uma fonte de êxtase ou de umidade dependendo do histórico de experiências vivenciais? Se um empobrecido e apagado histórico de experiências esmaga nossa linguagem em vez de alongar nossa experiência, então as crianças que dizem adorar pasta de amendoim e geleia estão simplesmente erradas, e vão admitir isso anos mais tarde, quando comerem seu primeiro bocado de patê de fígado de ganso, momento em que estarão certas, até que fiquem mais velhas e comecem a sofrer de azia ao ingerir alimentos gordurosos, momento em que perceberão que antes estavam erradas também. Cada dia seria um repúdio ao dia anterior, à medida que sentíssemos uma felicidade cada vez maior e percebêssemos que estávamos completamente iludidos até agora — o que seria muito conveniente.

Então, qual das hipóteses está correta? Não podemos dizer. O que podemos dizer é que todas as alegações de felicidade são alegações a partir do *ponto de vista* de alguém — da perspectiva de um ser humano individual cujo singular conjunto de experiências passadas serve como um contexto, uma lente, um pano de fundo para sua avaliação de sua experiência no presente. Por mais que o cientista possa desejar, não existe uma vista a partir de lugar nenhum. Depois de termos uma experiência, daí por diante somos incapazes de ver o mundo como víamos antes. Nossa inocência está perdida e não podemos voltar para casa. Podemos nos lembrar do que pensamos ou dissemos (embora não necessariamente) e podemos nos lembrar do que fizemos (embora não necessariamente também), mas a probabilidade de que sejamos capazes de ressuscitar nossa experiência e, em seguida, avaliá-la como teríamos feito naquela ocasião é deprimente de tão ínfima. De certa forma, os apreciadores de charutos, tocadores de violão e comedores de patê que nos tornamos não têm autoridade maior do que a de meros observadores externos para falar em nome das pessoas que costumávamos ser. As irmãs gêmeas separadas podem ser capazes de nos dizer como estão se sentindo *agora* sobre a experiência de terem vivido unidas, mas não podem nos dizer o que sentem os gêmeos siameses que nunca tiveram a experiência da separação. Ninguém sabe se a nota oito de Reba e Lori se assemelha ao nosso oito, e isso inclui todas as Rebas e Loris que existirão.

ADIANTE

Na manhã de 15 de maio de 1916, o explorador ártico Ernest Shackleton começou a última etapa de uma das aventuras mais exaustivas da história. Seu navio, o *Endurance*, afundou no mar de Weddell, deixando toda a tripulação encalhada na ilha Elefante. Após sete meses, Shackleton e cinco de seus homens entraram em um pequeno barco salva-vidas no qual passaram três semanas cruzando cerca de 1300 quilômetros de oceano gelado e furioso. Ao chegar à ilha da Geórgia do Sul, famintos e com ulcerações causadas pelo frio cortante, os homens preparavam-se para desembarcar e cruzar a ilha a pé na esperança de alcançar uma estação baleeira do outro lado. Ninguém jamais sobrevivera a essa jornada. Na manhã em que enfrentou a morte quase certa, Shackleton escreveu:

Passamos pela foz estreita da enseada com rochas feias e algas ondeantes rentes de ambos os lados, guinamos para o leste, e navegamos alegremente baía acima enquanto o sol rompia as brumas e fazia as águas encapeladas cintilar ao nosso redor. Naquela manhã reluzente éramos um grupo de aspecto singular, mas feliz. Do nada começamos a cantarolar, e, exceto por nossa aparência de Robinson Crusoé, um observador fortuito poderia nos tomar por um bando a caminho de um piquenique em um fiorde norueguês ou num dos belos braços de mar da costa oeste da Nova Zelândia.[30]

Será que Shackleton estava realmente falando sério? O *feliz* dele poderia ser o nosso *feliz*, e há alguma maneira de saber? Como vimos, a felicidade é uma experiência subjetiva difícil de descrever para nós mesmos e para os outros; portanto, avaliar as afirmações que as pessoas fazem sobre a própria felicidade é uma coisa excepcionalmente espinhosa. Mas não se preocupe — porque, antes que as coisas melhorem, elas se complicam e ficam muito, muito espinhosas.

3. Olhando de fora para dentro

Vai até teu peito;
bate e pergunta a teu coração o que ele sabe.
William Shakespeare, *Medida por medida*, Ato II, cena 2

Não há muitas piadas sobre professores de psicologia, por isso tendemos a valorizar as poucas existentes. Aqui está uma: o que os professores de psicologia dizem quando passam um pelo outro no corredor? "Oi, com você está tudo bem, mas e comigo?" Eu sei, eu sei. A piada não é tão engraçada. Mas a razão pela qual *supostamente* era para ser engraçada é que as pessoas não têm como saber de que forma os outros estão se sentindo, mas deveriam saber como elas próprias estão se sentindo. "Como vai?", "Como estão as coisas?" e "Tudo bem" e "Tudo bom?" são expressões excessivamente conhecidas na mesma medida em que "Mas e comigo?" é bastante estranha. E, no entanto, por mais estranho que seja, há momentos em que as pessoas parecem não conhecer seu próprio coração. Quando gêmeos siameses afirmam ser felizes, temos que nos perguntar se talvez apenas *pensem* que são felizes. Ou seja, podem acreditar no que estão dizendo, mas o que estão dizendo pode estar errado. Antes que tenhamos condições de decidir se aceitamos as afirmações das pessoas sobre a felicidade delas, devemos primeiro decidir se elas podem, em princípio, estar enganadas com relação ao que sentem. Podemos estar errados sobre toda sorte de coisas — o preço da soja, o tempo de vida dos ácaros, a história da flanela —, mas é possível estarmos errados sobre nossa própria experiência emocional? Podemos acreditar que estamos sentindo algo que não estamos? Existem realmente pessoas por aí que não conseguem responder com exatidão à pergunta mais conhecida do mundo?

Sim, e você encontrará uma no espelho. Continue lendo.

ATORDOADO E CONFUSO

Mas ainda não. Antes que você continue a ler, eu o desafio a parar e dar uma boa e demorada olhada para seu polegar. Ora, aposto que você não aceitou meu desafio. Aposto que você seguiu lendo, porque olhar para seu polegar é tão fácil que se torna um esporte bastante inútil — todo mundo bate um bolão, arrebenta a boca do balão e o jogo é interrompido devido ao excesso de tédio. Mas se fitar seu polegar parece aquém de sua capacidade, apenas tenha em mente o que na verdade tem que acontecer para enxergarmos um objeto em nosso ambiente — um polegar, uma rosquinha com cobertura de glacê ou um carcaju feroz. No diminuto intervalo de tempo entre o instante em que a luz incide na superfície de um objeto, a reflete e atinge nossos olhos, e o momento em que nos tornamos conscientes da identidade do objeto, nosso cérebro deve extrair e analisar as características do objeto e compará-las às informações em nossa memória para determinar o que é a coisa e o que devemos fazer a respeito dela. É um processo complicado — tanto que até hoje nenhum cientista conseguiu entender exatamente como acontece, e nenhum computador é capaz de simular o truque —, mas é apenas o tipo de coisa que o cérebro faz com velocidade e precisão excepcionais. Na verdade, o cérebro realiza essas análises com tamanha proficiência que temos a experiência de simplesmente olhar para a esquerda, ver um carcaju, sentir medo e nos preparar para fazer todas as outras análises mais aprofundadas a partir da segurança do alto de uma árvore.

Pense por um momento sobre como o ato de olhar *deve* acontecer. Se tivesse que projetar um cérebro do zero, você provavelmente o conceberia de modo que *primeiro* identificasse os objetos em seu ambiente ("dentes afiados, pelagem marrom, um som resfolegante meio esquisito, baba quente — ora, é um carcaju furioso!") e *depois* decidisse o que fazer ("Sair correndo e se empoleirar no alto de uma árvore parece uma ideia esplêndida neste exato momento"). Mas o cérebro humano não foi projetado do zero. Em vez disso, suas funções mais imprescindíveis foram projetadas primeiro, e suas funções menos importantes foram adicionadas como itens acessórios com o passar dos milênios, e é por isso que as partes realmente importantes de seu cérebro (por exemplo, as que controlam sua respiração) estão na parte de baixo e as partes sem as quais você provavelmente poderia viver numa boa (por exemplo, as que controlam seu temperamento) localizam-se por cima, como um sorvete de casquinha. Acontece que fugir às pressas de carcajus furiosos é muito mais importante do que saber o que eles são. De fato, ações como sair correndo são tão essenciais para a sobrevivência de mamíferos terrestres como aqueles de quem descendemos que a evolução não correu riscos e projetou o cérebro para responder à pergunta "O que devo fazer?" *antes* da pergunta "O que é?".[1] Experimentos demonstraram que, no momento em que encontramos um objeto, nosso cérebro analisa instantaneamente apenas algumas de suas principais características e, em seguida, usa a presença ou a ausência desses atributos para tomar uma decisão muito rápida e muito simples: "Esse objeto é uma coisa importante a que devo responder neste exato momento?".[2] Carcajus furiosos, bebês chorando, pedras arremessadas, a sedução de machos e fêmeas atraentes, presas acovardadas — essas coisas contam muito no jogo da sobrevivência, que requer que tomemos medidas imediatas quando topamos com elas, em vez de perdermos tempo parando para contemplar os pormenores de sua identidade. Dessa maneira, nosso cérebro é projetado para decidir *primeiro* se os objetos são relevantes e decidir mais tarde o que esses objetos são. Isso significa que quando você vira a cabeça para a esquerda, há uma fração de segundo durante a qual seu cérebro *não* sabe que está vendo um carcaju, mas *sabe* que está vendo algo assustador.

Mas como isso é possível? Como podemos saber que algo é assustador se não sabemos o que é? Para entender como isso pode acontecer, apenas pense em como você identificaria uma pessoa que está caminhando em sua direção através de uma vasta extensão do deserto. A primeira coisa a chamar sua atenção seria um pequeno bruxuleio de movimento no horizonte. Enquanto observa fixamente, você logo notaria que o movimento era o de um objeto se movendo em sua direção. À medida que ele se aproximasse, você veria que o movimento era biológico, em seguida veria que o objeto biológico era um bípede, depois um humano, depois uma mulher, depois uma mulher humana gorda de cabelo escuro e uma camiseta da cerveja Budweiser, e então — ei, o que é que a tia Mabel está fazendo no Saara? Sua identificação da tia Mabel *progrediria* — isto é, começaria de forma bastante geral e se tornaria mais específica com o tempo, até por fim terminar em uma reunião de família. Da mesma forma, a identificação de um carcaju fungando no seu cangote progride ao longo do tempo — embora apenas alguns milissegundos — e também progride do geral para o específico. As pesquisas demonstram que há informações suficientes logo no início, nos primeiros estágios muito gerais desse processo de identificação, para decidir se um objeto é assustador, mas não são suficientes para saber o que é o objeto. Tão logo decide que está na presença de algo assustador, nosso cérebro instrui nossas glândulas a produzir hormônios que criam um estado de intensificado alvoroço fisiológico — aumento da pressão arterial e da frequência cardíaca, dilatação das pupilas, tensão dos músculos —, o que nos deixa em estado de alerta e preparados para entrar em ação. Antes de terminar a análise em grande escala que nos permitirá saber que o objeto é um carcaju, nosso cérebro já colocou nosso corpo em seu modo "pronto para fugir" — agitado, sobressaltado e ávido para sair correndo.

O fato de que podemos ficar de ânimos exaltados e em estado de prontidão sem saber exatamente o que nos alvoroçou tem implicações importantes para a nossa capacidade de identificar nossas próprias emoções.[3] Por exemplo, pesquisadores estudaram as reações de alguns homens que faziam a travessia da longa e estreita ponte suspensa de pranchas de madeira e cabos de aço que sacodem e balançam setenta metros acima do rio Capilano em North Vancouver, no Canadá.[4] Uma jovem se aproximava de cada homem e perguntava se ele se incomodava de preencher um formulário de pesquisa; depois de o voluntário fazer isso, a mulher lhe dava seu número de telefone e se oferecia para explicar seu projeto de pesquisa em maiores detalhes se ele ligasse para ela. Ora, aqui está a pegadinha: a mulher abordava alguns desses homens enquanto estavam cruzando a ponte, e outros apenas depois que já tinham completado a travessia. No fim ficou claro que os homens que falaram com a mulher enquanto cruzavam a ponte eram muito mais propensos a ligar para ela nos dias seguintes. Por quê? Os homens que conheciam a mulher no meio de uma sacolejante ponte suspensa estavam sentindo a experiência de intensa agitação fisiológica, que normalmente teriam identificado como medo. Mas como estavam sendo entrevistados por uma mulher bonita, identificaram erroneamente sua agitação como atração sexual. Aparentemente, sentimentos que na presença de uma queda brusca a pessoa interpreta como medo podem ser interpretados como volúpia na presença de uma blusa transparente — o que significa simplesmente que as pessoas *podem* estar erradas sobre o que estão sentindo.[5]

Confortavelmente entorpecido

O romancista britânico Graham Greene escreveu: "O ódio parece mexer com as mesmas glândulas que o amor".[6] De fato, pesquisas mostram que a agitação fisiológica pode ser interpretada de várias maneiras, e a interpretação que fazemos de nosso alvoroço depende de qual é, a nosso juízo, a causa. É possível confundir medo com desejo sexual, apreensão com culpa,[7] vergonha com ansiedade.[8] Mas só porque nem sempre sabemos *que nome dar* à nossa experiência emocional não significa que não saibamos *como é* essa experiência, certo? Talvez não sejamos capazes de dizer o nome dela e talvez não saibamos o que fez com que ela acontecesse, mas sempre sabemos que sensação ela provoca, certo? É possível acreditar que estamos sentindo *alguma coisa* quando não estamos sentindo *absolutamente nada*? O filósofo Daniel Dennett formulou assim a questão:

> Suponhamos que alguém receba a sugestão pós-hipnótica de que, ao acordar, *sentirá* uma dor no pulso. Se a hipnose funcionar, trata-se de um caso de dor hipnoticamente induzida, ou apenas um caso de uma pessoa que foi induzida a *acreditar* que tem uma dor? Se alguém responder que a hipnose induziu uma dor real, suponhamos que a sugestão pós-hipnótica tenha sido a seguinte: "Ao acordar, você vai *acreditar* que sente uma dor no pulso". Se essa sugestão funcionar, trata-se de uma circunstância idêntica à outra? Acreditar que você está sentindo uma dor não é equivalente a sentir uma dor?[9]

À primeira vista, a ideia de que podemos acreditar erroneamente que estamos sentindo dor parece absurda, no mínimo porque a distinção entre *sentir dor* e *acreditar que está sentindo dor* se parece de forma muito suspeita com um artifício de linguagem. Mas pense de novo nessa ideia enquanto leva em consideração o seguinte cenário hipotético: você está sentado em um café na calçada, tomando um expresso forte e de aroma picante e folheando alegremente o jornal de domingo. As pessoas estão passeando na bela manhã, e as atividades amorosas de um jovem casal numa mesa próxima atestam a eterna maravilha da primavera. A canção de um tordo pontua a fragrância de fermento de uma fornada de croissants frescos que emana em rajadas desde a padaria. O artigo que você está lendo sobre a reforma do financiamento de campanhas políticas é bastante interessante e tudo está bem — até que de repente você percebe que agora está lendo o terceiro parágrafo, que em algum lugar no meio do primeiro você começou a sentir o cheiro de produtos assados e a ouvir o chilrear dos pássaros, e agora não tem absolutamente nenhuma ideia de como é a história que você está lendo. Você realmente leu o segundo parágrafo, ou simplesmente sonhou? Você dá uma rápida olhada nos parágrafos anteriores e, como era de esperar, todas as palavras são conhecidas. Enquanto você as lê de novo, pode até se lembrar de ter ouvido essas mesmas palavras sendo pronunciadas momentos antes por aquele narrador que existe em sua cabeça e cuja voz é surpreendentemente parecida com a sua e foi submersa por um ou dois parágrafos sob as doces distrações da estação.

Duas questões nos confrontam. Primeiro, você vivenciou a experiência do parágrafo da primeira vez que o leu? Em segundo lugar, se sim, sabia que estava tendo a experiência? As respostas são "sim" e "não", respectivamente. Você vivenciou a experiência do parágrafo, e é por isso que lhe pareceu tão familiar quando voltou atrás para reler. Houvesse um rastreador ocular em sua mesa, teria revelado que você não parou de ler em momento algum. Na verdade, estava bem no meio dos movimentos suaves da leitura quando de repente flagrou a si mesmo... flagrou a si mesmo... flagrou a si mesmo *o quê*? Vivenciando a experiência sem estar ciente de que estava tendo a experiência — é isso. Agora, permita-me desacelerar por um momento e pisar com cuidado em torno dessas palavras, para que você não comece a ouvir os agudos trinados do azulinho-do-canadá. A palavra *experiência* vem do latim *experientia*, que significa "tentar", enquanto a palavra *ciente/consciente* vem do grego *horan*, que significa "ver". A experiência implica participação em um evento, enquanto ter ciência/consciência implica a observação de um evento. Na conversa cotidiana, as duas palavras normalmente podem ser substituídas de maneira intercambiável sem muitos prejuízos, mas têm diferentes modulações. Uma nos dá a sensação de estarmos envolvidos, ao passo que a outra nos dá a sensação de estarmos inteirados desse envolvimento. Uma denota reflexão, ao passo que a outra denota a coisa sobre a qual estamos pensando demoradamente. De fato, pode-se pensar em ter ciência/consciência como um tipo de experiência da nossa própria experiência.[10] Quando duas pessoas discutem sobre se seus cães têm ou não consciência, em geral uma delas usa esse termo gravemente deturpado para querer dizer "capaz de ter experiência", enquanto a outra o está usando para querer dizer "capaz de ter ciência/consciência". Os cães não são pedras, alguém argumenta, então é claro que têm ciência/consciência. Os cães não são pessoas, a outra pessoa rebate, então é claro que não têm ciência/consciência. Provavelmente ambos os debatedores estão certos. Os cães provavelmente vivenciam a experiência do amarelo e do doce: existe algo que é ser um cachorro diante de uma coisa doce e amarela, mesmo que os seres humanos nunca possam saber o que é esse algo. Mas o mais provável é que o cão que tem essa experiência não está simultaneamente ciente/consciente de que está tendo essa experiência, pensando enquanto mastiga: "Mas este biscoito champanhe é danado de bom!".

A distinção entre experiência e ciência/consciência é enganosa porque na maior parte do tempo elas se dão muito bem. Colocamos um biscoito champanhe na boca, vivenciamos a experiência da doçura, sabemos que estamos sentindo doçura, e nada disso parece nem sequer remotamente intrigante. Mas se o vínculo em geral firme e estreito entre experiência e ciência/consciência nos leva a suspeitar que a distinção entre elas é um exercício de encenação e artifício, você precisa apenas rebobinar a fita e se imaginar de volta ao café precisamente no momento em que seus olhos estavam passeando pelo jornal e sua mente estava prestes a perambular para contemplar os sons e cheiros ao seu redor. Agora aperte o play e imagine que sua mente divaga, se desgarra e nunca mais volta. Certo. Imagine que enquanto você vivencia a experiência de ler o artigo de jornal sua consciência se torna permanentemente desvinculada de sua experiência, e você nunca flagra a si mesmo afastando-se até ficar à deriva — nunca volta ao momento com um sobressalto para descobrir que está lendo. O jovem casal na mesa ao lado para de se apalpar por tempo suficiente para se inclinar e perguntar a você sobre as últimas notícias relativas à votação do projeto de reforma do financiamento de campanhas políticas, e com toda a paciência do mundo você explica que não teria como saber isso porque, como eles certamente veriam se prestassem atenção a qualquer outra coisa que não fossem suas próprias glândulas, você está feliz da vida ouvindo os sons da primavera, *e não lendo um jornal*. Os dois jovens ficam perplexos com essa resposta, porque, até onde eles podem ver, você tem nas mãos um jornal e seus olhos estão, de fato, correndo rapidamente de uma ponta à outra da página, mesmo que você negue. Depois de mais uma rodada de sussurros e beijocas, o casal decide fazer um teste para determinar se você está dizendo a verdade. "Desculpe incomodá-lo novamente, mas estamos desesperados para saber quantos senadores votaram a favor do projeto de reforma do financiamento de campanhas políticas na semana passada e gostaríamos de saber se o senhor teria a bondade de arriscar um palpite?" Uma vez que você está farejando o aroma de croissants, ouvindo o canto dos pássaros, e *não lendo um jornal*, não faz ideia de quantos senadores votaram a favor do projeto. Mas parece que a única maneira de fazer com que essas pessoas desconhecidas parem de encher o saco é lhes dizer *alguma coisa*, então você sugere um número do nada. "Que tal 41?", você chuta. E para o espanto de absolutamente ninguém além do seu, acerta na mosca.

Esse cenário hipotético pode parecer bizarro demais para ser real (afinal, qual é a probabilidade de que 41 senadores realmente votariam a favor da reforma do financiamento de campanhas políticas?), mas é bizarro e real em igual medida. Nossa experiência visual e nossa consciência dessa experiência são geradas por diferentes partes do nosso cérebro e, dessa maneira, certos tipos de dano cerebral (especificamente, lesões na área de recepção visual cortical primária conhecida como V1) podem prejudicar uma sem prejudicar a outra, fazendo com que experiência e consciência percam o vínculo normalmente forte que existe entre ambas. Por exemplo, pessoas que sofrem da condição conhecida como visão cega não têm consciência de que enxergam, e jurarão de pés juntos que são completamente cegas.[11] Encefalogramas dão crédito a essas sinceras alegações, revelando atividade diminuída nas áreas normalmente associadas à percepção da experiência visual. Por outro lado, os mesmos exames de escaneamento cerebral revelam atividade relativamente normal nas áreas associadas à visão.[12] Então, se piscarmos uma luz em um ponto específico da parede e perguntarmos à pessoa cega se ela viu a luz que acabamos de piscar, ela nos diz: "Não, claro que não. Como você pode deduzir pela presença do cão-guia, sou cego". Mas se pedirmos a ela para supor onde a luz pode ter aparecido – *apenas dê um palpite, diga qualquer coisa, aponte aleatoriamente o dedo se quiser* –, ela "adivinha" corretamente com muito mais frequência do que seria de esperar de chutes ao acaso. Ela está *vendo*, se por *ver* queremos dizer ter a experiência da luz e adquirir conhecimento sobre sua localização, mas ela é *cega*, se por *cega* entendemos que não se trata de uma visão ciente/consciente, ou seja, ela não tem a ciência/consciência de ter visto. Os olhos da pessoa com essa deficiência no sistema visual estão projetando o filme da realidade na pequena tela de cinema em sua cabeça, mas a plateia está no saguão comprando pipoca.

Essa dissociação entre consciência e experiência pode causar o mesmo tipo de estranhamento em relação às nossas emoções. Algumas pessoas parecem ter perfeita ciência/consciência de seus humores e sentimentos e podem até ter o dom de um romancista para descrever cada nuance e variedade. Outros de nós nascem equipados com um vocabulário emocional um pouco mais básico que, para desgosto de nossos parceiros amorosos, consiste principalmente em *tudo bem, não tão bem assim* e *eu já te disse*. Se nosso déficit expressivo é tão profundo e prolongado que até ocorre fora da temporada de futebol, podemos ser diagnosticados com *alexitimia*, que significa literalmente "ausência de palavras para descrever estados emocionais". Quando questionados sobre *o que* estão sentindo, os alexitímicos em geral dizem: "Nada", e quando questionados sobre *como* estão se sentindo, em geral dizem: "Eu não sei". Infelizmente, essa doença não pode ser curada por um dicionário de sinônimos de bolso ou um breve curso sobre o poder das palavras, porque não falta aos alexitímicos o tradicional léxico afetivo: o que está ausente é a consciência introspectiva de seus estados emocionais. Eles parecem *ter* sentimentos, simplesmente não parecem ter ciência sobre eles. Por exemplo, quando os pesquisadores mostram a voluntários imagens emocionalmente evocativas de amputações e acidentes de carro, as respostas fisiológicas dos alexitímicos são indistinguíveis das de pessoas normais. Mas quando se pede que façam avaliações verbais do desagrado causado por essas imagens, os alexitímicos são indubitavelmente menos capazes do que as pessoas normais de perceber a diferença entre elas e imagens de arco-íris e filhotes.[13] Algumas evidências sugerem que a alexitimia é causada por uma disfunção do córtex cingulado anterior, que é uma parte do cérebro conhecida por mediar nossa ciência/consciência de muitas coisas, incluindo nossos estados internos.[14] Assim como a dissociação entre a ciência/

consciência e a experiência visual pode dar origem à visão cega, a dissociação entre a ciência/consciência e a experiência emocional pode ocasionar o que poderíamos chamar de sensação de *entorpecimento*. Aparentemente, *é* possível — pelo menos para algumas pessoas por algum tempo — estar feliz, triste, entediado ou curioso e não saber disso.

AQUEÇA O FELIZÔMETRO

Era uma vez um Deus barbudo que criou um planeta pequeno e plano e o colou no meio do céu para que os seres humanos estivessem no centro de tudo. Então veio a física e complicou a história com Big-Bangs, quarks, P-banas e supercordas, e a recompensa por toda essa análise crítica é que agora, várias centenas de anos depois, a maioria das pessoas não tem ideia de onde está. A psicologia também criou problemas onde antes não existiam ao expor as falhas de nossa compreensão intuitiva acerca de nós mesmos. Talvez o universo tenha várias pequenas dimensões enfiadas dentro das grandes; talvez, mais dia menos dia, o tempo pare ou flua para trás; e talvez pessoas como nós nunca tenham sido feitas para entender nada disso. Mas uma coisa com a qual podemos contar sempre é a nossa própria experiência. O filósofo e matemático René Descartes concluiu que nossa experiência é a *única* coisa sobre a qual podemos ter plena certeza, e que tudo o mais que pensamos que sabemos é meramente uma inferência resultante disso. E, no entanto, vimos que, quando dizemos com precisão moderada o que queremos dizer com palavras como *felicidade*, ainda assim não podemos nos certificar de que duas pessoas que afirmam ser felizes têm a mesma experiência, ou que nossa experiência vigente de felicidade é realmente diferente da nossa experiência anterior de felicidade, ou que sequer estamos *tendo* uma experiência de felicidade. Se o objetivo da ciência é fazer com que nos sintamos estranhos e ignorantes na presença de coisas que antes entendíamos perfeitamente bem, então a psicologia foi mais bem-sucedida que todas as outras.

Porém, tal qual a felicidade, *ciência* é uma daquelas palavras que significam muitas coisas para muitas pessoas e, portanto, várias vezes correm o risco de não significar coisa alguma. Meu pai é um biólogo renomado que, após ponderar sobre o assunto durante duas décadas, recentemente me revelou que a psicologia não pode ser de fato uma ciência, porque a ciência requer o uso de eletricidade. Aparentemente, choques nos tornozelos não entram nessa conta. Minha própria definição de ciência é um pouco mais eclética, mas uma coisa sobre a qual eu, meu pai e a maioria dos outros cientistas podemos concordar é que, se uma coisa não pode ser medida, então não pode ser estudada em termos científicos. Pode ser estudada, e alguém há de argumentar inclusive que o estudo dessas coisas não quantificáveis é mais valioso do que todas as ciências de cabo a rabo. Mas não é ciência porque a ciência trata de medição, e, se algo não pode ser medido — não pode ser comparado a um relógio de parede ou a uma régua ou a algo diferente de si mesmo —, não é um potencial objeto de investigação científica. Como vimos, é extremamente difícil medir a felicidade de um indivíduo e sentir plena convicção quanto à validade e à confiabilidade dessa medição. As pessoas podem não saber como se sentem, ou se lembrar de como se sentiram, e, mesmo que saibam e se lembrem, os cientistas jamais serão capazes de saber exatamente como a experiência das pessoas corresponde fielmente à sua descrição dessa experiência e, portanto, não têm como saber com precisão de que modo interpretar as afirmações das pessoas. Tudo isso sugere que o estudo científico da experiência subjetiva está fadado a ser uma empreitada muito difícil.

Difícil, sim, mas não impossível, porque é possível construir uma ponte para interligar as experiências — não com vigas de aço ou uma estrada de seis pistas com pedágio, veja bem, mas com um pedaço de corda razoavelmente resistente —, contanto que aceitemos três premissas.

Medindo certo

A primeira premissa é algo que qualquer carpinteiro poderia lhe dizer: ferramentas imperfeitas são uma coisa muito desagradável, mas com certeza são melhores do que bater pregos com os dentes. A natureza da experiência subjetiva sugere que nunca existirá um *felizômetro* — um instrumento perfeitamente confiável que permite a um observador medir com precisão total as características subjetivas da experiência de outrem de modo que a medição possa ser feita, registrada e comparada a outras.[15] Se exigirmos de nossas ferramentas esse nível de perfeição, então melhor empacotar os rastreadores oculares, escâneres cerebrais e amostras de cores e entregar o estudo da experiência subjetiva nas mãos dos poetas, que fizeram um bom trabalho pelos primeiros milhares de anos. Porém, se fizermos isso, então é justo transferir a eles também o estudo de quase todas as outras coisas. Cronômetros, termômetros, barômetros, espectrômetros e todos os outros dispositivos que os cientistas utilizam para medir os objetos de seu interesse são imperfeitos. Cada um desses instrumentos introduz algum grau de erro nas observações que permitem fazer, razão pela qual todo ano governos e universidades pagam quantias obscenas pela versão um pouco mais aperfeiçoada de cada um. E se nós mesmos estamos nos livrando de todas as coisas que nos oferecem apenas aproximações imperfeitas da verdade, então precisamos descartar não apenas a psicologia e as ciências físicas, mas também o direito, a economia e a história. Em suma, se nos tornarmos adeptos do padrão de perfeição em todas as nossas iniciativas, não nos restará nada além da matemática e do *Álbum Branco* dos Beatles. Então, talvez precisemos aceitar um pouco de imprecisão e parar de reclamar.

A segunda premissa é a de que, de todas as defeituosas medições da experiência subjetiva que podemos fazer, o relato honesto e em tempo real do indivíduo atento é a *menos* defeituosa.[16] Há muitas outras maneiras de medir a felicidade, é claro, e algumas delas *parecem* ser muito mais rigorosas, científicas e objetivas do que as afirmações da própria pessoa. Por exemplo, a eletromiografia, técnica de registro da atividade muscular, nos permite medir os sinais elétricos produzidos pelos músculos estriados da face, como o corrugador do supercílio, que franze nossas sobrancelhas quando vivenciamos a experiência de algo desagradável, ou o zigomático maior, que puxa nossa boca para cima em direção aos ouvidos quando sorrimos. A fisiografia nos permite medir a atividade eletrodérmica e cardíaca e a frequência respiratória do sistema nervoso autônomo, as quais sofrem alterações quando sentimos emoções fortes. A eletroencefalografia, a tomografia por emissão de pósitrons e ressonância magnética nos permitem medir a atividade elétrica e o fluxo sanguíneo em diferentes regiões do cérebro, como o córtex pré-frontal esquerdo e o direito, que tendem a ser ativos quando sentimos emoções positivas e negativas, respectivamente. Até mesmo um relógio pode ser um dispositivo útil para medir a felicidade, porque pessoas assustadas tendem a piscar mais devagar quando estão se sentindo felizes do que quando estão com medo ou ansiosas.[17]

Cientistas que se fiam nos relatos honestos e em tempo real de indivíduos atentos sentem muitas vezes a necessidade de defender essa escolha, lembrando-nos de que esses relatos se correlacionam fortemente com outras medidas de felicidade. Porém, em certo sentido, eles entenderam a coisa ao contrário. Afinal, a única razão pela qual interpretamos qualquer um desses eventos corporais — do movimento muscular ao fluxo sanguíneo cerebral — como índice de felicidade é que *as pessoas nos dizem que são.* Se todo mundo alegasse sentir uma fúria incontrolável ou uma espessa e sombria depressão toda vez que seu músculo zigomático se contraísse, suas piscadas diminuíssem de velocidade e a região anterior esquerda do cérebro se enchesse de sangue, então teríamos que rever nossas interpretações dessas alterações e tomá-las como índices de infelicidade. Se queremos saber como uma pessoa se sente, devemos começar reconhecendo o fato de que há um e somente um observador posicionado no ponto de vista decisivo. A pessoa pode nem sempre se lembrar do que sentiu antes, e talvez nem sempre tenha ciência/consciência do que está sentindo agora. Podemos ficar intrigados com relação a seus relatos, céticos quanto a sua memória e preocupados no que diz respeito a sua habilidade de usar a linguagem da forma como nós a usamos. Mas quando pararmos de contorcer as mãos de preocupação, devemos admitir que ela é a única pessoa que tem *a mais ínfima* chance de descrever "a vista daqui", razão pela qual suas alegações servem como o padrão-ouro em contraste com o qual todas as outras medições são feitas. Teremos mais confiança nas declarações das pessoas quando estiverem de acordo com o que outros observadores menos privilegiados nos dizem, quando tivermos confiança de que a pessoa avalia sua experiência no mesmo contexto em que nós a avaliamos, quando seu corpo faz o que a maioria dos outros corpos faz quando tem a experiência que ela afirma estar tendo e assim por diante. Mas mesmo quando todos esses vários índices de felicidade se encaixam bem, não podemos ter certeza de que sabemos a verdade sobre o mundo interior das pessoas. Podemos, no entanto, ter certeza de que chegamos o mais próximo possível que os observadores conseguem chegar, e isso *tem* que ser bom o suficiente.

Medindo sempre

A terceira premissa é que imperfeições na medição são sempre um problema, mas são um problema devastador apenas quando não as reconhecemos. Se temos um baita arranhão na lente de nossos óculos e não sabemos, podemos erroneamente concluir que uma pequena rachadura se abriu no tecido do espaço e agora está nos seguindo por toda parte. Mas se estivermos cientes/conscientes do arranhão, podemos fazer o nosso melhor para levar essa informação em conta nas observações, lembrando a nós mesmos que o que parece ser um rasgo no espaço não passa de um defeito no dispositivo que estamos usando para observá-lo. O que os cientistas podem fazer para "perceber" as falhas inerentes aos relatos de experiências? A resposta está em um fenômeno que os estatísticos chamam de *lei dos grandes números*.

Muitos de nós temos uma ideia equivocada sobre os grandes números, a saber, que são como números pequenos, só que maiores. Assim, nossa expectativa é a de que eles façam *mais* o que os pequenos números fazem, mas não que façam nada *diferente*. Então, por exemplo, sabemos que não é possível que dois neurônios trocando sinais eletroquímicos em seus axônios e dendritos tenham consciência. As células nervosas são dispositivos simples, menos complexos do que os walkie-talkies de uma loja de departamentos, e fazem uma coisa simples, ou seja, reagir às substâncias químicas que chegam até eles liberando suas próprias substâncias químicas. Se alegremente partíssemos do princípio de que 10 bilhões desses dispositivos simples só podem fazer 10 bilhões de coisas simples, nunca imaginaríamos que bilhões deles podem exibir um atributo que dois, dez ou 10 mil não podem. A consciência é precisamente esse tipo de *atributo emergente* – um fenômeno que surge em parte como resultado pura e simplesmente do *grande* número de interconexões de neurônios no cérebro humano e que não existem em nenhuma das partes ou na interconexão de apenas algumas.[18] A física quântica proporciona uma lição semelhante. Sabemos que as partículas subatômicas têm a estranha e charmosa capacidade de existir em dois lugares ao mesmo tempo, e se supusermos que qualquer coisa composta dessas partículas deve se comportar da mesma forma, devemos esperar que todas as vacas estejam em todos os possíveis estábulos ao mesmo tempo. É óbvio que não estão, porque a fixação é outro daqueles atributos que emergem da interação de um número tremendamente grande de peças tremendamente minúsculas que não os têm. Em suma, mais não é apenas mais do que menos – às vezes é *uma coisa diferente de menos*.

A magia dos grandes números funciona juntamente com as leis da probabilidade para corrigir muitos problemas associados à medição imperfeita da experiência subjetiva. Você sabe que se uma moeda justa* for lançada em diversas ocasiões diferentes, o resultado deve ser cara em cerca de metade das vezes. Então, se você não tiver nada melhor para fazer numa noite de terça-feira, aceite meu convite para me encontrar no pub Grafton Street na Harvard Square, em Cambridge, Massachusetts, e jogar comigo um jogo cativante e irracional chamado "Dividindo a conta com Dan". É assim que funciona: atiramos ao ar uma moeda, eu peço cara, você pede coroa, e o perdedor paga ao bom barman, chamado Paul, por nossa rodada de cervejas. Ora, se jogássemos a moeda quatro vezes e eu ganhasse em três delas, você, sem dúvida, atribuiria isso ao azar de sua parte e me desafiaria a tentar a sorte nos dardos. Mas se jogássemos a moeda 4 milhões de vezes e eu ganhasse em 3 milhões delas, então você e seus amigos sofreriam uma humilhante surra em público. Por quê? Porque, mesmo que você não saiba nada sobre a teoria das probabilidades, tem uma intuição muito apurada de que, quando os números são pequenos, pequenas imperfeições — por exemplo, uma rajada de vento perdida ou uma gota de suor na ponta do dedo — podem influenciar o resultado de uma disputa de cara ou coroa. Mas quando os números são grandes, essas imperfeições deixam de ter relevância. Pode ter havido uma gota de suor na moeda em algumas das jogadas, e pode ser que tenha havido uma voluntariosa baforada de ar em algumas outras, e essas imperfeições podem muito bem explicar o fato de que a moeda deu cara mais vezes que o esperado quando disputamos quatro rodadas. Mas quais são as chances de que essas imperfeições pudessem ter feito a moeda dar cara 1 milhão de vezes a mais do que esperado? Infinitesimais, sua intuição lhe diz, e sua intuição está certa. As probabilidades são tão próximas do infinitesimal quanto as coisas na Terra podem chegar perto da extrema pequenez sem desaparecer por completo.

Essa mesma lógica pode ser aplicada ao problema da experiência subjetiva. Suponha que damos a um par de voluntários um par de experiências cujo intuito é induzir a felicidade — digamos, a um deles damos uma quantia em dinheiro de 1 milhão de dólares e presenteamos o outro com um revólver de

* Em estatística e na teoria das probabilidades, o conceito de "moeda justa" é a metáfora usada para descrever uma série de tentativas independentes e aleatórias com probabilidade de sucesso de 50%, em analogia com uma moeda usada para tirar a sorte em que há uma chance de 50% de sair cara e 50% de sair coroa. (N. T.)

baixo calibre. Em seguida pedimos a cada voluntário que nos diga seu grau de felicidade. O voluntário novo-rico diz que está em êxtase, e o voluntário armado diz que está ligeiramente satisfeito (embora talvez não tão satisfeito como deveríamos fazer um voluntário armado se sentir). É possível que os dois estejam realmente tendo as mesmas experiências emocionais subjetivas, mas descrevendo-as de forma diferente? Sim. O novo milionário pode estar demonstrando polidez em vez de alegria. Ou talvez o novo proprietário do revólver esteja em êxtase, mas, como recentemente apertou a mão de Deus perto da Grande Barreira de Corais, está descrevendo seu êxtase como mera satisfação. Esses são problemas concretos, significativos, e seríamos tolos em concluir, com base nesses dois relatos, que a felicidade não é, por assim dizer, uma arma fumegante. Mas se distribuíssemos *1 milhão de pistolas* e *1 milhão de envelopes de dinheiro*, e se 90% das pessoas que receberam dinheiro novo alegassem estar mais felizes do que 90% das pessoas que receberam novas armas, as probabilidades de que estamos sendo enganados pelas idiossincrasias das descrições verbais tornam-se realmente muito pequenas. Da mesma forma, se uma pessoa nos diz que está mais feliz com a torta de creme de banana de hoje do que com a torta de creme de coco de ontem, podemos ficar legitimamente preocupados de que ela não esteja se lembrando bem de sua experiência anterior. Mas se isso acontecesse repetidamente com centenas ou milhares de pessoas, algumas das quais tivessem experimentado a torta de creme de coco antes da torta de creme de banana e algumas das quais a tivessem provado depois, teríamos boas razões para suspeitar que tortas diferentes realmente suscitam experiências diferentes, uma delas mais agradável do que a outra. Afinal, quais são as chances de *todos* terem a lembrança equivocada de que a torta de creme de banana era melhor e a torta de creme de coco era pior do que realmente eram?

O problema fundamental na ciência da experiência é que, se a hipótese do esmagamento da linguagem ou a hipótese de alongamento da experiência estão corretas, então cada um de nós pode, por meio daquilo que dizemos, mapear de forma diferente a experiência que efetivamente tivemos — e, como as experiências subjetivas podem ser compartilhadas apenas pelo relato verbal, a verdadeira natureza dessas experiências nunca pode ser perfeitamente medida. Em outras palavras, se as escalas de experiência e descrição são calibradas de forma um pouco diferente para cada pessoa que as usa, então *é tarefa impossível para os cientistas comparar as afirmações de dois indivíduos.* Isso é um problema. Mas o problema não está na palavra *comparar*, está na palavra *dois*. Dois é um número muito pequeno, e quando se torna duzentos ou 2 mil, as diferentes calibrações de diferentes indivíduos começam a se cancelar umas às outras. Se os trabalhadores da fábrica que produz todas as fitas métricas e réguas do mundo se embebedassem em uma festa de fim de ano e começassem a fabricar milhões de instrumentos de medição de tamanhos ligeiramente diferentes, não teríamos plena convicção de que um dinossauro era maior do que um nabo se você medisse um e depois eu medisse o outro. Afinal, poderíamos estar usando réguas imprecisas, fabricadas por operários bêbados. Mas se centenas de pessoas com centenas de réguas se enfileirassem diante de um desses objetos e tomassem suas medidas, poderíamos calcular a média das medições e sentir razoável confiança de que um tiranossauro é de fato maior do que um tubérculo. Afinal, quais são as chances de todas as pessoas que mediram o dinossauro terem por acaso usado réguas alongadas, e de que todas as pessoas que mediram o nabo terem por coincidência usado réguas esmagadas? Sim, isso é *possível*, e as probabilidades podem ser calculadas com extrema precisão, mas pouparei você da matemática, e juro que as chances são tão tênues que escrevê-las colocaria em risco o suprimento mundial de zeros.

A moral da história é a seguinte: o relato honesto e em tempo real da pessoa atenta é uma estimativa aproximada e imperfeita de sua experiência subjetiva, mas é a única alternativa disponível. Quando uma salada de frutas, um namorado ou um trio de jazz são imperfeitos demais para o nosso gosto, paramos de comer, de beijar e de ouvir. Mas a lei dos grandes números sugere que quando uma medição é imperfeita demais para o nosso gosto, não devemos parar de medir. Muito pelo contrário — devemos medir repetidamente até que imperfeições mínimas cedam ao ataque de dados. Aquelas partículas subatômicas que gostam de estar em todos os lugares ao mesmo tempo parecem anular o comportamento umas das outras de modo que os grandes conglomerados de partículas que chamamos de vacas, carros e canadenses franceses permanecem exatamente onde os colocamos. Pela mesma lógica, a cuidadosa compilação de um grande número de relatos experienciais permite que as imperfeições de um cancelem as imperfeições de outro. Nenhum relato individual pode ser tomado como incontestável e tido como índice perfeitamente calibrado da experiência do indivíduo — nem o seu, nem o meu —, mas podemos ter a certeza de que, se fizermos a mesma pergunta a um número suficiente de pessoas, a resposta média será um índice aproximadamente exato da experiência média. A ciência da felicidade exige que brinquemos com as probabilidades, e, portanto, as informações que ela nos fornece envolvem sempre o risco de estarmos errados. Mas se você quiser apostar contra isso, então jogue a moeda mais uma vez, pegue sua carteira e diga ao Paul para me trazer mais uma cerveja Guinness.

ADIANTE

Uma das canções mais irritantes da história quase sempre irritante da música popular começa com esta frase: "*Feelings, nothing more than feelings*" (Sentimentos, nada mais do que sentimentos). Estremeço quando ouço esse verso, porque sempre me parece mais ou menos equivalente a iniciar um hino religioso com "Jesus, nada mais do que Jesus". Nada *mais* do que sentimentos? O que poderia ser mais importante do que sentimentos? Claro, *guerra* e *paz* talvez venham à mente, mas a guerra e a paz são importantes por qualquer outro motivo que não seja os sentimentos que produzem? Se a guerra não causasse dor e angústia, se a paz não proporcionasse delícias transcendentais e carnais, teriam alguma importância para nós? Guerra, paz, arte, dinheiro, casamento, nascimento, morte, doença, religião — são apenas alguns dos grandes temas sobre os quais oceanos de sangue e tinta já foram derramados, mas na verdade são temas importantíssimos por uma única razão: cada um deles é uma poderosa fonte de emoção humana. Se não causassem em nós *os sentimentos* de elevação do espírito, desespero, gratidão e desânimo, guardaríamos para nós mesmos toda aquela tinta e sangue. Como na pergunta feita por Platão: "Então, essas coisas são boas por qualquer outro motivo ou porque culminam em prazer, libertando e prevenindo de dores?".[19] Com efeito, sentimentos não são apenas importantes — são o que *significa* ter importância. Esperamos que qualquer criatura que sinta dor quando se queima e prazer quando come chame a queimadura e o alimento de algo *ruim* e *bom*, respectivamente, assim como esperaríamos que uma criatura feita de amianto sem trato digestivo considerasse tais designações arbitrárias. Filósofos morais vêm tentando há séculos encontrar outra maneira para definir *bom* e *ruim*, mas nenhum jamais convenceu os demais (tampouco a mim). Não podemos dizer que algo é bom a menos que possamos dizer *para que* é bom, e se examinarmos todos os muitos objetos e experiências que nossa espécie chama de bons e perguntarmos *para que são bons*, a resposta é clara: de modo geral, são bons porque servem para nos fazer sentir felizes, é para isso que são bons.

Dada a importância dos sentimentos, seria legal poder dizer exatamente o que são e como poderíamos medi-los. Como vimos, não podemos fazer isso com o tipo de exatidão que os cientistas ambicionam. Não obstante, se as ferramentas metodológicas e conceituais que a ciência desenvolveu não nos permitem medir com precisão milimétrica os sentimentos de um único indivíduo, pelo menos nos permitem ir adiante, tropeçando no escuro, munidos de réguas imperfeitas, para medir dezenas de indivíduos repetidamente. O problema que enfrentamos é difícil, mas é importante demais para ignorar: por que com tanta frequência não conseguimos saber o que nos fará felizes no futuro? A ciência fornece algumas respostas intrigantes para essa pergunta, e agora que temos uma noção do problema e um método geral para resolvê-lo, estamos prontos para examiná-las.

Parte III

Realismo

realismo: a crença de que as coisas são na realidade exatamente o que parecem ser na imaginação.

4. No ponto cego do olho da mente

Assim como a imaginação dá feitio às formas vácuas do desconhecido, a pena do poeta dá relevo às formas, e ao nada etéreo empresta nome e lugar.
William Shakespeare, *Sonho de uma noite de verão*, Ato V, cena 1

De uma coisa sabemos com certeza: Adolph Fischer não organizou o motim. Ele não incitou a revolta. A bem da verdade, ele nem sequer estava perto do local dos tumultos na noite em que os policiais foram mortos. Mas seu sindicato havia questionado o opressivo estrangulamento que os poderosos industriais de Chicago impuseram sobre os homens, mulheres e crianças que labutavam em suas fábricas no final do século XIX, e essa associação de classe precisava aprender uma lição. Então Adolph Fischer foi julgado e, com base em testemunhos pagos e falsos juramentos, condenado a morrer por um crime que não cometeu. Em 11 de novembro de 1887, subiu na forca e surpreendeu a todos com suas últimas palavras: "Este é o momento mais feliz da minha vida". Poucos segundos depois, o alçapão se abriu sob seus pés, a corda quebrou seu pescoço, e ele morreu.[1]

Felizmente, não foi fácil exterminar os sonhos que Fischer acalentava de igualdade no mercado de trabalho dos Estados Unidos. Um ano depois de Fischer ser enforcado, um jovem e brilhante sujeito aperfeiçoou o processo de fotografia seca, lançou sua revolucionária câmera Kodak e instantaneamente se tornou um dos homens mais ricos do mundo. Nas décadas que se seguiram,

George Eastman desenvolveu também uma revolucionária filosofia de gestão, reduzindo a jornada de trabalho de seus funcionários, assegurando-lhes benefícios por invalidez, anuidades de aposentadoria, seguro de vida, participação nos lucros e, por fim, um terço das ações de sua empresa. Em 14 de março de 1932, o amado inventor e bondoso filantropo sentou-se à sua escrivaninha, escreveu uma breve nota, fechou meticulosamente sua caneta-tinteiro e fumou um cigarro. Depois, surpreendeu todo mundo cometendo suicídio.[2]

Fischer e Eastman são um contraste fascinante. Os dois homens acreditavam que os trabalhadores comuns têm direito a salários justos e condições de trabalho decentes, e ambos dedicaram grande parte da vida tentando implementar mudanças sociais na alvorada da era industrial. O esforço de Fischer resultou em retumbante fracasso, e ele morreu na condição de criminoso, pobre e menosprezado. Eastman conheceu o sucesso absoluto e morreu como um paladino, próspero e venerado. Então, por que um homem pobre que tinha conquistado tão pouco enfrentou com alegria e de bom grado o limiar de seu linchamento público, ao passo que um homem abastado que tinha realizado tanta coisa se sentiu impelido a tirar a própria vida? As reações de Fischer e de Eastman às suas respectivas situações parecem tão contrárias, tão inversas, que somos tentados a atribuí-las a uma falsa bravata ou a uma aberração mental. Fischer aparentemente estava feliz no último dia de uma existência terrível, Eastman estava aparentemente infeliz no último dia de uma vida plena, e sabemos muito bem que, se *nós* estivéssemos no lugar de um deles, *nós* teríamos sentido exatamente as emoções opostas. Então, o que havia de errado com esses caras? Pedirei que você leve em consideração a possibilidade de que não havia nada de errado com eles, mas que *há* algo de errado com você. E comigo também. E o que há de errado conosco é que cometemos um conjunto sistemático de erros quando tentamos imaginar "como seria se".

Imaginar "como seria se" soa como um macio naco de devaneio, mas, na verdade, é um dos atos mentais mais importantes que podemos realizar, e fazemos isso todos os dias. Tomamos decisões sobre com quem casar, onde trabalhar, quando reproduzir, em que cidade curtir a aposentadoria, e em larga medida baseamos essas decisões nas nossas crenças sobre como seria se *este* evento tivesse acontecido, mas *aquele* não.[3] Nossa vida pode até nem sempre ser como desejamos ou planejamos, mas estamos convictos de que, se fosse, nossa felicidade seria ilimitada e nossas tristezas, tênues e fugazes. Talvez seja verdade a máxima segundo a qual nem sempre conseguimos o que queremos, mas pelo menos estamos confiantes de que, para começo de conversa, sabemos o que queremos. Sabemos que a felicidade pode ser encontrada no campo de golfe, e não numa linha de montagem, com Lana, mas não com Lisa; na profissão de ceramista, mas não na de encanador; em Atlanta, mas não no Afeganistão; e sabemos essas coisas porque somos capazes de olhar para o tempo à frente do nosso e simular mundos que ainda não existem. Sempre que nos vemos diante de uma decisão — *Devo comer mais um filé de peixe empanado ou vou direto para o bolo de chocolate? Aceito o emprego em outra cidade ou fico na minha e torço por uma promoção? Faço a cirurgia no joelho ou tento primeiro a fisioterapia?* —, imaginamos os futuros que nossas alternativas oferecem e, em seguida, imaginamos como nos sentiríamos em cada um deles ("Se a cirurgia não funcionasse, eu me arrependeria para sempre de não ter dado uma chance à fisioterapia"). E não temos que fazer um grande esforço de imaginação para saber que seríamos mais felizes na função de presidente de uma empresa da *Fortune 500* do que como um peso morto. Uma vez que somos o macaco que olha para a frente, não temos que *viver* a vida de Adolph Fischer ou de George Eastman para saber como seria estar na pele deles.

Só há um probleminha: os donos da pele não parecem concordar com nossas conclusões. Fischer afirmou estar feliz, Eastman agiu como um homem que não estava feliz; então, a menos que esses caras estivessem errados no que dizia respeito a como era viver sua própria vida, somos forçados a considerar a possibilidade de que o erro é nosso — de que, quando tentamos imaginar como seria estar na situação de Fischer ou de Eastman, nossa imaginação fracassa de forma curiosa. Somos forçados a levar em conta a possibilidade de que aquilo que claramente parece ser a vida melhor pode na verdade ser a pior e que, quando olhamos para a linha do tempo, para as vidas diferentes que *nós* poderíamos levar, pode ser que nem sempre saibamos qual é qual. Somos forçados a considerar a possibilidade de que fizemos algo fundamentalmente errado quando, na nossa imaginação, saímos do nosso lugar para nos colocar no lugar deles, e de que esse erro fundamental pode nos levar a escolher o futuro errado.

Qual pode ser esse erro? A imaginação é uma ferramenta poderosa que nos permite fazer aparecer como que por encanto imagens a partir do "nada etéreo". Todavia, como todas as ferramentas, tem suas deficiências, e neste e no próximo capítulo falarei sobre a primeira delas. A melhor maneira de entender esse defeito específico da *imaginação* (a aptidão que nos permite ver o futuro) é entender as deficiências da *memória* (a capacidade que nos permite ver o passado) e da *percepção* (a faculdade que nos permite ver o presente). Você vai aprender que a deficiência que nos leva a confundir o que passou e deslembrar o passado e perceber erroneamente o presente é a mesma que nos faz imaginar o futuro de forma equivocada. Essa deficiência é causada por um truque que seu cérebro prega em você a cada minuto de cada hora de todo santo dia — um truque que seu cérebro está pregando em você neste exato momento. Permita-me contar a você o segredinho sujo do cérebro.

CABECINHA GRANDE

Há um momento maravilhoso na maioria dos primeiros filmes dos Irmãos Marx em que Harpo, o mudo angelical, enfia as mãos bem fundo nas dobras de sua mal-ajambrada capa impermeável e tira um flicorne, uma xícara de café fumegante, uma pia de banheiro ou uma ovelha. Aos três anos de idade, a maioria de nós já aprendeu que coisas grandes não podem caber em coisas pequenas, e esse entendimento é violado para efeito cômico quando alguém puxa de dentro dos bolsos alguns metros de encanamento ou um boi. Como pode um flicorne caber dentro de uma capa de chuva? Como podem todos aqueles palhaços caber dentro de um carro minúsculo? Como pode a assistente de palco do mágico entrar toda dobrada naquela caixinha? Não podem, é claro, e sabemos disso, razão pela qual apreciamos tanto a ilusão que nos causam.

Preenchendo a memória

O cérebro humano cria uma ilusão semelhante. Se você já tentou armazenar uma temporada completa da sua série de televisão favorita no disco rígido do seu computador, então já sabe que representações fiéis das coisas no mundo exigem grande quantidade de espaço. E, ainda assim, nosso cérebro tira milhões de instantâneos, registra milhões de sons, adiciona cheiros, sabores, texturas, uma terceira dimensão espacial, uma sequência temporal, um contínuo fluxo de comentários — e faz isso o dia todo, todo dia, ano após ano, armazenando essas representações do mundo em um banco de memórias que parece nunca transbordar e, contudo, nos permite lembrar num abrir e fechar de olhos daquele dia horrível no sexto ano do ensino fundamental, quando tiramos sarro do nosso coleguinha que estava usando aparelho nos dentes – e ele prometeu nos dar uma surra na hora da saída. Como podemos enfiar o vasto universo de nossa experiência no compartimento de armazenamento relativamente pequeno localizado entre nossas orelhas? Fazemos o que Harpo fez: trapaceamos. Como você aprendeu nos capítulos anteriores, a elaborada trama da nossa experiência não é armazenada na memória – pelo menos não em sua totalidade. Em vez disso, é compactada para fins de armazenamento, primeiro sendo reduzida a alguns fios imprescindíveis, como uma frase-resumo ("O jantar foi decepcionante") ou um pequeno conjunto de características principais (bife duro, vinho com gosto de rolha, garçom mal-educado). Mais tarde, quando quisermos nos lembrar de nossa experiência, nosso cérebro rapidamente reelabora a trama fabricando – não exatamente recuperando – a maior parte das informações que vivenciamos como uma memória.[4] Essa fabricação acontece de maneira tão rápida e sem esforço que temos a ilusão (como a plateia de um bom show de mágica sempre faz) de que a coisa toda estava em nossa cabeça o tempo todo.

Mas não estava, e esse fato pode ser facilmente demonstrado. Há, por exemplo, um estudo em que os pesquisadores mostraram a voluntários uma série de slides em que se via um carro vermelho que avança em direção a uma placa de "DÊ A PREFERÊNCIA", vira à direita e, em seguida, atropela um pedestre.[5] Depois de terem visto os slides, alguns dos voluntários (o grupo sem perguntas) não tiveram que responder a nenhuma pergunta, e os voluntários restantes (o grupo com perguntas) tiveram. A pergunta que se fez a esses voluntários foi: "Algum outro carro passou pelo carro vermelho enquanto ele estava parado na placa de 'PARE'?". Em seguida, todos os voluntários viram duas fotos – uma em que o carro vermelho se aproximava de uma placa de "DÊ A PREFERÊNCIA" e outra em que o carro vermelho se aproximava de uma placa de "PARE" –, e os pesquisadores pediram que apontassem para a foto que eles realmente viram. Ora, se os voluntários tinham armazenado na memória sua experiência, então deveriam ter apontado para a foto do carro se aproximando da placa de "DÊ A PREFERÊNCIA", e, de fato, mais de 90% dos voluntários do grupo sem perguntas fizeram exatamente isso. Dos voluntários do grupo com perguntas, 80% apontaram para a imagem do carro aproximando-se da placa de "PARE".

Ficou claro que a pergunta mudou as memórias da experiência anterior dos voluntários, que é precisamente o que se esperaria caso o cérebro estivesse *reelaborando* as experiências — e precisamente o que não se esperaria se o cérebro estivesse *recuperando* as experiências.

Essa descoberta geral — de que as informações adquiridas *após* um evento alteram a lembrança *do* evento — foi replicada tantas vezes em tantas diferentes configurações de laboratório e de campo que deixou a maioria dos cientistas convencida de duas coisas.[6] Em primeiro lugar, o ato de lembrar envolve "preencher" os espaços com detalhes que não foram realmente armazenados; em segundo lugar, em geral não somos capazes de dizer quando estamos fazendo isso, porque o preenchimento acontece de forma rápida e inconsciente.[7] Na verdade, esse fenômeno é tão poderoso que acontece até mesmo quando sabemos que alguém está tentando nos enganar. Por exemplo, leia a lista de palavras abaixo e, quando tiver terminado, rapidamente cubra com uma das mãos a lista. Aí eu vou enganar você.

Cama
Descanso
Acordado
Cansado
Sonho
Acordar
Soneca
Cobertor
Cochilo
Repouso
Ronco
Sesta
Paz
Bocejo
Sonolento

Aqui está o truque. Qual das seguintes palavras não está na lista? *Cama, cochilo, dormir ou gasolina?* A resposta certa é *gasolina*, claro. Mas a outra resposta correta é *dormir*, e se você não acredita em mim, então deve levantar a mão da página (na verdade, você tem que levantar a mão da página de qualquer maneira, pois precisamos seguir em frente). Se você é como a maioria das pessoas, sabia que *gasolina* não estava na lista, mas se confundiu e se lembrou erroneamente de ter lido a palavra *dormir*.[8] Como todas as palavras da lista têm uma relação íntima entre si, o cérebro armazenou a essência do que você leu ("um punhado de palavras sobre dormir") em vez de armazenar cada uma das palavras. Normalmente, seria uma inteligente e econômica estratégia mnemônica. A essência serviria como uma instrução que habilitaria seu cérebro a recompor a trama da sua experiência e permitiria a você "lembrar-se" de ter lido as palavras que viu. Mas, neste caso, seu cérebro foi ludibriado pelo fato de que a palavra fundamental — a palavra-chave, a palavra essencial — não estava realmente na lista. Quando seu cérebro reconstruiu a trama de sua experiência, incluiu por engano uma palavra que estava implícita pela essência, mas que na verdade não consta da lista, assim como os voluntários no estudo anterior incluíram por engano uma placa de "PARE" que estava implícita pela pergunta que lhes foi feita, mas na verdade não tinha aparecido nos slides que eles viram.

Esse experimento foi realizado dezenas de vezes, com dezenas de listas de palavras diferentes, e estudos desse tipo revelaram duas descobertas surpreendentes. A primeira: as pessoas não se lembram vagamente de ter visto a palavra essencial, e não é que simplesmente supõem terem visto a palavra principal. Em vez disso, lembram-se com nitidez de tê-la visto e se sentem totalmente confiantes de que ela apareceu.[9] A segunda: o fenômeno acontece mesmo quando as pessoas são avisadas sobre ele com antecedência.[10] Saber que um pesquisador está tentando induzir você a ter a falsa lembrança do aparecimento de uma palavra essencial não impede essa falsa lembrança de acontecer.

Preenchendo a percepção

O poderoso e indetectável preenchimento que impregna nossas lembranças de coisas passadas permeia também nossa percepção das coisas presentes. Por exemplo, se em uma terça-feira particularmente modorrenta você se encarregar de dissecar seu globo ocular, acabará encontrando uma mancha na parte posterior de sua retina, onde o nervo óptico sai do olho e segue em direção ao cérebro. O globo ocular não consegue registrar uma imagem no ponto em que há o entroncamento do nervo óptico com o disco óptico e, portanto, esse local é conhecido como *ponto cego*. Ninguém é capaz de enxergar um objeto que aparece no ponto cego porque aí não há receptores visuais. Ainda assim, se você olhar para a sua sala de estar, não notará um buraco negro na imagem de modo geral homogênea de seu cunhado sentado no sofá, devorando nachos como molho de queijo. Por quê? Porque seu cérebro usa informações das áreas ao redor do ponto cego para fazer uma estimativa razoável sobre o que o ponto cego veria se não fosse cego, e em seguida seu cérebro preenche a cena com essas informações. Isso mesmo, ele inventa coisas, cria coisas, imagina e fantasia coisas! Ele não consulta você sobre isso, não busca a sua aprovação. Apenas dá o melhor palpite de que é capaz acerca da natureza das informações ausentes e continua a preencher a cena — e a parte de sua experiência visual de ver seu cunhado se empanturrando de molho de queijo, que é ocasionada pela luz real refletida no rosto real dele, e a parte que seu cérebro acabou de inventar parecem *exatamente idênticas* para você. Você pode se convencer disso fechando o olho esquerdo, focando o olho direito no mágico na figura 8 e, em seguida, levando o livro lentamente na direção do seu rosto. Mantenha-se focado no mágico, mas observe que à medida que a Terra se move rumo ao seu ponto cego, dá a impressão de desaparecer. De repente você verá brancura no ponto em que a Terra está de fato, porque seu cérebro vê toda a brancura ao redor da Terra e, portanto, supõe erroneamente que há brancura no seu ponto cego também. Se você continuar deslocando o livro em sua direção, a Terra reaparecerá. No final das contas, é claro, seu nariz vai tocar o coelho e você vai cometer um ato não natural.

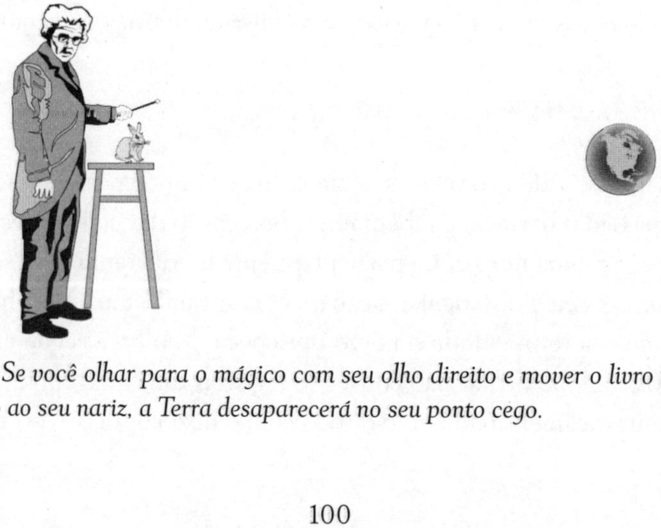

Figura 8. *Se você olhar para o mágico com seu olho direito e mover o livro lentamente em direção ao seu nariz, a Terra desaparecerá no seu ponto cego.*

O truque do preenchimento não se limita ao mundo visual. Pesquisadores gravaram em fitas a frase *Os governadores se encontraram com suas respectivas assembleias legislativas [legislatures] reunidas na capital do estado.*[11] Em seguida, alteraram a fita, substituindo por uma tosse a primeira letra s da palavra [*legislatures*]. Voluntários ouviram a tosse perfeitamente bem, mas a ouviram acontecendo *entre* as palavras, porque ouviram também o s faltante. Mesmo quando receberam a instrução específica de prestar atenção ao som ausente, e mesmo depois de milhares de tentativas de treino, os voluntários foram incapazes de identificar a letra faltante, que seu cérebro sabia que deveria estar lá e, portanto, de forma muito solícita, a fornecia.[12] Em um estudo ainda mais impressionante, voluntários ouviram uma gravação da palavra *eel* [enguia] precedida por uma tosse (que representarei com *). Os voluntários acabavam ouvindo *peel* [descascar] quando a palavra era inserida na frase "*The *eel was on the orange*", mas ouviam a palavra *heel* [calcanhar] quando era embutida na frase "*The *eel was on the shoe*".[13] Trata-se de uma descoberta surpreendente, porque as duas frases diferem apenas em sua última palavra, o que significa que o cérebro dos voluntários tinha que esperar pela palavra final da frase antes de poder fornecer a informação faltante na segunda palavra. Mas o cérebro fazia isso, e de maneira tão suave e rápida que os voluntários efetivamente *ouviam* a informação faltante ser pronunciada em sua posição adequada.

Experimentos dessa espécie nos fornecem um passe de livre acesso aos bastidores que nos permite ver como o cérebro realiza seu maravilhoso número de magia. Claro, se você fosse aos bastidores de um show de mágica e desse uma boa olhada em todos os fios, espelhos e alçapões, o show estaria arruinado quando você retornasse ao seu lugar na plateia. Afinal, se você já sabe como um truque funciona, não pode mais cair nele, certo? Bem, se você voltar e tentar fazer mais uma vez o truque da figura 8, notará que, apesar da compreensão científica detalhada do ponto cego visual que você adquiriu nas últimas páginas, o truque ainda funciona bem. De fato, não importa o quanto você aprenda sobre óptica e não importa quanto tempo você gaste bisbilhotando os coelhos que os mágicos tiram da cartola, o truque nunca falhará. Como isso é possível? Tentei convencê-lo de que as coisas nem sempre são o que parecem. Agora deixe-me tentar convencê-lo de que é inevitável você acreditar que são.

O BOLO DE CARNE DE OZ

A menos que você tenha pulado a infância e ido direto da papinha de legumes para o pagamento de boletos, provavelmente se lembra da cena no livro *O mágico de Oz* em que Dorothy e seus amigos estão apavorados de medo diante do grande e terrível Oz, que surge de forma ameaçadora como uma gigantesca cabeça flutuante. De repente o cachorrinho Totó escapa, dá um pulo e tropeça num biombo num dos cantos do salão, que cai e revela um homenzinho operando os controles de uma máquina. Os protagonistas ficam surpresos, e o Espantalho acusa o homenzinho de ser uma farsa.

> — Exatamente! – declarou o homenzinho, esfregando as mãos como que satisfeito. — Eu sou uma farsa. [...]
>
> — Ninguém mais sabe que você é um impostor? – perguntou Dorothy.
>
> — Não, só quem sabe são vocês quatro e eu próprio – respondeu Oz. – Enganei todo mundo por tanto tempo que achei que nunca iriam descobrir a verdade. [...]
>
> — Mas não estou entendendo – disse Dorothy, perplexa. — Como foi que você apareceu para mim como uma Cabeça gigantesca?
>
> — É só um dos meus truques – respondeu Oz. [...]
>
> — Acho que você é uma pessoa horrível – disse Dorothy.
>
> — Ah, não, minha querida. Na verdade sou um homem muito bom, mas admito que sou um péssimo Mágico.[14]

Descobrindo o idealismo

No final do século XVIII, os filósofos tiveram mais ou menos o mesmo tipo de experiência elucidativa que Dorothy teve e concluíram (com alguma relutância) que, embora o cérebro humano seja um órgão muito bom, é um mágico muito ruim. Até essa época, os filósofos consideravam que os sentidos eram canais que permitiam que as informações sobre as propriedades dos objetos no mundo viajassem do objeto para a mente. A mente era como uma tela de cinema na qual o objeto era retransmitido. Essa operação enguiçava e era interrompida de tempos em tempos, portanto de vez em quando as pessoas viam coisas que não aconteciam. Mas quando os sentidos funcionavam direito, mostravam o que de fato estava lá. Essa teoria do *realismo* foi descrita em 1690 pelo filósofo John Locke:

> Quando nossos sentidos efetivamente transmitem ao nosso entendimento qualquer ideia, não podemos deixar de estar satisfeitos de que nesse momento há algo que realmente existe fora de nós, que afeta nossos sentidos, e por intermédio deles se dão a conhecer a nossas faculdades de apreensão, e realmente produzem a ideia que então percebemos: e não podemos até aqui desconfiar de seu testemunho, bem como duvidar de que esses conjuntos de ideias simples, conforme observadas por nossos sentidos, estão unidos, realmente existem juntos.[15]

Em outras palavras, o cérebro acredita, mas não *faz de conta*. Quando as pessoas veem gigantescas cabeças flutuantes, é porque cabeças gigantes estão realmente flutuando em seu campo de visão, e a única questão para um filósofo com pendor para uma mentalidade psicológica era de que modo o cérebro realiza esse incrível ato de reflexão fiel. Porém, em 1781, o recluso professor alemão chamado Immanuel Kant escapou, deu um pulo e tropeçou num biombo num dos cantos do salão, desmascarando o cérebro como uma farsa do mais alto calibre. A nova teoria do *idealismo* de Kant afirmava que nossas percepções não são o resultado de um processo fisiológico por meio do qual nossos olhos de alguma forma transmitem uma imagem do mundo para nosso cérebro, mas, pelo contrário, o resultado de um processo psicológico que combina o que nossos olhos veem com aquilo que já pensamos, sentimos, sabemos, queremos e acreditamos, e em seguida usa essa combinação de informações sensoriais e conhecimento preexistente para construir nossa percepção da realidade. "O entendimento nada pode intuir e os sentidos nada podem pensar. Somente pela sua reunião o conhecimento é gerado", Kant escreveu.[16] O historiador Will Durant realizou a extraordinária façanha de resumir o argumento de Kant em uma única frase: "O mundo tal como o conhecemos é uma construção, um produto acabado, quase — poderíamos dizer — um artigo manufaturado, para o qual contribuem em igual medida tanto a mente, com suas formas modeladoras, quanto a coisa, com seus estímulos".[17] Kant argumentou que a percepção que uma pessoa tem de uma cabeça flutuante é *construída* a partir do conhecimento da pessoa sobre cabeças flutuantes, sua memória de cabeças flutuantes, sua crença em cabeças flutuantes, sua necessidade de cabeças flutuantes, e às vezes — mas nem sempre — a presença real de uma cabeça flutuante propriamente dita. Percepções são retratos, não fotografias, e, em igual medida, sua forma revela a mão do artista e reflete as coisas retratadas.

Essa teoria foi uma revelação, e, nos séculos que se seguiram, psicólogos a ampliaram sugerindo que cada indivíduo empreende aproximadamente a mesma jornada de descoberta que a filosofia empreendeu. Na década de 1920, o psicólogo Jean Piaget notou que a criança pequena muitas vezes não consegue distinguir entre sua percepção de um objeto e as propriedades reais do objeto, portanto tende a acreditar que as coisas realmente são como parecem ser — e que, portanto, outras pessoas devem ver as coisas como ela os vê. Quando uma criança de dois anos vê seu coleguinha sair da sala e, em seguida, vê um adulto retirar um biscoito de dentro de um pote e escondê-lo em uma gaveta, espera que seu coleguinha procure o biscoito na gaveta — apesar do fato de que esse coleguinha não estava na sala quando o adulto transferiu o biscoito do pote para a gaveta.[18] Por quê? Porque a criança de dois anos sabe que o biscoito está na gaveta e, portanto, espera que todo mundo saiba disso também. Sem distinção entre as *coisas no mundo* e as *coisas na mente*, a criança não é capaz de entender como mentes diferentes podem conter coisas diferentes. Claro, com a maturidade, as crianças passam do realismo para o idealismo, chegando a perceber que as percepções são meramente pontos de vista, que o que elas veem não é necessariamente o que existe, e que duas pessoas podem, portanto, ter diferentes percepções ou crenças acerca da mesma coisa. Piaget concluiu que "a criança é realista em seu pensamento" e que "seu desenvolvimento consiste em se livrar desse realismo inicial".[19] Em outras palavras: assim como os filósofos, as pessoas comuns começam como realistas, mas superam essa fase mais cedo do que se imagina.

Fugindo do realismo

Mas se o realismo vai embora, não vai muito longe. Pesquisas demonstram que até mesmo os adultos agem como realistas em certas circunstâncias. Por exemplo, em um estudo, dois voluntários adultos sentaram-se em lados opostos de um conjunto de cubículos, como mostra a figura 9.[20] Alguns objetos comuns foram colocados em vários cubículos, alguns dos quais eram abertos de ambos os lados, de modo que itens como o caminhão grande e o caminhão médio eram claramente visíveis para ambos os voluntários. Outros cubículos eram abertos apenas de um dos lados, de sorte que itens como o caminhão pequeno podiam ser vistos por um voluntário, mas não pelo outro. A dupla de voluntários disputou um jogo em que a pessoa com a visão obstruída (o diretor) dizia à pessoa com a visão clara (o transportador) para mover certos objetos para determinados locais. Ora, o que deveria ter acontecido quando o diretor disse: "Mova o caminhão pequeno para a fileira de baixo"? Se o transportador fosse um idealista, deslocaria o caminhão médio, porque perceberia que o diretor não conseguia ver o caminhão pequeno, portanto, deveria estar se referindo ao caminhão médio, que, *do ponto de vista do diretor*, era o menor. Por outro lado, se fosse realista, o transportador deslocaria o caminhão pequeno, sem levar em conta o fato de que o diretor não conseguia enxergá-lo da mesma forma como ele conseguia, portanto não poderia estar se referindo ao caminhão pequeno quando deu a instrução. Então, qual caminhão os voluntários transportadores de fato moveram?

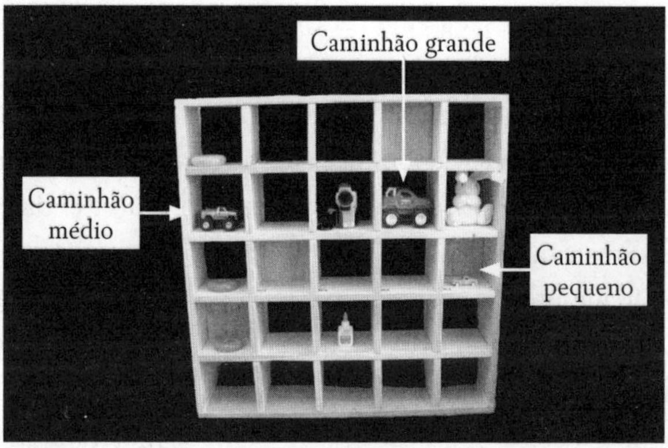

Figura 9.

O caminhão médio, é claro. O quê? — você achou que eram burros? Estamos falando de adultos normais. Tinham um cérebro intacto, bons empregos, contas bancárias, boas maneiras à mesa — todas as coisas habituais. Sabiam que o diretor tinha um ponto de vista diferente e, portanto, deveria estar se referindo ao caminhão médio quando disse: "Mova o caminhão pequeno". Mas, embora esses adultos normais e de cérebro intacto se comportassem como idealistas perfeitos, suas mãos contavam apenas metade da história. Além de medir os movimentos da mão dos voluntários transportadores, os pesquisadores usaram um rastreador ocular para medir-lhes também os movimentos dos olhos. O rastreador revelou que, no momento em que o voluntário transportador ouvia a frase "Mova o caminhão pequeno", olhava brevemente para o caminhão pequeno — *não* para o caminhão médio, que era o menor caminhão que o diretor conseguia ver, mas para o caminhão pequeno, que era o menor caminhão que *ele, o transportador*, podia ver. Em outras palavras, o cérebro do transportador inicialmente interpretava a expressão "o caminhão pequeno" como uma referência ao menor caminhão *de seu próprio ponto de vista*, sem levar em conta o fato de que o ponto de vista do diretor era diferente. Somente depois de um breve flerte com a ideia de deslocar o caminhão pequeno é que o cérebro do transportador atentava para o fato de que o diretor tinha uma visão diferente e, portanto, devia estar se referindo ao caminhão médio, momento em que o cérebro do transportador enviava instruções a sua mão para que mudasse de lugar o caminhão certo. A mão se comportava como uma idealista, mas o olho revelava que o cérebro era um realista momentâneo.

Experimentos como esses sugerem que não superamos o realismo, no máximo aprendemos a ser mais espertos que ele, e que mesmo na vida adulta nossas percepções são caracterizadas por um instante inicial de realismo.[21] De acordo com essa linha de raciocínio, supomos automaticamente que nossa experiência subjetiva de uma coisa é uma representação fiel das propriedades da coisa. Apenas mais tarde — se tivermos o tempo, a energia e a capacidade — repudiamos rapidamente essa suposição e levamos em conta a possibilidade de que o mundo real pode não ser realmente como se mostra aos nossos olhos.[22] Piaget descreveu o realismo como "uma tendência espontânea e imediata para confundir o signo e a coisa significada",[23] e pesquisas mostram que essa tendência de equiparar nosso sentido subjetivo das coisas às propriedades objetivas dessas coisas permanece espontânea e imediata ao longo de toda a nossa vida. Ela não desaparece para sempre e não vai embora de vez em quando. Pelo contrário, é breve, carece de articulação e rapidamente se desvenda, mas é sempre o primeiro passo em nossa percepção do mundo. Acreditamos no que vemos e depois desacreditamos quando for necessário.

Tudo isso sugere que o psicólogo George Miller estava certo quando escreveu: "A mais extraordinária realização intelectual do cérebro é o mundo real".[24] O bolo de carne de 1,5 quilo entre nossas orelhas não é um simples dispositivo de gravação, mas um computador extremamente inteligente que reúne informações, faz juízos perspicazes e suposições ainda mais astutas e nos oferece sua melhor interpretação de como as coisas são. Como essas interpretações são em geral muito boas, porque normalmente guardam uma notável semelhança com o mundo tal qual ele é de fato constituído, *não percebemos que estamos vendo uma interpretação.* Em vez disso, temos a sensação de estarmos confortavelmente sentados dentro de nossa cabeça, olhando através do para-brisa de vidro transparente de nossos olhos, assistindo ao mundo como ele verdadeiramente é. Tendemos a esquecer que nosso cérebro é um talentoso falsário, tecendo uma trama de memória e percepção cujos detalhes são tão convincentes que sua inautenticidade raramente é detectada. Em certo sentido, cada um de nós é um falsificador que imprime cédulas fajutas e as aceita alegremente como pagamento, sem saber que somos a um só tempo os autores e as vítimas de uma bem orquestrada fraude. Como você está prestes a ver, às vezes pagamos um preço alto por nos permitirmos perder de vista esse fato fundamental, porque o erro que cometemos quando por um momento ignoramos o truque do preenchimento e aceitamos de forma irrefletida a validade de nossas memórias e nossas percepções é exatamente o mesmo que cometemos quando imaginamos nosso futuro.

UM CONSTRANGIMENTO DE AMANHÃS

Quando, na letra de "Imagine", John Lennon nos pediu: "Imagine que não existam países", rapidamente acrescentou, "não é algo difícil de fazer". Na verdade, imaginar é algo geralmente fácil. Quando pensamos no sanduíche de pastrami no pão de centeio que pretendemos comer no almoço, ou no pijama de flanela novo que a mamãe jura que enviou pelo correio semana passada, não temos que reservar um bloco de tempo em meio a outros compromissos, arregaçar nossas mangas e dedicar toda a nossa atenção ao árduo trabalho de evocar imagens de sanduíches e roupas de dormir. Em vez disso, no momento em que temos a mais ínfima inclinação de pensar nessas coisas, nosso cérebro usa sem esforço o que já sabe sobre lanchonetes e almoços e pacotes e mães para construir imagens mentais (pastrami quente, pão preto de centeio, pijama de lã xadrez com estampa de coelhinho) que nossa experiência registra como produtos da imaginação. Como percepções e memórias, essas imagens mentais surgem na nossa consciência como *fait accompli*, fato consumado. Deveríamos ser gratos pela facilidade com que nossa imaginação nos fornece esse serviço utilíssimo, mas, uma vez que não supervisionamos de maneira consciente a construção dessas imagens mentais, tendemos a tratá-las como tratamos as memórias e percepções – supondo de início que são *representações precisas* dos objetos que estamos imaginando.

Por exemplo, neste exato momento você provavelmente pode imaginar um prato de espaguete e me dizer o quanto você adoraria comê-lo no jantar de amanhã à noite. Muito bem. Agora observe duas coisas. Para começo de conversa, isso não foi nem um pouco cansativo e não lhe custou nada. Provavelmente você seria capaz de passar o dia inteiro imaginando macarrão, sem um pingo de esforço, deixando seu cérebro fazer o pesado trabalho de construção enquanto você relaxa e fica de bobeira em seu pijama novinho. Em segundo lugar, observe que o espaguete que você imaginou era muito mais detalhado do que o que pedi para você imaginar. Talvez o seu espaguete imaginário tenha sido uma gororoba enlatada, ou talvez fosse feito de massa caseira e envolto em sedoso molho à bolonhesa e finalizado com manjericão e alecrim. O molho pode ser pomodoro, bechamel, de mariscos à provençal ou até mesmo de geleia de uva. O macarrão pode ter sido encimado por um par de almôndegas tradicionais ou salpicado com meia dúzia de lascas de linguiça de pato polvilhadas com alcaparras e pinhões. Talvez você tenha imaginado comer o espaguete em pé no balcão da cozinha segurando numa das mãos um jornal e, na outra, uma garrafa de coca-cola, ou talvez tenha imaginado que seu garçom lhe reservou a mesinha junto à lareira na sua trattoria favorita e lhe serviu uma taça de Barolo 1990 para começar os trabalhos. Seja lá o que você tenha imaginado, é uma aposta líquida e certa que, quando eu disse *espaguete*, você não sentiu um desejo incontido de me perguntar sobre as nuances do molho e do ambiente do jantar antes de imaginar o macarrão. Em vez disso, seu cérebro se comportou como um retratista contratado para produzir um colorido óleo sobre tela a partir de um tosco esboço de carvão, preenchendo todos os detalhes que estavam ausentes da minha sugestão inicial e servindo a você uma porção especialmente generosa de massa imaginária. E quando você avaliou o prazer que sentiria com esse espaguete futuro, respondeu a essa imagem mental específica da mesma forma como responde a memórias e percepções específicas — como se os detalhes tivessem sido especificados pela coisa que você estava imaginando, em vez de fabricados por seu cérebro.

Ao fazer isso, você cometeu um erro do qual seu futuro eu comedor de espaguete talvez se arrependa.[25] A frase "espaguete no jantar de amanhã à noite" descreve não apenas um evento, mas uma família de eventos e o membro da família que na sua imaginação influenciou suas previsões sobre o quanto você gostaria de comer o macarrão. Com efeito, tentar prever o grau de satisfação que você vai sentir ao saborear um prato de espaguete sem saber *qual* prato de espaguete é o mesmo que tentar prever quanto você vai pagar por um carro sem saber *qual é* o carro (Ferrari ou Chevrolet?), ou tentar prever a intensidade de orgulho que você sentirá pela façanha do seu cônjuge sem saber *qual será* a proeza impressionante (ganhar um prêmio Nobel ou encontrar o melhor advogado de divórcios na cidade?), ou tentar prever o quanto ficará triste pela morte de um parente sem saber *qual* parente (o seu velho e querido pai ou aquele rabugento tio-avô de segundo grau?). Há infinitas variações do espaguete, e a variação específica que você imaginou certamente influenciou seu nível de expectativa em relação a desfrutar da experiência. Como esses detalhes são tão cruciais para uma previsão exata de sua resposta ao evento que você estava imaginando, e uma vez que esses detalhes importantes não eram conhecidos, você teve a sabedoria de se refrear e protelar sua previsão sobre o espaguete, ou pelo menos abrandá-la com uma isenção de responsabilidade do tipo "espero gostar do espaguete se estiver al dente com molho pomodoro defumado".

Mas estou disposto a apostar que você não se refreou, não rejeitou a ideia e, em vez disso, evocou como que por encanto um prato de espaguete imaginário, mais rapidamente do que um renomado chef de cozinha usando patins, e em seguida fez uma previsão confiante sobre o relacionamento que você esperava ter com essa comida. Se você não fez isso, então meus parabéns. Dê a si mesmo uma medalha. Mas, se fez, então saiba que não está sozinho. Pesquisas sugerem que, quando as pessoas fazem previsões sobre suas reações a eventos futuros, tendem a negligenciar o fato de que seu cérebro executa o truque do preenchimento como parte integral do ato da imaginação.[26] Por exemplo: em certo estudo, pediu-se a voluntários que fizessem previsões sobre o que fariam em uma série de variadas situações futuras — quanto tempo estariam dispostos a passar respondendo a perguntas numa pesquisa por telefone, quanto dinheiro estariam dispostos a gastar para celebrar uma ocasião especial em um restaurante na cidade de San Francisco e assim por diante.[27] Os voluntários também informaram o quanto se sentiam confiantes de que cada uma dessas previsões estava correta. Antes de fazerem as previsões, alguns voluntários foram instruídos a descrever todos os detalhes do evento futuro que estavam imaginando ("Estou imaginando comer costelinhas refogadas em vinho servidas com raízes assadas e *coulis* de salsa no Jardinière") e foram informados de que deveriam pressupor que cada um desses detalhes correspondia a uma representação perfeitamente exata da realidade (os pressupositores). A outros voluntários não se pediu que descrevessem esses pormenores, tampouco que fizessem suposições (os não pressupositores). Os resultados mostraram que os voluntários não pressupositores eram tão confiantes quanto os pressupositores. Por quê? Porque, quando questionados sobre o *jantar*, os não pressupositores geraram, de forma rápida e inconsciente, uma imagem mental de um prato específico em um restaurante específico, e então supuseram que esses detalhes eram exatos, em contraste com pormenores evocados do nada etéreo.

De tempos em tempos todos nós passamos por apuros semelhantes. Nosso marido ou esposa nos pede para ir a uma festa na próxima sexta-feira; nosso cérebro instantaneamente fabrica a imagem de um coquetel na cobertura de um hotel no centro da cidade, com garçons de smoking carregando bandejas de prata com sofisticados canapés e passando por uma harpista ligeiramente entediada, e prevemos nossa reação ao evento imaginado abrindo um bocejo que estabelece novos recordes mundiais de duração e extensão da mandíbula. O que geralmente deixamos de levar em consideração é que existem muitos tipos diferentes de eventos — comemorações de aniversário, inaugurações de galerias de arte, reuniões de elenco, celebrações em iates, festas do pessoal do escritório, orgias, velórios — e que nossas reações são diferentes para cada tipo. Então, dizemos ao nosso cônjuge que preferimos não ir à festa, mas naturalmente nossa esposa ou marido nos arrasta junto de qualquer maneira, e no fim das contas nos divertimos à beça durante horas agradabilíssimas. Por quê? Porque a festa envolveu cerveja barata e bambolês em vez de música erudita e biscoitos de algas marinhas. Era o nosso estilo de festa, e acabamos gostando do que nossa previsão nos alertou de que detestaríamos porque nossa previsão se baseava em uma imagem detalhada que refletia o melhor palpite que nosso cérebro era capaz de dar, suposição que, neste caso, estava completamente errada. O cerne da questão aqui é que, quando imaginamos o futuro, muitas vezes fazemos isso no ponto cego de nossa mente, e essa tendência pode nos levar a imaginar equivocadamente os eventos futuros cujas consequências emocionais estamos tentando avaliar.

Essa tendência transcende as previsões mundanas sobre festas, restaurantes e pratos de espaguete. Por exemplo, a maioria de nós não tem dúvidas de que gostaria mais de ser um Eastman do que de ser um Fischer — não há dúvida, quero dizer, a menos que façamos uma pausa para refletir sobre como nosso cérebro agiu de maneira veloz e incondicional para preencher os detalhes da vida e da morte desses dois homens e até que ponto todos esses detalhes inventados tiveram importância. Pense em um par de histórias que seu cérebro quase certamente não inventou para você no início deste capítulo.

Você é um jovem imigrante alemão que vive na cidade suja e fervilhante que é a Chicago do século XIX. Algumas famílias ricas — os Armour, os McCormick, os Swift e os Field — monopolizaram as indústrias e têm o direito de usar você e sua família do mesmo jeito que usam máquinas e cavalos. Você dedica seu tempo a um pequeno jornal cujos editoriais reivindicam justiça social, mas você não é tolo, e sabe que esses artigos não mudarão o estado de coisas e que as fábricas continuarão funcionando a todo vapor, produzindo papel, carne de porco, tratores e cuspindo os trabalhadores exaustos, cujo sangue e suor alimentam os motores de produção. Você é dispensável e insignificante. Bem-vindo aos Estados Unidos. Certa noite, irrompe uma altercação entre alguns operários da fábrica e a polícia local na Haymarket Square, e, embora não estivesse presente quando a bomba foi lançada, você é detido com outros "líderes anarquistas" e acusado de arquitetar um motim. De repente, seu nome está na primeira página de todos os grandes jornais e você ganha uma plataforma nacional para expressar suas opiniões. Quando o juiz o condena com base em provas forjadas, você percebe que esse momento vergonhoso será preservado nos livros de história, que você será conhecido como "o mártir de Haymarket", e que a sua execução abrirá o caminho para as reformas pelas quais você vinha se empenhando, mas era impotente para ver implementadas. Algumas décadas a partir de agora, haverá um país muito melhor do que este, cujos cidadãos homenagearão você por seu sacrifício. Você não é um homem religioso, mas por um momento não pode deixar de pensar em Jesus na cruz — falsamente acusado, injustamente condenado e executado com crueldade –, abrindo mão da própria vida para que uma grande ideia pudesse viver ao longo dos séculos vindouros. Ao se preparar para morrer, você se sente nervoso, é claro. Mas, em algum sentido profundo, este momento é um golpe de sorte, o culminar de um sonho – talvez, você pode até dizer, o momento mais feliz da sua vida.

Corte para uma segunda história: Rochester, estado de Nova York, 1932, em plena Grande Depressão. Você é um homem de 77 anos de idade que passou a vida construindo impérios, contribuindo para o avanço de tecnologias inovadoras e usando sua riqueza para doar verbas para bibliotecas, orquestras sinfônicas, faculdades e clínicas odontológicas que melhoraram a vida de milhões de pessoas. Os momentos mais felizes de sua longa vida foram vividos mexendo em uma câmera, visitando museus de arte da Europa, pescando, caçando ou fazendo trabalhos de carpintaria em seu chalé na Carolina do Norte. Porém, devido a uma doença da coluna vertebral, está cada vez mais difícil levar a vida ativa de que você sempre gostou, e cada dia que você passa na cama é um triste arremedo do homem vibrante que você outrora foi. Você nunca mais será jovem, nunca mais vai melhorar. Os dias bons acabaram, e mais dias significam apenas mais decrepitude. Numa tarde de segunda-feira, você se senta a sua escrivaninha, tira a tampa de sua caneta-tinteiro favorita e escreve em um bloco de notas as seguintes palavras: "Queridos amigos: Meu trabalho acabou. Por que esperar?". Em seguida você acende um cigarro; quando termina de fumar, apaga a guimba no cinzeiro e cuidadosamente encosta o cano de sua Luger automática contra o peito. Seu médico lhe mostrou como localizar seu coração, e agora você pode senti-lo palpitar rapidamente sob sua mão. Enquanto se prepara para puxar o gatilho, você se sente nervoso, é claro. Mas, em algum sentido profundo, você sabe que essa bala certeira permitirá que você deixe um belo passado e escape de um amargo futuro.

Tudo bem, acendam as luzes. Esses detalhes sobre Adolph Fischer e George Eastman são exatos, mas na verdade não é essa a questão. O ponto central é que, assim como há festas e massas de que você gosta e festas e massas de que você não gosta, há maneiras de ser rico e maneiras de ser executado por enforcamento que tornam aquelas menos maravilhosas e estas menos terríveis do que de modo geral poderíamos esperar. Uma das razões pelas quais você julgou tão perversas as reações de Fischer e Eastman é que, quase certamente, imaginou de forma equivocada os detalhes da situação de um e de outro. E ainda assim, sem pensar duas vezes, você se comportou como um realista impenitente e, com toda confiança, baseou suas previsões sobre como se sentiria em detalhes que seu cérebro inventou enquanto você não estava olhando. Seu erro não foi imaginar coisas que você não tinha como saber — afinal, é para isso que serve a imaginação. Em vez disso, seu erro foi tratar de forma irrefletida o que você imaginou como se fosse uma representação precisa dos fatos. Você é uma pessoa muito boa, não tenho dúvida. Mas é um péssimo mágico.

ADIANTE

Se, no momento da concepção, você tivesse a chance de escolher que tipo de cérebro gostaria de ter, provavelmente não teria escolhido o cérebro enganador e cheio de truques. Ainda bem que ninguém perguntou o que você preferia. Sem o truque do preenchimento, você teria memórias incompletas, uma imaginação vazia e um pequeno buraco negro seguindo-o por toda parte. Quando Kant escreveu que "a percepção sem concepção é cega",[28] estava sugerindo que, sem o truque do preenchimento, não teríamos nada nem sequer remotamente semelhante à experiência subjetiva que todos nós damos como certa. Vemos coisas que na verdade não existem e nos lembramos de coisas que na verdade não aconteceram, e, embora uma e outra coisa possam parecer sintomas de envenenamento por mercúrio, são na verdade ingredientes essenciais na receita para uma realidade homogênea, suave e abençoadamente normal. Mas essa suavidade e normalidade têm um preço. Mesmo que estejamos cientes, em algum sentido vagamente acadêmico, de que nosso cérebro está realizando o truque do preenchimento, é inevitável esperarmos que o futuro se desenrole com os detalhes que imaginamos. Como estamos prestes a ver, os detalhes que o cérebro registra não são nem de longe tão inquietantes quanto os detalhes que ele deixa de fora.

5. O cão do silêncio

Erro cruel, ó prole melancólica,
Por que mostras à tola mente humana
As coisas irreais?
William Shakespeare, *Júlio César*, Ato V, cena 3

Não fazia muito tempo que Estrela de Prata havia desaparecido quando o inspetor Gregory e o coronel Ross identificaram o desconhecido que, na calada da noite, esgueirou-se nos estábulos e roubou o premiado cavalo de corrida. Mas, como de costume, Sherlock Holmes estava um passo à frente da polícia. O coronel voltou-se para o formidável detetive:

– Há algum outro detalhe para o qual gostaria de chamar a minha atenção?
– O curioso incidente do cachorro durante a noite.
– O cachorro não fez nada durante a noite.
– Esse foi o incidente curioso observou Holmes.[1]

Parece que um cachorro morava nos estábulos, que os dois rapazes que trabalhavam como cavalariços dormiam a sono solto enquanto o roubo acontecia, e esses dois fatos permitiram que Holmes fizesse uma de suas deduções indubitavelmente astutas. Como ele explicou mais tarde:

> Eu havia compreendido o significado do silêncio do cachorro [...]. O cão não saíra dos estábulos e, no entanto, embora alguém tivesse entrado neles e levado um cavalo, o animal não latira o suficiente para despertar os dois rapazes no celeiro. Obviamente o visitante da meia-noite era alguém com quem o cachorro tinha muita intimidade.[2]

Embora o inspetor e o coronel estivessem cientes do que havia acontecido, apenas Holmes estava ciente do que *não havia* acontecido: o cachorro não latiu, o que significava que o ladrão não era o forasteiro que a polícia identificara. Prestando extrema atenção à ausência de um evento, Sherlock Holmes se distinguiu ainda mais do restante da humanidade. Como estamos prestes a ver, quando o restante da humanidade imagina o futuro, raramente percebe o que a imaginação deixou passar despercebido — e as peças que faltam são muito mais importantes do que aquelas de que nos damos conta.

OS MARINHEIROS NÃO

Se você mora em uma cidade com edifícios altos, então já sabe que os pombos têm uma fantástica capacidade de defecar precisamente no momento, velocidade e posição necessários para acertar em cheio seu suéter mais caro. Diante desse talento como bombardeiros, parece estranho que os pombos não sejam capazes de aprender coisas mais simples. Por exemplo, se um pombo for colocado dentro de uma gaiola com duas alavancas que se iluminam brevemente, pode aprender com facilidade a pressionar a alavanca iluminada para obter uma recompensa de semente de alpiste, mas *nunca* consegue aprender a pressionar a alavanca não iluminada para receber a mesma recompensa.[3] Pombos não têm problema algum para entender que a presença de uma luz sinaliza uma oportunidade para comer, mas são incapazes de aprender a mesma coisa em relação à *ausência* de luz. Pesquisas sugerem que os seres humanos são um pouco parecidos com os pombos nesse aspecto. Por exemplo, voluntários em um estudo jogaram um jogo de dedução em que lhes era mostrado um conjunto de trigramas (ou seja, combinações de três letras, como SXY, GTR, BCG e EVX). O experimentador então apontava para um dos trigramas e dizia aos voluntários que *aquele* trigrama era especial. A tarefa dos voluntários era descobrir o que tornava aquele trigrama especial — isto é, descobrir qual característica do trigrama especial o distinguia dos demais. Os voluntários analisavam conjuntos de três letras após conjuntos de três letras, e a cada vez o experimentador indicava qual era o trigrama especial. Quantos conjuntos os voluntários precisavam ver antes de deduzirem qual característica era a marca distintiva do trigrama especial? Para metade dos voluntários, o trigrama especial sobressaía pelo fato de que ele, e apenas ele, continha a letra T, e esses voluntários precisavam ver cerca de 34 conjuntos de trigramas antes de descobrirem que a presença do T era o que tornava um trigrama especial. Para a outra metade dos voluntários, o trigrama especial sempre se distinguia pelo fato de que nele, e apenas nele, *faltava* a letra T. Os resultados foram espantosos. Não importava quantos conjuntos de trigramas eles vissem, nenhum dos voluntários *jamais* percebeu isso.[4] Era fácil perceber a presença de uma letra, mas, assim como o latido de um cachorro, era impossível observar sua ausência.

Ausência no presente

Se essa tendência se restringisse a alpiste e trigramas, não daríamos muita bola. Mas, no fim fica claro, a incapacidade geral de pensar sobre ausências é uma potente fonte de erros na vida cotidiana. Por exemplo, um momento atrás sugeri que os pombos têm um talento incomum para acertar pedestres, e se você já foi vítima de um desses projéteis provavelmente chegou à mesma conclusão. Mas o que nos faz pensar que os pombos estão realmente mirando e acertando o alvo pretendido? A resposta é que a maioria de nós consegue se lembrar de muitos episódios em que passamos brevemente debaixo de um beiral de telhado enfeitado com um exército desses detestáveis ratos voadores e fomos atingidos à queima-roupa por uma fedorenta gosma branca, apesar do fato de que, vista do alto, uma cabeça humana constitui um alvo relativamente pequeno e veloz. Beleza. Mas se realmente queremos saber se os pombos estão a fim de nos pegar e têm as habilidades necessárias para fazer isso, devemos também levar em consideração os momentos em que passamos sob o beiral e saímos incólumes, limpinhos. A maneira *correta* de calcular a animosidade e a pontaria do pombo urbano é avaliar *tanto a presença quanto a ausência* de cocô em nossas jaquetas. Se os pombos nos atingissem em nove de cada dez vezes, então provavelmente deveríamos dar-lhes crédito por sua perícia no tiro ao alvo, e seria melhor mantermos uma boa distância deles; entretanto, se nos atingissem em nove de cada 9 mil vezes, então o que parecia ser uma combinação de boa pontaria e atitude hostil provavelmente não iria além de pura sorte. Os erros ao alvo são *cruciais* para determinar quais tipos de inferências podemos fazer legitimamente a partir dos acertos. Na verdade, quando os cientistas desejam estabelecer a relação de causalidade entre duas coisas — semeadura de nuvens e chuva, ataques cardíacos e colesterol, você escolhe —, calculam um índice matemático que leva em consideração *coocorrências* (quantas pessoas que *têm* colesterol alto *sofrem* ataques cardíacos?) e *não coocorrências* (quantas pessoas que *têm* colesterol alto *não sofrem* ataques cardíacos, e quantas pessoas que *não têm* colesterol alto *sofrem* ataques cardíacos?) e *coausências* (quantas pessoas que *não têm* colesterol alto *não sofrem* ataques cardíacos?). Todas essas quantidades são necessárias para avaliar com precisão a probabilidade de que as duas coisas tenham uma relação causal real.

Tudo isso é muito sensato, é claro. Para os estatísticos. Mas estudos mostram que, quando as pessoas comuns querem saber se duas coisas têm entre si uma relação causal, rotineiramente procuram e levam em consideração informações sobre *o que aconteceu* — informações das quais se lembram e às quais prestam atenção —, e não pesquisam nem levam em consideração informações sobre *o que não aconteceu* — destas as pessoas não se lembram e nelas não prestam atenção.[5] Aparentemente, as pessoas vêm cometendo esse erro há muito tempo. Quase quatro séculos atrás, o filósofo e cientista Sir Francis Bacon escreveu sobre as maneiras como a mente erra, e a seu ver está entre as falhas mais graves não levar em consideração as ausências:

> De longe os maiores estorvos e aberrações do intelecto humano provêm [do fato de que] [...] as coisas que afetam os sentidos sobrepujam as coisas que, embora possam ser mais importantes, não os afetam diretamente. Portanto, a observação não vai além dos aspectos visíveis das coisas, de modo que é escassa ou nula a observação das coisas invisíveis.[6]

Bacon ilustrou seu argumento com uma história (que, ao que parece, ele tomou emprestada de Cícero, que a contara dezessete séculos antes) sobre um homem em visita a um templo romano. Para impressionar o visitante com o poder dos deuses, o romano mostrou-lhe um retrato de vários marinheiros devotos cuja fé supostamente lhes permitiu sobreviver a um recente naufrágio. Quando pressionado a aceitar isso como evidência de um milagre, o visitante, astutamente, perguntou: "Mas onde estão os retratos daqueles que oraram e depois morreram afogados?".[7] A pesquisa científica sugere que pessoas comuns como nós raramente pedem para ver os retratos dos marinheiros ausentes.[8]

Nossa incapacidade de pensar em ausências pode nos levar a fazer alguns julgamentos bastante bizarros. Por exemplo, em um estudo realizado cerca de três décadas atrás, pesquisadores perguntaram a voluntários norte-americanos quais pares de países eram mais semelhantes entre si — Ceilão e Nepal ou Alemanha Ocidental e Alemanha Oriental. A maioria escolheu o último par.[9] Mas quando indagados sobre quais países eram mais *desiguais* entre si, a maioria também escolheu o último par. Ora, como é possível que no mesmo par de países, e não em pares diferentes, estejam simultaneamente os dois mais semelhantes entre si *e* os dois mais desiguais entre si? Não é possível, é claro. Mas quando se pede às pessoas que julguem a similaridade de dois países, elas tendem a procurar a presença de semelhanças (as quais as Alemanhas Ocidental e Oriental tinham muitas — por exemplo, seu nome) e *ignoram a ausência* de semelhanças. Quando se pede que julguem as diferenças entre dois países, as pessoas tendem a procurar a presença de diferenças (as quais as Alemanhas Ocidental e Oriental tinham muitas — por exemplo, seus sistemas de governo) e *ignoram a ausência* de desigualdades.

A tendência de ignorar ausências pode confundir decisões mais pessoais também. Por exemplo, imagine que você está se preparando para sair em uma viagem de férias para uma de duas ilhas: Moderacia (que tem clima moderado, praias medianas, hotéis medianos e vida noturna mediana) ou Extrêmia (que tem um maravilhoso clima tropical e praias fantásticas, mas hotéis medíocres e vida noturna inexistente). Chega a hora de fazer a sua reserva: qual dos dois destinos você escolheria? A maioria das pessoas escolhe Extrêmia.[10] Mas agora imagine que você já está com reservas pendentes para ambos os destinos e chega a hora de cancelar um deles antes de cobrarem na fatura de seu cartão de crédito. Qual você cancelaria? A maioria das pessoas opta por cancelar sua reserva em Extrêmia. Por que as pessoas selecionam *e* rejeitam Extrêmia? Porque, quando selecionamos, levamos em consideração os atributos positivos de nossas alternativas, e quando rejeitamos, levamos em conta os atributos negativos. Extrêmia tem os atributos mais positivos *e* os atributos mais negativos, portanto as pessoas tendem a selecioná-la quando estão procurando algo para selecionar *e* a rejeitam quando estão procurando algo para rejeitar. Claro, a maneira lógica de selecionar um destino de férias é avaliar a presença e a ausência de atributos positivos e negativos, mas não é isso que a maioria de nós faz.

Ausência no futuro

Nossa desatenção quanto às ausências influencia a maneira como pensamos sobre o futuro. Assim como não nos lembramos de cada detalhe de um evento passado (qual é a cor das meias que você usou na sua formatura do ensino médio?) e não vemos cada detalhe de um evento atual (qual a cor das meias que a pessoa atrás de você está usando neste momento?), tampouco conseguimos imaginar todos os detalhes de um evento futuro. Você poderia fechar os olhos agora e passar duas horas inteiras imaginando-se ao volante de um Mercedes-Benz SL600 Roadster prata com um motor biturbo V-12 de 36 válvulas e 5,5 litros dirigindo por aí. Você pode imaginar a curvatura da grade frontal, a inclinação do para-brisa e o cheiro de novo do estofamento de couro preto. Mas, não importa quanto tempo você gaste fazendo isso, se em seguida eu lhe pedir que inspecione a imagem mental que você criou e leia para mim os números na placa, você seria forçado a admitir que deixou de fora esse detalhe específico. Ninguém é capaz de imaginar *tudo*, é claro, e seria absurdo sugerir que sim. Todavia, assim como tendemos a tratar os detalhes de eventos futuros que *imaginamos* como se realmente fossem acontecer, temos uma tendência igualmente preocupante de tratar os detalhes de eventos futuros que *não imaginamos* como se *não fossem* acontecer. Em outras palavras, deixamos de levar em conta o papel da imaginação no preenchimento dos detalhes, mas também deixamos de levar em conta o quanto a imaginação deixa de fora.

Para ilustrar esse aspecto, costumo pedir às pessoas que me digam como elas acham que se sentiriam dois anos após a morte repentina de seu filho mais velho. Provavelmente você já deduziu que isso faz de mim uma figura bastante popular nas festas. Eu sei, eu sei — é um exercício horripilante, e não estou pedindo que você o faça. Mas o fato é que, *se* você o fizesse, provavelmente me daria a resposta que quase todo mundo me dá, que é uma variação de *"Porra, você está maluco? Eu ficaria devastado — totalmente devastado. Eu não conseguiria nem sair da cama pela manhã. Acho até que me mataria. Então, quem te convidou pra esta festa?"*. E se a essa altura o interlocutor ainda não entornou o copo de bebida na minha cabeça, geralmente aprofundo um pouco mais a minha investigação e pergunto como ele chegou à sua conclusão. Quais pensamentos ou imagens lhe ocorreram, quais informações levou em consideração? As pessoas costumam me dizer que imaginam o momento em que recebem a notícia, ou imaginam o funeral, ou se imaginam abrindo a porta de um quarto vazio. Contudo, no meu longo histórico de fazer essa pergunta e, assim, me excluir de todos os círculos sociais aos quais um dia pertenci, até hoje nunca ouvi nem uma única pessoa sequer me dizer que, além dessas imagens comoventes e mórbidas, imagina também *as outras coisas* que inevitavelmente aconteceriam nos dois anos seguintes à morte de seu filho. Na verdade, nenhuma pessoa jamais mencionou assistir à apresentação de uma peça teatral escolar protagonizada por outras crianças, ou fazer amor com a esposa, ou comer uma maçã do amor numa noite quente de verão, ou ler um livro, ou escrever um livro, ou andar de bicicleta, ou qualquer uma das muitas outras atividades que na nossa expectativa — e na delas — aconteceriam nesses dois anos. Ora, não estou sugerindo de nenhuma maneira, de forma alguma, de jeito nenhum, que um pedaço de doce pegajoso compensa a perda de um filho. Esse não é o ponto. O que estou sugerindo é que o período de dois anos após um evento trágico deve conter *algo* — isto é, deve ser preenchido com episódios e ocorrências de *algum* tipo, e esses episódios e ocorrências devem ter *algumas* consequências emocionais. Independentemente de essas consequências serem grandes ou pequenas, negativas ou positivas, não se pode responder à minha pergunta com precisão sem levá-las em consideração. Ademais, nenhuma pessoa que conheço jamais imaginou outra coisa senão o evento único e terrível sugerido por minha pergunta. Quando as pessoas imaginam o futuro, há muita coisa faltando, e as coisas que faltam são importantes.

Esse fato foi ilustrado por um estudo em que se pediu a alunos da Universidade da Virgínia que previssem como se sentiriam alguns dias depois de o time de futebol americano de sua universidade ganhar ou perder o jogo seguinte contra a rival Universidade da Carolina do Norte.[11] Antes de os estudantes fazerem essas previsões, os pesquisadores pediram a alguns dos alunos (o grupo dos descritores) que descrevessem os eventos de um dia normal, e a um grupo de alunos (os não descritores) isso não foi pedido. Alguns dias depois, pediu-se aos estudantes que relatassem seu verdadeiro nível de felicidade, e os resultados mostraram que apenas os não descritores haviam superestimado drasticamente o impacto que a vitória ou a derrota teria sobre eles. Por quê? Porque quando os não descritores imaginavam o futuro, tendiam a omitir detalhes sobre as coisas que aconteceriam depois que o jogo acabasse. Por exemplo, não levavam em conta o fato de que, logo depois de seu time perder (o que seria triste), sairiam para se embebedar com os amigos (o que seria adorável), ou que, tão logo o jogo acabasse, e com a vitória de seu time (o que seria ótimo), teriam que ir para a biblioteca e começar a estudar para a prova final de química (o que seria triste). Os não descritores estavam focados em um único aspecto do futuro — o resultado da partida — e não conseguiam imaginar outros aspectos do futuro que influenciariam sua felicidade, a exemplo de festas, bebedeiras e exames finais de química. Os descritores, por outro lado, eram mais exatos em suas previsões precisamente porque eram *forçados* a levar em consideração os detalhes que os não descritores deixavam de fora.[12]

É difícil escapar do foco de nossa própria atenção — difícil avaliar aquilo que talvez não estejamos avaliando —, e essa é uma das razões pelas quais muitas vezes prevemos mal nossas respostas emocionais a eventos futuros. Por exemplo, a maioria dos norte-americanos pode ser classificada de acordo com um de dois tipos: aqueles que vivem na Califórnia e são felizes e aqueles que não vivem na Califórnia, mas acreditam que seriam felizes se lá vivessem. No entanto, as pesquisas mostram que, a bem da verdade, os californianos não são mais felizes do que ninguém — então por que todos (incluindo os californianos) parecem acreditar que são?[13] A Califórnia tem algumas das mais belas paisagens e uma das melhores condições meteorológicas nos Estados Unidos, e quando os não californianos ouvem essa palavra mágica, sua imaginação produz instantaneamente imagens mentais de praias ensolaradas e sequoias gigantes. Contudo, embora Los Angeles tenha um clima melhor do que o de Columbus, Ohio, o clima é apenas uma das muitas coisas que determinam a felicidade de uma pessoa — e, no entanto, todas essas outras coisas estão ausentes da imagem mental. Se adicionássemos alguns desses detalhes faltantes à nossa imagem mental de praias e palmeiras — digamos, trânsito, supermercados, aeroportos, equipes esportivas, tarifas de serviço de TV a cabo, custos de moradia, terremotos, deslizamentos de terra e assim por diante –, então podemos reconhecer que LA bate Columbus em alguns aspectos (clima melhor) e Columbus leva a melhor sobre LA em outros (trânsito menos intenso). Achamos que os californianos são mais felizes do que os ohioanos porque imaginamos a Califórnia com tão poucos detalhes – e não levamos em consideração o fato de que os detalhes que deixamos de imaginar podem alterar drasticamente as conclusões a que chegamos.[14]

A tendência que nos faz superestimar a felicidade dos californianos também nos faz subestimar a felicidade das pessoas com doenças ou deficiências crônicas.[15] Por exemplo, quando pessoas com visão normal imaginam como é ser cego, parecem se esquecer de que a cegueira não é um trabalho de tempo integral. Os cegos não conseguem ver, mas fazem a maioria das coisas que as pessoas com visão normal fazem – vão a piqueniques, pagam seus impostos, ouvem música, ficam presas no trânsito – e, portanto, são tão felizes quanto as que enxergam. Não podem fazer *tudo* o que as pessoas com visão podem fazer; as pessoas com visão não podem fazer *tudo* o que os cegos podem, e, portanto, a vida dos cegos e a das pessoas com visão não são idênticas. Mas seja como for a vida de uma pessoa cega, vai muito além da privação da visão. Ainda assim, quando as pessoas com visão imaginam como é ser cego, não imaginam todas as outras coisas que essa vida poderia incluir; portanto, fazem uma previsão errônea de como essa vida pode ser satisfatória.

NO HORIZONTE DE EVENTOS

Cerca de cinquenta anos atrás, um pigmeu chamado Kenge fez sua primeira incursão para além das densas florestas tropicais da África, adentrando as planícies abertas na companhia de um antropólogo. Búfalos apareceram à distância – pequenas nódoas pretas em contraste com um céu desbotado –, e o pigmeu os observou com curiosidade. Por fim ele se virou para o antropólogo e perguntou que tipo de insetos eram aqueles. "Quando eu disse a Kenge que os insetos eram búfalos, ele caiu na gargalhada e me pediu para não contar mentiras tão estúpidas."[16] O antropólogo não era estúpido e não estava mentindo. Como Kenge vivera toda a sua vida em uma selva densa que não oferecia visão alguma do horizonte, não aprendeu o que a maioria de nós acha normal, isto é, que as coisas parecem diferentes quando estão distantes.

Você e eu não confundimos insetos e grandes mamíferos ruminantes porque estamos acostumados a correr a vista ao longo de vastas extensões e aprendemos desde cedo que as imagens que os objetos formam na nossa retina são menores quando eles estão distantes do que quando estão nas proximidades. Como é que nosso cérebro sabe se uma pequena imagem retiniana está sendo formada por um objeto pequeno que está próximo ou por um objeto grande que está distante? Detalhes, detalhes, detalhes! Nosso cérebro sabe que as superfícies de objetos próximos proporcionam detalhes nítidos que se desfocam e se misturam em um borrão à medida que o objeto se afasta e, portanto, usa o nível de detalhes que conseguimos enxergar para estimar a distância entre nosso olho e o objeto. Se a pequena imagem retiniana for detalhada – podemos ver os pelinhos finos na cabeça de um mosquito e a textura de celofane de suas asas –, nosso cérebro supõe que o objeto está a cerca de três centímetros do nosso olho. Se a pequena imagem retiniana não é detalhada – podemos ver apenas o contorno vago e a forma sem sombras do corpo do búfalo –, nosso cérebro supõe que o objeto está a alguns milhares de metros de distância.

Assim como os objetos que estão próximos de nós no espaço parecem ser mais detalhados do que aqueles que estão distantes, o mesmo ocorre com os eventos que estão próximos de nós no tempo.[17] Enquanto o futuro próximo é primorosamente detalhado, o futuro distante é homogêneo. Por exemplo, quando jovens casais são indagados sobre o que pensam quando imaginam "se casar", os pombinhos que estão a um mês de distância do evento (ou porque vão se casar um mês depois ou porque se casaram um mês antes) imaginam o casamento de uma forma bastante abstrata e vaga, e oferecem descrições de alto nível, como "assumir um compromisso sério" ou "cometer um erro". Mas os casais que se casarão no dia seguinte imaginam os detalhes concretos do casamento, oferecendo descrições como "mandar fazer o álbum de fotos" ou "usar uma roupa especial".[18] Da mesma forma, quando se pede aos voluntários que se imaginem trancando uma porta no dia seguinte, eles descrevem suas imagens mentais com frases detalhadas como "colocar uma chave na fechadura", mas quando se pede aos voluntários que se imaginem trancando uma porta no ano seguinte, descrevem suas imagens mentais com frases vagas como "proteger a casa".[19] Quando pensamos em eventos no passado distante ou no futuro distante, tendemos a pensar em termos abstratos sobre *por que* eles aconteceram ou acontecerão, mas quando pensamos em eventos no passado próximo ou no futuro próximo, tendemos a pensar concretamente sobre *como* aconteceram ou acontecerão.[20]

Ver no tempo é como ver no espaço. Mas há uma diferença importante entre os horizontes espacial e temporal. Quando percebemos um búfalo distante, nosso cérebro está ciente do fato de que o búfalo parece homogêneo, vago e desprovido de detalhes porque está longe, e não conclui equivocadamente que o próprio búfalo é homogêneo e impreciso. Mas quando nos imaginamos ou nos lembramos de um evento distante no tempo, nosso cérebro parece ignorar o fato de que os detalhes desaparecem com a distância temporal, e conclui, em vez disso, que os eventos distantes, na verdade, *são* tão homogêneos e vagos quanto na nossa imaginação e na lembrança que temos deles. Por exemplo, você já se perguntou por que costumava assumir compromissos dos quais se arrependia amargamente quando chegava o momento de cumpri-los? Todos nós fazemos isso, é claro. Concordamos em bancar a babá dos nossos sobrinhos e sobrinhas no mês seguinte, e estamos ansiosos para realizar essa incumbência no momento em que a anotamos na nossa agenda. Quando chega a hora de comprar o McLanche Feliz, montar a casinha da Barbie, esconder o cigarro e ignorar o fato de que as partidas finais da NBA começam daqui a uma hora, ficamos querendo saber o que se passava na nossa cabeça quando topamos essa empreitada de pajear crianças. Bem, aqui está o que se passava na nossa cabeça: quando dissemos "sim", estávamos pensando sobre fazer o papel de babá em termos de *por que* em vez de *como*, em termos de causas e consequências em vez de execução, e deixamos de levar em conta o fato de que o compromisso de tomar conta de crianças desprovido de detalhes que estávamos imaginando não seria o compromisso de tomar conta de crianças carregado de detalhes que no fim das contas tivemos que cumprir. A experiência de ser babá no mês que vem é "um ato de amor", ao passo que a experiência de ser babá agora é "um ato de almoço", e expressar afeto é recompensador do ponto de vista espiritual de uma forma que comprar batatas fritas simplesmente não é.[21]

Talvez não seja surpreendente que os detalhes do trabalho de babá — empreitada que exige nervos de aço —, que ficam tão evidentes para nós à medida que o realizamos, não faziam parte da nossa imagem mental da tarefa de pajear crianças quando a imaginávamos um mês antes, mas o que *é* de fato surpreendente é como ficamos surpresos quando esses detalhes finalmente aparecem. Quando está distante, a tarefa de ser babá tem a mesma uniformidade ilusória de um milharal ao longe,[22] mas, embora todos saibamos que um milharal não é *realmente* homogêneo e que apenas *parece* ter esse aspecto visto a uma grande distância, aparentemente temos apenas uma vaga ciência do mesmo fato quando se trata de eventos que estão distantes no tempo. Quando se pede a voluntários que "imaginem um dia bom", eles formam a imagem mental de uma maior *variedade* de eventos se o dia bom for amanhã do que se o dia bom for um ano depois.[23] Porque um dia bom amanhã é imaginado em uma quantidade considerável de detalhes, e no fim fica claro que é uma mistura irregular de coisas majoritariamente boas ("Vou dormir até tarde, ler o jornal, ir ao cinema e visitar meu melhor amigo") com algumas poucas porções de coisas desagradáveis ("Mas acho também que terei que varrer aquelas malditas folhas da calçada"). Por outro lado, um dia bom um ano depois é imaginado como um insosso purê de episódios felizes. Ademais, quando se pergunta às pessoas sobre até que ponto consideram *realistas* essas imagens mentais do futuro distante e próximo, elas afirmam que o purê sem graça do ano que vem é tão realista quanto o ensopado encaroçado de amanhã. Em certo sentido, somos como pilotos que pousam seu avião e ficam genuinamente perplexos ao descobrir que os milharais que lá de cima pareciam retângulos amarelos lisos são, na verdade, preenchidos com — imagine só — pés de milho! Percepção, imaginação e memória são extraordinárias habilidades que têm muito em comum, mas, em pelo menos um aspecto, a percepção é a mais sábia do trio. Raramente confundimos um búfalo distante com um inseto próximo, mas quando o horizonte é temporal em vez de espacial, tendemos a cometer o mesmo erro que os pigmeus cometem.

O fato de imaginarmos os futuros próximos e distantes com texturas tão diferentes faz com que as valorizemos de forma diferente.[24] A maioria de nós pagaria mais dinheiro para assistir a um espetáculo da Broadway hoje à noite ou comer uma torta de maçã esta tarde do que se o mesmo ingresso e a mesma torta nos fossem entregues no mês que vem. Não há nada de irracional nisso. Atrasos e adiamentos são dolorosos, e faz sentido exigir um desconto se for necessário suportar a demora. Mas estudos mostram que quando as pessoas imaginam a dor de esperar, imaginam que será pior se acontecer em um futuro próximo do que em um futuro distante, e isso leva a certos comportamentos bastante estranhos.[25] Por exemplo, a maioria das pessoas prefere receber vinte dólares daqui a um ano do que dezenove dólares em 364 dias, porque um atraso de um dia que ocorre no *futuro distante* parece (daqui) um inconveniente menor. Por outro lado, a maioria das pessoas prefere receber dezenove dólares hoje do que vinte dólares amanhã, porque um atraso de um dia que ocorre em um *futuro próximo* parece (daqui) ser um tormento insuportável.[26] Qualquer que seja a quantidade de dor acarretada por uma espera de um dia, a dor é certamente a mesma sempre que é sentida; e, ainda assim, as pessoas imaginam que a dor em um futuro próximo é tão severa que elas ficarão felizes em pagar um dólar para evitá-la, mas a seu ver a dor de um futuro distante é tão amena que elas de bom grado aceitarão um dólar para suportá-la.

Por que isso acontece? Os detalhes vívidos do futuro próximo o tornam muito mais palpável do que o futuro distante, portanto nos sentimos mais ansiosos e empolgados quando imaginamos eventos que acontecerão em breve do que quando imaginamos eventos que ocorrerão mais tarde. Na verdade, estudos mostram que as partes do cérebro que são as principais responsáveis pela geração de sensações de empolgação prazerosa se ativam quando as pessoas imaginam receber uma recompensa – dinheiro, por exemplo – em um futuro próximo, mas não quando imaginam receber a mesma recompensa no futuro distante.[27] Se você já comprou uma porção de caixas de biscoitos da escoteira que vende seus produtos na frente da biblioteca municipal, mas pouquíssimas caixas da escoteira que aperta a campainha da sua casa e anota seu pedido para entrega futura, então você mesmo sentiu na pele essa anomalia. Quando espiamos o futuro por meio de nossos antecipômetros, a clareza da próxima hora e a imprecisão do próximo ano podem nos levar a cometer diversos erros.

ADIANTE

Antes de voltar para a Baker Street, Sherlock Holmes, confidenciando com Watson, não resistiu à vontade de se gabar e dar ao inspetor Gregory uma última cutucada:

– Veja o valor da imaginação – disse Holmes. – É a única qualidade que falta a Gregory. Imaginamos o que poderia ter acontecido, agimos de acordo com a suposição e vimos que nossa hipótese se confirmou.[28]

Uma cutucada muito boa, mas não muito justa. O problema do inspetor Gregory não era o fato de que lhe faltava imaginação, mas o fato de que confiava nela. Qualquer cérebro que faça o truque do preenchimento é obrigado a fazer também o truque de deixar de fora e, portanto, os futuros que imaginamos contêm alguns detalhes que nosso cérebro inventou e carecem de alguns detalhes que nosso cérebro ignorou. O problema não é que nosso cérebro preenche e deixa de fora. Deus nos ajude se ele não fizer isso. Não, o problema é que ele faz isso *tão bem* que não temos consciência do que está acontecendo. Assim, tendemos a aceitar os produtos do cérebro de forma acrítica e a esperar que o futuro aconteça com os detalhes – e *apenas* com os detalhes – que o cérebro imaginou. Uma das deficiências da imaginação, então, é que ela toma liberdades sem nos dizer que fez isso. Todavia, se a imaginação pode ser bastante liberal, também pode ser muito conservadora, e essa deficiência tem sua própria história.

Parte IV

Presentismo

presentismo: a tendência da experiência atual de influenciar as noções que a pessoa tem acerca do passado e do futuro.

6. O futuro é agora

Tuas cartas me transportaram para além deste presente néscio, e sinto agora o futuro neste instante.
William Shakespeare, *Macbeth*, Ato I, cena 5

A maioria das bibliotecas de tamanho razoável tem uma estante com tomos futuristas da década de 1950 com títulos como *A era atômica* e *O mundo do amanhã*. E se você folheasse alguns deles, rapidamente perceberia que cada um desses livros diz mais sobre os tempos em que foi escrito do que sobre os tempos que pretendia prever. Vire algumas páginas e você encontrará o desenho de uma dona de casa com um penteado ao estilo da atriz Donna Reed e uma saia poodle esvoaçante, atarantada em sua cozinha atômica e esperando ouvir o som do carro-foguete de seu marido antes de colocar na mesa a caçarola de atum. Vire mais algumas páginas e você verá o esboço de uma cidade moderna sob uma cúpula de vidro, incluindo trens nucleares, carros antigravidade e cidadãos bem-vestidos deslizando suavemente a caminho do trabalho em calçadas-esteiras. Notará também que algumas coisas estão faltando. Os homens não carregam bebês, as mulheres não carregam bolsas, as crianças não têm piercing nas sobrancelhas ou nos mamilos, não há mouses de computador. Não existem skatistas nem mendigos, nem smartphones ou smartdrinks, não há Lycra, látex, Gore-Tex, Amex, FedEx ou Wal-Mart. Além do mais, todas as pessoas de origem africana, asiática e hispânica parecem não ter chegado ao futuro. Na verdade, o que torna esses desenhos tão charmosos é que eles são totalmente equivocados, de um jeito fabuloso e ridículo. Como alguém pode ter pensado que o futuro se pareceria com algum híbrido de *Planeta proibido* e *Papai sabe tudo*?

MAIS DO MESMO

Subestimar a novidade do futuro é uma tradição consagrada pelo tempo. Lord William Thomson Kelvin foi um dos físicos mais clarividentes do século XIX (é por isso que medimos a temperatura em kelvins), mas quando analisou cuidadosamente como seria o mundo do amanhã, concluiu que "máquinas voadoras mais pesadas que o ar são uma impossibilidade".[1] A maioria de seus colegas cientistas concordou. Como escreveu o ilustre astrônomo Simon Newcomb em 1906: "A demonstração de que nenhuma combinação possível de substâncias conhecidas, formas conhecidas de maquinário e formas conhecidas de força pode ser reunida em uma máquina prática, por meio da qual o homem será capaz de percorrer longas distâncias pelo ar, parece ao escritor tão perfeita quanto é possível demonstrar qualquer fato físico".[2]

Até mesmo Wilbur Wright, que provou que Kelvin e Newcomb estavam errados, admitiu que, em 1901, disse a seu irmão que "o homem demoraria mais cinquenta anos para voar".[3] Ele errou por 48. O número de cientistas respeitados e inventores talentosos que declararam que o avião era uma impossibilidade é superado apenas pelo número que disse a mesma coisa sobre viagens espaciais, aparelhos de televisão, fornos de micro-ondas, energia nuclear, transplantes de coração e senadoras. A litania de previsões equivocadas, chutes na trave e profecias desastradas é extensa, mas permita-me pedir-lhe para ignorar por um momento o elevado número desses erros e, em vez disso, observar a semelhança de suas formas. O escritor Arthur C. Clarke formulou o que ficou conhecido como primeira lei de Clarke: "Quando um cientista distinto e experiente diz que algo é possível, é quase certeza que tem razão. Quando diz que algo é impossível, muito provavelmente está errado".[4] Em outras palavras, quando os cientistas fazem previsões erradas, quase *sempre* erram ao prever que o futuro será muito parecido com o presente.

As pessoas comuns são bastante científicas nesse quesito. Já vimos como o cérebro faz amplo uso do truque do preenchimento quando se lembra do passado ou imagina o futuro, e a expressão "preenchimento" sugere a imagem de um buraco (por exemplo, numa parede ou num dente) sendo ocupado com algum tipo de material (argamassa ou prata). Acontece que, quando o cérebro tapa um buraco em sua conceituação de ontem e amanhã, tende a usar um material chamado *hoje*. Tenha em mente a frequência com que isso acontece ao tentarmos nos lembrar do passado. Quando estudantes universitários ouvem discursos persuasivos que comprovadamente alteram suas opiniões políticas, tendem a se lembrar de que sempre tiveram a mesma convicção que têm hoje.[5] Quando os namorados tentam se lembrar do que pensavam sobre seus parceiros amorosos dois meses antes, tendem a se lembrar de que naquela época sentiam a mesma coisa que sentem agora.[6] Quando alunos recebem as notas de uma prova, tendem a se lembrar de que estavam tão preocupados com seu desempenho na véspera do exame quanto estão agora.[7] Quando pacientes são questionados sobre suas dores de cabeça, a quantidade de dor que estão sentindo no momento determina a intensidade da dor que se lembram de ter sentido no dia anterior.[8] Quando se pede a pessoas de meia-idade para se lembrar do que pensavam sobre sexo antes do casamento, seu posicionamento acerca de questões políticas ou a quantidade de álcool que consumiram quando cursavam a faculdade, suas lembranças são influenciadas pelo modo como pensam, sentem e bebem agora.[9] Quando se pergunta a viúvas e viúvos sobre quanta tristeza sentiram quando seu cônjuge morreu cinco anos antes, suas lembranças são influenciadas pela quantidade de dor que sentem atualmente.[10] A lista continua, mas o que é importante notar para nossos propósitos é que em cada um desses casos as pessoas relembram de forma equivocada seu próprio passado, recordando-se de que pensaram, fizeram e disseram outrora o que pensam, fazem e dizem agora.[11]

Essa tendência de preencher os buracos em nossas memórias do passado com material do presente é especialmente potente quando se trata de relembrar nossas emoções. Em 1992, após anunciar em um talk show televisivo exibido em rede nacional que gostaria de viver na Casa Branca, Ross Perot tornou-se da noite para o dia o messias de um eleitorado insatisfeito. Pela primeira vez na história norte-americana aparecia um homem que, sem nunca ter ocupado um cargo público e sem ser o indicado de um grande partido político, tinha chances de ganhar a eleição para o cargo mais poderoso do planeta. Seus apoiadores estavam entusiasmados e otimistas. Entretanto, em 16 de julho de 1992, de forma tão súbita quanto irrompeu na cena, Perot retirou-se da disputa, citando vagas preocupações sobre os "truques sujos" da política que poderiam arruinar o casamento de sua filha. Seus correligionários ficaram arrasados. Então, em outubro do mesmo ano, Perot mudou de ideia de novo e voltou a entrar na corrida eleitoral, que ele acabou perdendo no mês seguinte. Entre o surpreendente anúncio inicial de Perot, sua desistência ainda mais surpreendente, sua reentrada em cena inacreditavelmente surpreendente e sua derrota nada surpreendente, seus apoiadores vivenciaram uma variedade de emoções intensas. Felizmente, havia um pesquisador disponível para medir essas reações emocionais em julho, depois que Perot se retirou da disputa, e novamente em novembro, após sua derrota.[12] O pesquisador também pediu a voluntários em novembro que relembrassem como se sentiram em julho, e as descobertas foram impressionantes. Na lembrança dos que permaneceram leais a Perot durante toda a gangorra de reviravoltas e vaivéns, eles tinham ficado menos tristes e zangados quando ele retirou o time de campo em julho do que realmente aconteceu, ao passo que aqueles que o abandonaram quando ele desistiu da disputa lembraram-se de ter ficado menos esperançosos do que de fato ficaram. Em outras palavras, os apoiadores de Perot tinham uma lembrança errônea acerca de seus sentimentos pelo candidato meses antes, em comparação com que o sentiam em relação a ele agora.

Presentismo no futuro

Se o passado é uma parede com alguns buracos, o futuro é um buraco sem paredes. A memória *usa* o truque do preenchimento, mas a imaginação *é* o truque do preenchimento, e se o presente dá um leve colorido a nosso passado lembrado, inspira completamente nossos futuros imaginados. Em termos mais simples, a maioria de nós tem dificuldade de imaginar um amanhã que seja tremendamente diferente de hoje e acha bastante difícil imaginar que algum dia vai pensar, querer ou sentir de forma diferente do que ocorre agora.[13] Adolescentes fazem tatuagens porque têm certeza de que A MORTE É UM

BARATO sempre será um lema atraente; mães jovens abandonam a promissora carreira jurídica porque estão confiantes de que ficar em casa com os filhos pequenos sempre será um trabalho gratificante, e os fumantes que acabaram de apagar mais uma guimba têm a certeza pelo menos por cinco minutos de que podem facilmente abandonar o tabagismo e que sua resolução não perderá força com doses de nicotina em sua corrente sanguínea. Psicólogos não são melhores do que adolescentes, fumantes e mães. Ainda me lembro de um Dia de Ação de Graças (bem, na verdade, a maioria dos feriados de Ação de Graças) em que comi tanto que apenas quando engoli meu último pedaço de torta de abóbora é que percebi que minha respiração estava superficial e penosa, porque meus pulmões não tinham mais espaço para se expandir. Cambaleei até a sala de estar, desabei no sofá e, enquanto entrei em um misericordioso coma de triptofano, ouviram-me proferir o seguinte vaticínio: "Nunca mais na vida vou comer". Contudo, é claro, comi de novo — possivelmente naquela mesma noite, com certeza nas 24 horas seguintes, e é provável que tenham sido as sobras do peru. Acho que eu sabia que minha promessa solene era absurda, inclusive no próprio momento em que a fiz, e, ainda assim, alguma parte de mim parecia sinceramente acreditar que mastigar e engolir eram hábitos desagradáveis a que eu poderia renunciar com a maior facilidade, apenas porque a massa entorpecida que deslizava por uma trilha sinuosa através do meu trato digestivo na velocidade aproximada da deriva continental supriria todas as minhas necessidades nutricionais, intelectuais e espirituais para todo o sempre.

Sinto uma vergonha tremenda desse incidente, por vários aspectos. Em primeiro lugar, comi feito um porco. Em segundo lugar, embora eu já tivesse comido feito um porco em ocasiões anteriores e, portanto, já deveria saber por experiência que os porcos sempre voltam ao cocho, realmente pensei que *dessa vez* passaria dias, talvez semanas sem comer, talvez não comesse nunca mais. Eu me consolo com o fato de que outros porcos parecem suscetíveis exatamente à mesma ilusão. Pesquisas em laboratórios e supermercados demonstraram que quando as pessoas que acabaram de comer tentam decidir o que vão querer comer na semana seguinte, subestimam de forma confiável a extensão de seus apetites futuros.[14] Não é que os milk-shakes grossos de tão cremosos, os sanduíches de salada de frango e a salsicha empanada com pimenta jalapeño que as pessoas abocanharam, sonoramente mastigaram e devoraram pouco tempo antes tenham diminuído temporariamente sua inteligência. Em vez disso, essas pessoas apenas têm dificuldade para se imaginar com fome quando estão cheias e, portanto, não encontram forças para se precaver de forma adequada em preparação para o inevitável retorno da fome. Quando vamos às compras depois de um café da manhã com ovos, waffles e bacon, compramos poucos mantimentos; mais tarde, quando a vontade de saborear uma porção dupla de sorvete de coco com pedaços de chocolate faz sua visita noturna habitual, nos amaldiçoamos por termos sido frugais nas compras.

O que é verdade para estômagos saciados também vale para mentes saciadas. Em um estudo, pesquisadores desafiaram alguns voluntários a responder a cinco questões de geografia e lhes informaram que, depois de darem seu palpite mais caprichado, receberiam uma de duas recompensas: ou ficariam sabendo as respostas corretas e assim descobririam se tinham acertado ou errado, ou receberiam uma barra de chocolate, mas nunca seriam informados das respostas.[15] Alguns voluntários escolheram sua recompensa *antes* de responder ao questionário de geografia, e alguns voluntários escolheram sua recompensa somente *depois* do teste. Como era de esperar, as pessoas preferiram a barra de chocolate antes de responder ao questionário, mas preferiram saber as respostas depois de responder ao questionário. Em outras palavras, responder ao questionário deixava as pessoas tão curiosas que elas valorizaram mais as respostas do que uma deliciosa barra de chocolate. Mas as pessoas sabem que isso vai acontecer? Quando se pediu a voluntários de outro grupo que *previssem* qual recompensa escolheriam antes e depois de responder ao questionário, eles previram que escolheriam a barra de chocolate em ambos os casos. Esses voluntários — que na verdade não tinham *vivenciado a experiência* de intensa curiosidade que o questionário suscitava — simplesmente não conseguiram imaginar a possibilidade de abrir mão de um prazeroso chocolate em troca de alguns fatos enfadonhos sobre cidades e rios. Essa descoberta traz à mente aquela maravilhosa cena de um filme de 1967, *O diabo é meu sócio*, em que o anjo das trevas passa seus dias em livrarias arrancando as últimas páginas dos romances policiais. Talvez você não considere esse ato tão maligno assim a ponto de merecer a atenção pessoal de Lúcifer, mas quem chega ao final de um bom romance policial apenas para descobrir que está faltando o desfecho do mistério entende por que há pessoas que estariam dispostas a trocar de bom grado sua alma imortal para saber o desenlace da trama. A curiosidade é um desejo poderoso, mas quando a pessoa não está diretamente envolvida de corpo e alma nessa sensação, é difícil imaginar com que força e ímpeto ela pode impulsionar alguém.

Esses problemas relativos à previsão de nossas fomes — sejam gustativas, sexuais, emocionais, sociais ou intelectuais — são todos muito conhecidos. Mas por quê? Por que com tanta facilidade a imaginação humana é submetida a essa lição de humildade? Afinal, é a mesma imaginação que produziu viagens espaciais, terapia genética, a teoria da relatividade e os hilários esquetes do grupo de comédia Monty Python. Até mesmo o menos imaginativo de nós seria capaz de imaginar coisas tão amalucadas e bizarras que nossa mãe lavaria nossa mente com sabão se soubesse o que acontece dentro dela. Podemos imaginar ser eleitos para o Congresso, ser lançados de um helicóptero, pintados de roxo e enrolados em amêndoas. Podemos imaginar a vida numa plantação de bananas e no interior de um submarino. Podemos imaginar ser escravos, guerreiros, xerifes, canibais, cortesãos, mergulhadores e coletores de impostos. E ainda assim, por algum motivo, quando nossa barriga está entupida com purê de batata e molho de cranberry, não somos capazes de imaginar *estar com fome*? Como assim?

PRÉ-ESTREIA DO SENTIMENTO

A resposta para essa pergunta nos leva ao âmago da imaginação propriamente dita. Quando imaginamos objetos — por exemplo, pinguins, pedalinhos ou dispensadores de fita adesiva —, a maioria de nós tem a experiência de realmente *ver* em nossa mente uma imagem um tanto superficial do objeto. Se eu perguntar a você se as nadadeiras de um pinguim são mais compridas ou mais curtas que os pés, você provavelmente teria a sensação de evocar uma imagem mental do nada etéreo e então "olhar" para ela a fim de determinar a resposta. Você teria a sensação de que a imagem de um pinguim simplesmente surgiu na sua cabeça porque você quis, e em seguida teria a sensação de encarar por um momento as nadadeiras, olhando para baixo e verificando os pés, olhando de novo para as nadadeiras, e por fim me daria uma resposta. O que você fez seria muito parecido com o ato de ver porque, de fato, é ver. A região do seu cérebro que normalmente é ativada quando você enxerga objetos com seus olhos — uma área sensorial chamada córtex visual — também é ativada quando você inspeciona imagens mentais com a imaginação, o olho da mente.[16] O mesmo se aplica a outros sentidos. Por exemplo, se eu lhe perguntasse qual das sílabas de "Parabéns pra você" é cantada em tom mais alto e intenso, você provavelmente tocaria a melodia em sua imaginação e, em seguida, a "ouviria" para determinar as variações de altura. Novamente, essa sensação de "ouvir com o ouvido da mente" não é apenas uma figura de linguagem (especialmente porque na verdade ninguém diz isso). Quando as pessoas imaginam sons, mostram ativação em uma área sensorial do cérebro chamada córtex auditivo, que normalmente é acionado apenas quando ouvimos sons reais com nossos ouvidos.[17]

Essas descobertas nos dizem algo importante sobre como o cérebro imagina, isto é, que mobiliza o apoio de suas áreas sensoriais quando quer imaginar as características sensíveis do mundo. Se quisermos saber qual é o aspecto de um objeto específico quando o objeto não está parado na nossa frente, enviamos informações sobre o objeto desde nossa memória para nosso córtex visual, e temos a experiência de uma imagem mental. Da mesma forma, se quisermos saber qual é a sonoridade de uma melodia quando não está tocando no rádio, enviamos informações sobre o objeto desde a nossa memória para nosso córtex auditivo, e temos a experiência de um som mental. Como os pinguins vivem na Antártica e "Parabéns pra você" é cantada apenas em aniversários, nenhuma dessas coisas geralmente está lá quando queremos inspecioná-las. Quando nossos olhos e ouvidos não alimentam os córtices visual e auditivo com as informações que eles exigem para responder às perguntas que nos são feitas, solicitamos que as informações sejam enviadas a partir da memória, o que nos permite dar uma olhada falsa e escutar de mentira. Uma vez que nosso cérebro é capaz de fazer esse truque, somos capazes de descobrir coisas sobre canções (a nota mais alta ocorre em *FElicidades*) e aves (as nadadeiras são mais compridas que os pés), mesmo quando estamos sozinhos dentro de um armário.

Usar as áreas visual e auditiva para executar atos de imaginação é uma obra de engenharia verdadeiramente genial, e a evolução merece o prêmio Microsoft Windows por instalar essa capacidade em cada um de nós sem pedir permissão. Mas o que é que os atos de ver e ouvir têm a ver com glutões do feriado de Ação de Graças como nós — bem, pelo menos como eu? No fim fica claro que os processos imaginativos que nos permitem descobrir a aparência de um pinguim mesmo quando estamos trancados dentro de um armário são os mesmos processos que nos permitem descobrir como será o

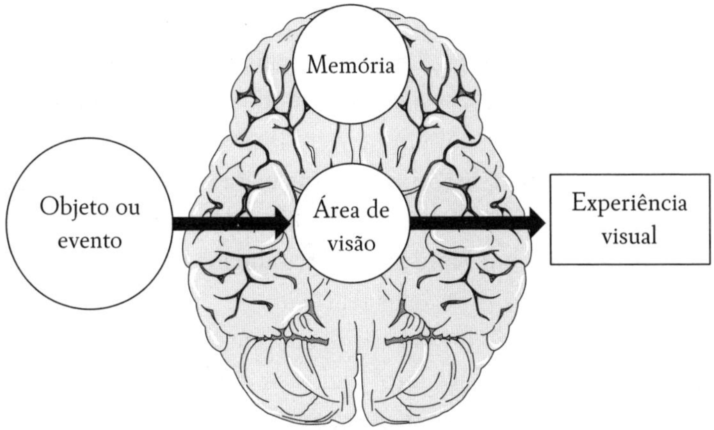

Figura 10. *A percepção visual (acima) obtém informações de objetos e eventos no mundo, enquanto a imaginação visual (abaixo) obtém informações da memória.*

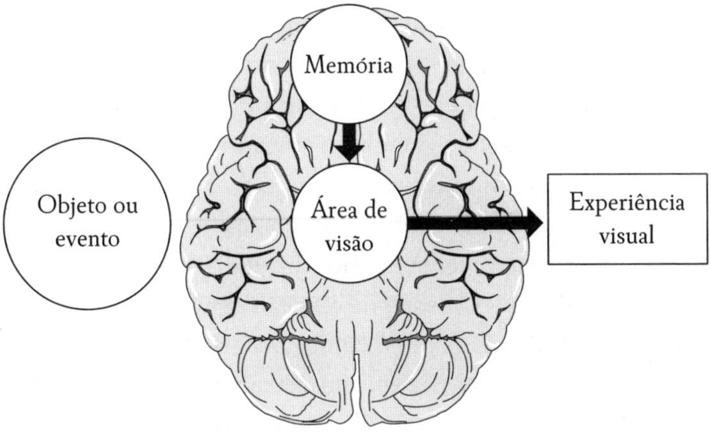

futuro mesmo quando estamos trancados no presente. No momento em que alguém lhe pergunta até que ponto você gostaria de encontrar seu parceiro ou parceira na cama com o *carteiro*, você *sente* algo. Provavelmente algo não muito bom. Assim como você gera a imagem mental de um pinguim e em seguida a inspeciona visualmente para responder a perguntas sobre nadadeiras, gera também a imagem mental de uma infidelidade e em seguida reage emocionalmente a ela para responder a perguntas sobre seus sentimentos futuros.[18] As áreas do seu cérebro que respondem emocionalmente a eventos reais reagem emocionalmente a eventos imaginários também, e é por isso que suas pupilas se dilataram e sua pressão arterial teve um pico quando pedi que que você imaginasse esse caso de entrega especial.[19] Trata-se de um método inteligente para prever sentimentos futuros, porque o modo como nos sentimos ao imaginarmos um evento é em geral um bom indicador de como nos sentiremos quando o evento em si ocorrer. Se as imagens mentais de respiração acelerada e malas postais balançando induzem pontadas de ciúme e ondas de raiva, então devemos esperar com rapidez e confiabilidade ainda maiores que uma infidelidade real suscitará as mesmas reações.

Não é preciso um episódio tão carregado em termos emocionais como a infidelidade para ilustrar esse fato. Todos os dias dizemos coisas como "a ideia de comer pizza é música para os meus ouvidos", e apesar do significado literal desse enunciado, não estamos comentando as propriedades acústicas da muçarela. Em vez disso, estamos dizendo que quando imaginamos comer pizza, temos uma sensação pequena e prazerosa, e que interpretamos essa sensação como um indicador da sensação ainda mais intensa e mais prazerosa que vivenciaríamos se pudéssemos simplesmente tirar a pizza da nossa imaginação para dentro da nossa boca. Quando um anfitrião chinês nos oferece um aperitivo de aranha salteada ou gafanhoto crocante, não precisamos mastigar o acepipe para saber o quanto teríamos detestado a experiência real, porque o mero pensamento de comer insetos leva a maioria dos ocidentais a estremecer de nojo, e esse estremecimento nos diz que a coisa real provavelmente induz náusea generalizada. O cerne da questão aqui é que em geral não nos sentamos com uma folha de papel e começamos a elaborar uma lista lógica dos prós e contras dos eventos futuros que estamos levando em consideração, mas analisamos esses eventos simulando-os em nossa imaginação e em seguida observando nossas reações emocionais a essas simulações. Assim como a imaginação *prevê* (ou seja, visualiza com antecedência) os objetos, também *pressente* (sente de antemão) os eventos.[20]

O poder de sentir de antemão

Muitas vezes, sentir de antemão nos permite ver de antemão nossas emoções de uma forma mais eficaz do que o pensamento lógico é capaz de fazer. Em um estudo, os pesquisadores ofereceram a voluntários a opção de escolher entre a reprodução de uma pintura impressionista ou um pôster engraçado

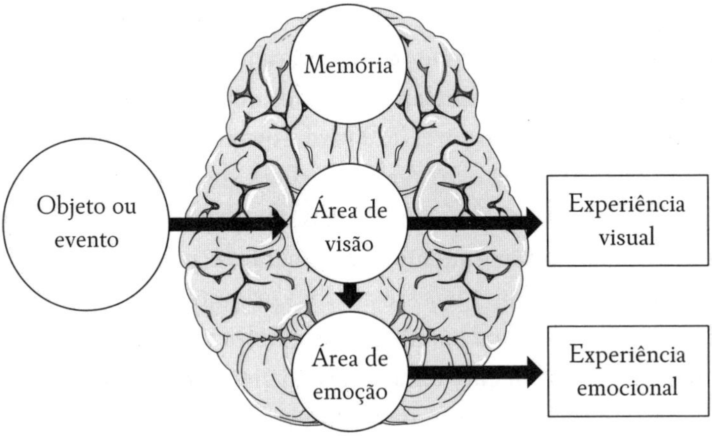

Figura 11. *Tanto o sentimento (acima) quanto o pressentimento (abaixo) obtêm informações da área de visão, mas a área de visão obtém informações de diferentes fontes.*

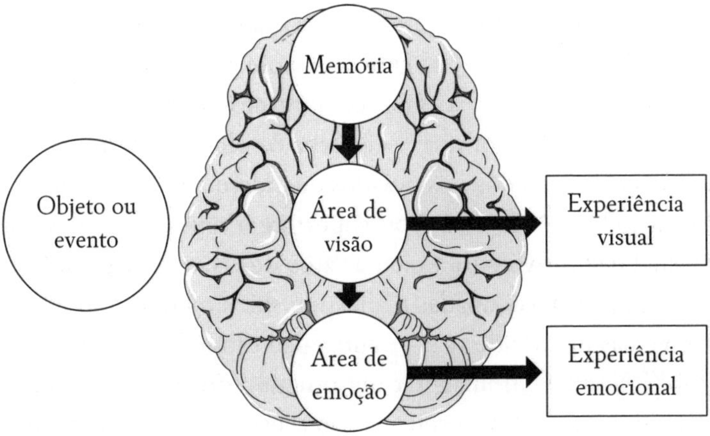

de um gato de desenho animado.[21] Antes de fazer sua escolha, alguns voluntários foram convidados a pensar logicamente sobre que motivos os levavam a pensar que poderiam gostar ou não de cada um dos cartazes (os pensadores), enquanto outros foram incentivados a fazer sua escolha rapidamente e "com base no instinto" (os não pensadores). Orientadores vocacionais e consultores financeiros sempre nos dizem que devemos refletir muito se quisermos tomar decisões sensatas, mas quando mais tarde os pesquisadores ligaram para os voluntários e perguntaram o quanto tinham gostado de seus novos objetos de arte, os pensadores eram os menos satisfeitos. Em vez de escolher o pôster que lhes propiciou um sentimento de felicidade quando imaginaram pendurá-lo na parede de sua casa, os pensadores ignoraram seus sentimentos prévios e escolheram cartazes que tinham as qualidades que um orientador vocacional ou consultor financeiro aprovaria ("O verde-oliva no Monet pode entrar em conflito com as cortinas, já o pôster do Garfield sinalizará para as visitas que tenho um cintilante senso de humor"). Os não pensadores, por outro lado, confiaram em seus pressentimentos: imaginaram o pôster na parede de sua casa, notaram o sentimento que esse ato lhes proporcionou e supuseram que se imaginar o pôster em sua parede causava neles uma boa sensação, então, vê-lo na parede provavelmente teria o mesmo efeito. E estavam certos. Sentir de antemão permitiu que os não pensadores previssem sua satisfação futura com um grau de precisão maior do que o dos pensadores. Na verdade, quando as pessoas são impedidas de sentir emoção no presente, tornam-se temporariamente incapazes de prever como se sentirão no futuro.[22]

Entretanto, o sentimento de antemão tem limites. A maneira como nos sentimos ao imaginarmos algo nem *sempre* é um bom guia de como nos sentiremos quando virmos, ouvirmos, vestirmos, comprarmos, dirigirmos, comermos ou beijarmos. Por exemplo, por que você fecha os olhos quando quer visualizar um objeto ou enfia os dedos nos ouvidos quando quer se lembrar da melodia de certa canção? Você faz essas coisas porque o seu cérebro deve usar seus córtices visual e auditivo para executar atos de visão e imaginação auditiva, e se essas áreas já estão ocupadas realizando sua tarefa primordial — ou seja, ver e ouvir coisas no mundo real —, então não estão disponíveis para atos de imaginação.[23] Não é fácil imaginar um pinguim quando você está ocupado inspecionando um avestruz, porque a visão já está usando as partes do cérebro de que a imaginação precisa. Melhor dizendo, quando pedimos ao nosso cérebro que olhe para um objeto real e um objeto imaginário ao mesmo tempo, ele normalmente atende ao primeiro pedido e recusa o segundo. O cérebro considera a percepção da realidade sua obrigação principal, portanto, seu pedido para tomar emprestado o córtex visual por um momento é expressa e sumariamente negado. Se o cérebro não tivesse essa diretriz da "realidade em primeiro lugar", você furaria o sinal vermelho toda vez que por acaso estivesse pensando em um sinal verde. A diretriz que torna difícil imaginar pinguins quando olhamos para avestruzes também torna difícil imaginar a luxúria quando estamos sentindo nojo, afeto quando estamos sentindo raiva, ou fome quando estamos nos sentindo saciados. Se um amigo destruísse o carro novinho em folha que você acabou de tirar da concessionária e em seguida apresentasse um pedido de desculpas oferecendo-se para levar você a uma partida de beisebol na semana seguinte, seu cérebro estaria ocupado demais reagindo ao acidente de carro para simular sua resposta emocional ao convite. Eventos futuros podem solicitar acesso às áreas emocionais de nosso cérebro, mas os eventos atuais quase sempre têm a preferência.

Os limites do pressentimento

Não somos capazes de ver ou sentir duas coisas ao mesmo tempo, e o cérebro tem prioridades estritas sobre o que vai ver, ouvir e sentir e sobre o que vai ignorar. As solicitações da imaginação são negadas com frequência. Ambos os sistemas sensoriais e emocionais reforçam essa linha de ação, e, ainda assim, parece que reconhecemos quando os sistemas sensoriais estão rejeitando os pedidos da imaginação, mas não conseguem reconhecer quando o sistema emocional faz o mesmo. Por exemplo, se tentarmos imaginar um pinguim enquanto estivermos olhando para um avestruz, isso não será permitido pela diretriz do cérebro. Entendemos isso e, portanto, nunca ficamos confusos e concluímos erroneamente que o grande pássaro de pescoço comprido que estamos vendo agora é, de fato, o pinguim que estávamos tentando imaginar. A experiência visual que resulta de um fluxo de informações que se origina no mundo é chamada de *visão*; a experiência visual que resulta de um fluxo de informações que se origina na memória é chamada de *imagens mentais*; e embora ambos os tipos de experiências sejam produzidos no córtex visual, é necessário ingerir uma grande quantidade de vodca para embaralhá-los.[24] Uma das principais características de uma experiência visual é que quase sempre podemos dizer se ela é o produto de um objeto real ou imaginário. Mas o mesmo não ocorre com a experiência emocional. A experiência emocional que resulta de um fluxo de informações que se origina no mundo é chamada de *sentimento*; a experiência emocional que resulta de um fluxo de informações que se origina na memória é chamada de *pressentimento*; e confundir sentimento com sentimento de antemão é um dos esportes mais populares.

Por exemplo, em um estudo, pesquisadores telefonaram para pessoas em diferentes partes do país e lhes perguntaram o quanto estavam satisfeitos com a vida.[25] As pessoas que viviam em cidades nas quais por acaso no dia da pesquisa o clima estava agradável refletiram sobre sua vida e disseram se sentir relativamente felizes; por outro lado, as pessoas que viviam em cidades com mau tempo no dia da pesquisa alegaram se sentir relativamente infelizes. Essas pessoas tentaram responder à pergunta do pesquisador imaginando a própria vida e em seguida se perguntando como se sentiram ao fazer essa reflexão. O cérebro delas impôs a diretriz da "realidade em primeiro lugar" e insistiu em reagir ao clima real em vez de vidas imaginárias. Mas, aparentemente, essas pessoas não *sabiam* que seu cérebro estava fazendo isso e, portanto, confundiram os sentimentos induzidos pela realidade com pressentimentos induzidos pela imaginação.

Em um estudo correlato, pesquisadores pediram às pessoas que se exercitavam em uma academia de musculação local que previssem como se sentiriam se por acaso se perdessem durante uma caminhada e tivessem que passar a noite na floresta, sem comida nem água.[26] Especificamente, foram convidadas a prever o que seria mais desagradável, se sua fome ou sua sede. Algumas pessoas fizeram essa previsão logo depois de terem se exercitado em uma esteira (o grupo com sede), e algumas fizeram a previsão antes de se exercitarem em uma esteira o (grupo sem sede). Os resultados mostraram que 92% das pessoas no grupo com sede previram que se estivessem perdidas na floresta, a sede seria mais desagradável do que a fome, mas apenas 61% das pessoas no grupo sem sede fizeram essa previsão. Aparentemente, as pessoas sedentas tentaram responder à pergunta do pesquisador imaginando-se perdidas na floresta sem comida e sem água e depois perguntando a si mesmas como se sentiram ao imaginar isso. Mas seu cérebro reforçou a diretriz da "realidade em primeiro lugar" e insistiu em reagir ao treinamento real em vez da caminhada imaginária. Como essas pessoas não *sabiam* que seu cérebro estava fazendo isso, embaralharam seus sentimentos e pressentimentos.

Você provavelmente já se viu em dilema semelhante. Teve um dia horrível — o gato fez xixi no tapete, o cachorro fez xixi no gato, a máquina de lavar está quebrada, aquele programa de TV que exibe luta livre de que você tanto gosta foi substituído por peças de teatro clássico —, e você naturalmente se sente mal. Se nesse momento você tentar imaginar o quanto gostaria de jogar cartas com seus amigos na noite seguinte, pode acabar erroneamente atribuindo sentimentos que se devem ao mau comportamento de seus animais de estimação reais e de seus equipamentos domésticos reais ("Estou irritado") a seus amigos imaginários ("Acho que não vou, porque o Nick vive me enchendo o saco"). Na verdade, uma das características marcantes da depressão é que quando pessoas deprimidas pensam sobre eventos futuros, não conseguem se imaginar gostando muito deles.[27] *Férias? Um programa romântico? Uma noitada de farra? Não, obrigado, vou apenas ficar aqui sentado no escuro.* Os amigos se cansam de ver a pessoa deprimida afundada no maior baixo-astral, arrancando os cabelos de tristeza, e dizem que isso também vai passar, que sempre é mais escuro antes de amanhecer, que cada um tem sua hora e sua vez, que um dia é da caça e outro do caçador, e vários outros importantes clichês. Mas, do ponto de vista da pessoa deprimida, arrancar os cabelos de tristeza faz perfeito sentido, porque quando ela imagina o futuro, tem dificuldade para se sentir feliz hoje e, portanto, acha difícil acreditar que se sentirá feliz amanhã.

Ninguém é capaz de se sentir bem com relação a um futuro imaginário quando está ocupado sentindo-se péssimo por conta de um presente real. Porém, em vez de reconhecer que esse é o resultado inevitável da diretriz da "realidade em primeiro lugar", supomos erroneamente que o evento futuro é a *causa* da infelicidade que sentimos quando pensamos sobre ele. Nossa confusão parece terrivelmente óbvia para aqueles que estão do lado de fora, dizendo coisas como "Você está se sentindo mal agora porque seu pai se embebedou e despencou da varanda, sua mãe foi para a cadeia por ter agredido seu pai, e sua picape, por falta de pagamento, foi retomada pelo banco, mas tudo será diferente na semana que vem e você realmente vai desejar ter aceitado o convite para ir conosco à ópera hoje à noite". Em algum nível reconhecemos que nossos amigos provavelmente estão certos. No entanto, quando tentamos ignorar, deixar passar, não perceber ou não tomar conhecimento de nosso estado sombrio atual e fazer uma previsão sobre como nos sentiremos amanhã, descobrimos que isso é muito parecido com tentar imaginar o gosto do marshmallow enquanto mastigamos bife de fígado.[28] É a coisa mais natural do mundo imaginar o futuro e, em seguida, avaliar como isso nos faz sentir, mas, porque nosso cérebro está firmemente determinado a responder aos eventos atuais, concluímos de forma equivocada que nosso estado de ânimo de amanhã será o mesmo de hoje.

Esperei muito, muito tempo para mostrar a alguém este cartum (figura 12), que recortei de um jornal em 1983 e desde então mantive colado a um ou outro quadro de avisos. Nunca deixa de me encantar. A esponja está sendo instigada a imaginar sem limites — a visualizar o que ela poderia ser se todo o universo de possibilidades estivesse aberto para ela —, e a coisa mais exótica que ela consegue imaginar tornar-se é um artrópode. O cartunista não está tirando sarro das esponjas, é claro; está tirando sarro de nós. Cada um de nós está preso a um lugar, a um tempo e a uma circunstância, e nossas tentativas de usar nossa mente para transcender esses limites são, na maioria das vezes, ineficazes. Feito esponjas, julgamos que estamos pensando "fora da caixa" apenas porque não conseguimos ver o tamanho da caixa. A imaginação não consegue transcender facilmente os limites do presente, e uma razão para isso é que ela deve tomar emprestado um maquinário que é de propriedade da percepção. O fato de que esses dois processos devem ser executados na mesma plataforma significa que às vezes ficamos confusos sobre qual deles está sendo executado. Supomos que o que sentimos ao imaginar o futuro é o que sentiremos quando chegarmos lá, mas, na verdade, o que sentimos ao imaginar o futuro é quase sempre uma resposta ao que está acontecendo no presente. O acordo de tempo compartilhado entre percepção e imaginação é uma das causas do presentismo, mas não a única. Então, se o metrô ainda não chegou à sua estação, se você ainda não está suficientemente com sono para apagar a luz e dormir, ou se os funcionários da cafeteria ainda não estão olhando para você de cara feia enquanto pegam os esfregões, vamos investigar outra causa.

Figura 12.

7. Bombas-relógio

Deixa que te coma com meus beijos, esfomeados em meio à abundância, mas sem saciar teus lábios, de modo que, variegando, passem do rubro ao palor: que dez beijos durem um e que um, breve, dure vinte, furta-cor; que um dia de estio se desvaneça em uma hora, dissipados ambos nessa porfia que ao tempo ignora.

William Shakespeare, *Vênus e Adônis*

Ninguém jamais testemunhou a passagem de um motorhome voador, mas todo mundo testemunha a passagem do tempo. Então, por que é tão mais fácil imaginar a primeira situação do que a última? Porque, por mais improvável que seja pensar que um veículo recreativo pesando mais de uma tonelada possa atingir impulso suficiente para alçar voo, uma motocasa voadora pelo menos se pareceria com *algo*, e assim não temos problemas para produzir uma imagem mental de uma. Nosso extraordinário talento para criar imagens mentais de objetos concretos é uma das razões pelas quais funcionamos com tanta eficácia no mundo físico.[1] Se você imaginar uma toranja em cima de uma caixa arredondada de aveia e depois imaginar que está inclinando a caixa, poderá visualizar a toranja enquanto ela cai e poderá vê-la caindo em sua direção quando inclinar a caixa rapidamente, mas que cairá para longe quando você inclinar a caixa lentamente. Esses atos de imaginação lhe permitem raciocinar sobre as coisas que está imaginando e, portanto, resolver problemas no mundo real, tais como fazer uma toranja cair no seu colo quando realmente precisar de uma. Mas o tempo não é uma toranja. Não tem cor, formato, tamanho ou textura. Não pode ser cutucado, descascado, espetado, empurrado, pintado ou perfurado. O tempo não é um objeto, mas uma abstração, portanto não se presta a imagens, razão pela qual os cineastas são obrigados a representar a passagem do tempo com dispositivos que envolvem objetos visíveis, como folhas de calendário soprando no vento ou ponteiros de relógio girando em alta velocidade. Ainda assim, prever nosso futuro emocional requer que pensemos em, sobre e através de porções de tempo. Se não somos capazes de criar uma imagem mental de um conceito abstrato como o tempo, então como pensamos e raciocinamos sobre ele?

PENSAMENTO ESPACIAL

Quando as pessoas precisam raciocinar sobre algo abstrato, tendem a imaginar algo concreto com o qual a coisa abstrata *se parece* e, a partir daí, em vez disso raciocinam sobre a coisa concreta.[2] Para a maioria de nós, o *espaço* é a coisa concreta com a qual o *tempo* se parece.[3] Estudos revelam que no mundo todo as pessoas imaginam o tempo como se fosse uma dimensão espacial, e é por isso que dizemos que o passado está *atrás* de nós e o futuro está *à frente* de nós, que estamos nos *movendo em direção* à nossa velhice e *olhando para trás* para a nossa infância, e que os dias *passam por nós* da mesma forma que um motorhome voador poderia passar. Pensamos e falamos como se estivéssemos realmente nos *afastando* de um ontem que está localizado *lá* e *rumo* a um amanhã que está localizado no sentido oposto a 180 graus. Quando traçamos uma linha do tempo, aqueles de nós que falam inglês colocam o passado à esquerda, aqueles de nós que falam árabe colocam o passado à direita,[4] e aqueles de nós que falam mandarim colocam o passado embaixo.[5] Mas, independentemente de qual seja a nossa língua nativa, todos colocamos o passado *em algum lugar* — e o futuro *em outro lugar*. Na verdade, quando queremos resolver um problema que envolve tempo — por exemplo: "Se tomei café da manhã antes de passear com o cachorro, mas depois de ler o jornal, o que eu fiz primeiro?" —, a maioria de nós imagina colocar três objetos (café da manhã, cachorro, jornal) em uma linha ordenada e em seguida verificar qual está mais à esquerda (ou à direita, ou embaixo, dependendo do nosso idioma). Raciocinar por meio de metáforas é uma técnica engenhosa que nos permite amenizar nossas fraquezas, capitalizando nossos pontos fortes – usando coisas que podemos visualizar para pensar, falar e raciocinar sobre coisas que não podemos.

Infelizmente, as metáforas podem enganar e iluminar em igual medida, e nossa tendência de imaginar o tempo como uma dimensão espacial faz ambas as coisas. Por exemplo, imagine que você e uma amiga conseguiram uma mesa em um novo e chique restaurante cuja lista de espera é de três meses, e que depois de navegar pelo cardápio vocês descobriram que ambos querem pedir a perdiz em crosta de raiz-forte. Ora, cada um de vocês é dotado de uma dose suficiente de etiqueta e boas maneiras para reconhecer que pedir pratos idênticos em um bom restaurante é mais ou menos equivalente a usar uma tiara com orelhinhas de rato no salão de jantar principal, então vocês decidem que um pedirá a perdiz, o outro pedirá o gumbo de veado, e aí vocês poderão compartilhar os pratos com uma baita elegância. Vocês fazem isso não apenas para evitar serem confundidos com turistas, mas também porque acreditam que a variedade é o tempero da vida. Há pouquíssimas homilias envolvendo especiarias, e esta é a melhor que existe. Na verdade, se medíssemos o seu prazer após a refeição, provavelmente constataríamos que você e sua amiga estão mais felizes com o arranjo de compartilhamento dos pratos do que se ambos tivessem pedido a perdiz.

Mas algo estranho acontece quando estendemos esse problema no tempo. Imagine que o maître fica tão impressionado com seu sofisticado visual que convida você (mas, infelizmente, não a sua amiga, que realmente poderia caprichar mais na aparência) para voltar na primeira segunda-feira de cada mês ao longo do ano seguinte para desfrutar de uma refeição grátis na melhor mesa da casa. Como volta e meia a cozinha fica sem ingredientes, o maître pede que você decida na mesma hora o que gostaria de comer em cada uma de suas futuras visitas, de modo que ele possa estar totalmente preparado para mimá-lo no estilo ao qual você está rapidamente se acostumando. Você folheia o menu. Você odeia coelho, comer vitela é politicamente incorreto, você é apático em relação a lasanha vegetariana, e enquanto examina a lista, decide que existem apenas quatro pratos que chamam a atenção de seu paladar, que a essa altura está ficando cada vez mais exigente: a perdiz, o gumbo de veado, o besugo grelhado com ervas e o risoto de frutos do mar salpicado de açafrão. A perdiz é claramente a sua preferida, e você é tentado a encomendar uma dúzia delas.

Mas isso seria uma gafe tão grosseira, tão deselegante, e, além do mais, você perderia o tempero da vida. Então você pede ao maître que prepare a perdiz a cada dois meses, e que preencha as seis refeições restantes com partes iguais de gumbo, besugo e risoto.

Você pode se vestir bem, *mon ami*, mas quando se trata de comida, acaba de se dar mal.[6] Pesquisadores estudaram essa experiência convidando voluntários para irem ao laboratório a fim de fazer um lanchinho uma vez por semana ao longo de várias semanas.[7] Pediram a alguns dos voluntários (os selecionadores) que escolhessem todos os seus petiscos com antecedência, e — assim como você fez — de modo geral os selecionadores optaram por uma saudável dose de variedade. Em seguida, os pesquisadores pediram a um novo grupo de voluntários que fossem ao laboratório uma vez por semana durante várias semanas. Os pesquisadores alimentaram alguns desses voluntários com o petisco favorito deles todas as vezes (o grupo sem variedade), e os outros voluntários receberam seu lanche favorito na maioria das vezes e, em outras ocasiões, seu segundo canapé predileto (o grupo com variedade). Quando mediram a satisfação dos voluntários ao longo do estudo, os pesquisadores descobriram que os voluntários do grupo sem variedade ficaram mais satisfeitos do que os do grupo com variedade. Em outras palavras, a variedade tornava as pessoas *menos* felizes, e não *mais* felizes. Agora espere um segundo — há algo suspeito aqui, e não é o besugo. Como a variedade pode ser o tempero da vida quando alguém se senta com uma amiga em um restaurante chique, mas a ruína da existência de alguém quando se pedem petiscos a serem consumidos em semanas sucessivas?

Entre as verdades mais cruéis da vida está a seguinte: coisas maravilhosas são especialmente maravilhosas na primeira vez em que acontecem, mas sua capacidade de maravilhar diminui com a repetição.[8] Basta comparar a primeira e a última vez em que seu filho disse "mamãe" ou seu parceiro amoroso disse "eu te amo" e você saberá exatamente o que quero dizer. Quando temos uma experiência — ouvir determinada sonata, fazer amor com uma pessoa específica, observar o pôr do sol de uma janela específica de uma sala em especial — em ocasiões sucessivas, rapidamente começamos a nos adaptar a ela, e a experiência produz menos prazer a cada vez que se repete. Os psicólogos chamam isso de *habituação*, os economistas chamam de *declínio da utilidade marginal*, e o restante de nós chama isso de *casamento*. Mas os seres humanos descobriram dois dispositivos que lhes permitem combater essa tendência:

variedade e tempo. Uma maneira de vencer a habituação é aumentar a variedade de experiências ("Ei, querida, tenho uma ideia — vamos assistir ao pôr do sol *da cozinha* desta vez").[9] Outra maneira de derrotar a habituação é aumentar a quantidade de tempo que separa cada repetição da experiência. Fazer tinir taças de champanhe e beijar o cônjuge assim que o relógio bater meia-noite seria um exercício relativamente chato se acontecesse toda noite, mas se alguém fizer isso na véspera de Ano-Novo e depois deixar um ano inteiro se passar antes de fazê-lo novamente, a experiência oferecerá um buquê infinito de delícias, porque um ano é tempo suficiente para que os efeitos da habituação desapareçam. A questão aqui é que o tempo e a variedade são duas maneiras de evitar a habituação, e se você tiver uma delas, então não precisa da outra. Na verdade (e este é o ponto realmente decisivo, então, por favor, abaixe o garfo e ouça), quando episódios são suficientemente separados no tempo, a variedade não é apenas desnecessária — pode ser custosa.

Posso ilustrar esse fato com alguma precisão se você me permitir fazer algumas suposições razoáveis. Primeiro, imagine que podemos usar uma máquina chamada de hedonímetro para medir o prazer de uma pessoa em *hédons*. Vamos começar fazendo uma *suposição de preferência*: suponhamos que a primeira mordida de perdiz propicie a você, digamos, cinquenta hédons, enquanto a primeira mordida de gumbo proporciona quarenta hédons. Isso equivale a dizer que você prefere perdiz a gumbo. Em segundo lugar, vamos fazer uma *suposição de taxa de habituação*: vamos supor que, depois que você come o primeiro bocado de um dos pratos, cada garfada subsequente do mesmo prato no intervalo de, digamos, dez minutos proporciona um hédon a menos do que o bocado anterior. Por fim, vamos fazer uma *suposição de taxa de consumo*: suponhamos que você normalmente coma no ritmo acelerado de uma mordida a cada trinta segundos. A figura 13 mostra o que acontece com o seu prazer se fizermos essas suposições sobre preferência, taxa de habituação e taxa de consumo. Como você pode ver, a melhor maneira de maximizar o seu prazer neste caso é começar com a perdiz e depois mudar para o gumbo depois de comer dez bocados (o que acontece após cinco minutos). Por que mudar? Porque, como mostram as linhas, a 11ª mordida da perdiz (dada no minuto 5,5) traria apenas 39 hédons, ao passo que uma mordida do gumbo ainda não provado renderia quarenta. Então esse é o momento exato da refeição em que você e sua amiga devem trocar os pratos, cadeiras ou pelo menos a tiara com orelhas de rato.[10] Mas agora dê uma olhada para a figura 14 e observe como as coisas mudam drasticamente quando prolongamos esse episódio gastronômico no tempo alterando sua taxa de consumo. Quando as garfadas são separadas por qualquer intervalo superior a dez minutos (neste caso, quinze minutos), então a habituação não ocorre mais, o que significa que cada garfada é tão boa quanto a primeira, e um bocado de gumbo *nunca* é melhor do que um bocado de perdiz. Em outras palavras, se você pudesse comer suficientemente devagar, então a variedade não seria apenas *desnecessária*, mas também seria custosa, porque uma mordida de gumbo *sempre* proporcionaria menos prazer do que mais um pedaço de perdiz.

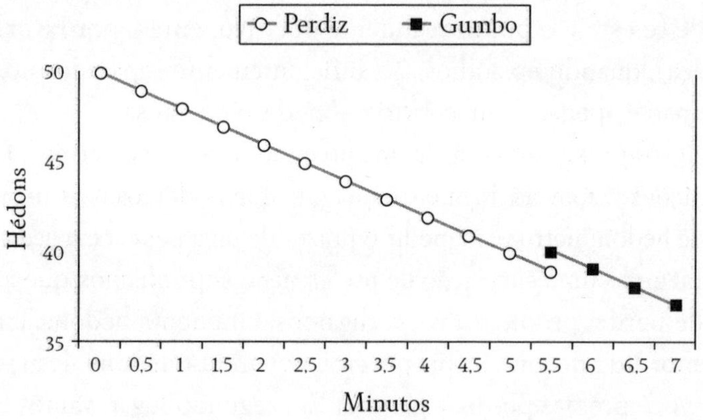

Figura 13. *A variedade aumenta o prazer quando o consumo é rápido.*

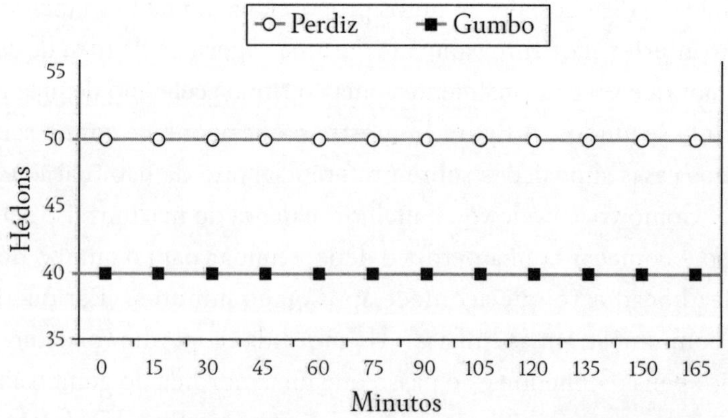

Figura 14. *A variedade reduz o prazer quando o consumo é lento.*

Ora, quando se sentaram juntos no restaurante imaginário, você e sua amiga pediram dois pratos para serem comidos simultaneamente. Você sabia que não teria muito tempo entre as garfadas, então pediu variedade para apimentar as coisas, torná-las mais interessantes. Boa decisão. Mas quando o maître solicitou que você escolhesse de antemão uma sequência de refeições, você também pediu variedade. Por que você pediu variedade se já tinha tempo? Bote a culpa na metáfora espacial (veja a figura 15). Como você pensou em pratos que estavam separados no tempo imaginando pratos separados por alguns centímetros sobre uma única mesa, supôs que o que era verdade para pratos espacialmente separados seria verdade também para pratos temporalmente separados. Quando os pratos são separados por espaço, faz todo sentido lógico buscar variedade. Afinal, quem gostaria de se sentar a uma mesa com doze porções idênticas de perdiz? Adoramos pratos de aperitivos, menu degustação, tábuas de frios e bufês do tipo coma à vontade porque queremos — e *deveríamos* mesmo querer — variedade entre as alternativas cuja experiência vivenciaremos em um único evento. O problema é que quando raciocinamos por meio de metáforas e pensamos em uma dúzia de refeições em uma dúzia de meses sucessivos como se fossem uma dúzia de pratos dispostos sobre uma mesa comprida à nossa frente, tratamos erroneamente as alternativas *sequenciais* como se fossem alternativas *simultâneas*. Isso é um erro porque as alternativas sequenciais já têm o tempo a seu favor, portanto a variedade as torna menos prazerosas, em vez de mais prazerosas.

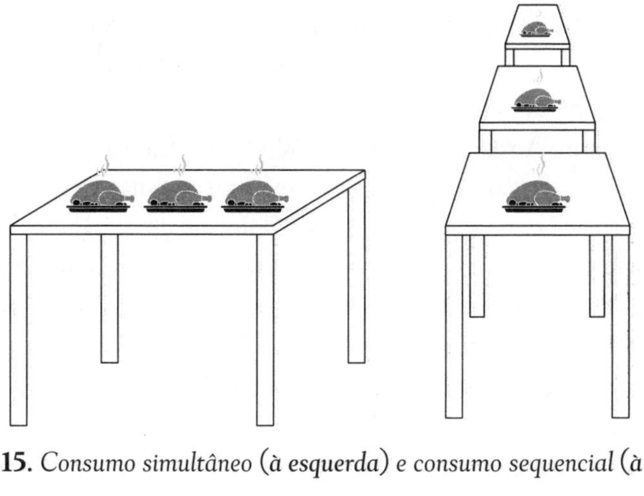

Figura 15. *Consumo simultâneo (à esquerda) e consumo sequencial (à direita).*

Como o tempo é muito difícil de imaginar, às vezes o imaginamos como uma dimensão espacial. E às vezes simplesmente não o imaginamos de jeito nenhum. Por exemplo, quando imaginamos eventos futuros, nossas imagens mentais geralmente incluem as pessoas, lugares, palavras e ações relevantes, mas raramente incluem uma indicação clara do *tempo* no qual essas pessoas nesses lugares falarão e agirão. Quando nos imaginamos flagrando a infidelidade de nosso cônjuge na véspera de Ano-Novo, nossa imagem mental *se parece* muito com uma imagem mental de nós mesmos descobrindo a infidelidade no Purim, no Dia das Bruxas ou na Páscoa ortodoxa russa. Na verdade, a imagem mental de *encontrar seu cônjuge na cama com o carteiro na véspera de Ano-Novo* muda drasticamente quando você substitui *cônjuge* por *barbeiro*, ou *na cama* por *conversando*, mas quase nada quando você substitui *véspera de Ano-Novo* por *Dia de Ação de Graças*. Na verdade, é mais ou menos impossível fazer essa substituição porque, infelizmente, não há nada na imagem mental para mudar. Podemos inspecionar uma imagem mental e ver *quem* está fazendo *o quê* e *onde*, mas não *quando* estão fazendo isso. Em geral, as imagens mentais são atemporais.[11]

Então, como é que decidimos de que maneira nos sentiremos com relação às coisas que acontecerão no futuro? A resposta é que tendemos a imaginar como nos sentiríamos se essas coisas acontecessem *agora*, e então fazemos algumas concessões para o fato de que *agora* e *mais tarde* não são exatamente a mesma coisa. Por exemplo, pergunte a um adolescente heterossexual como ele se sentiria se uma modelo de propaganda de cerveja aparecesse na porta da casa dele agora, de biquíni, sussurrando e precisando desesperadamente de uma massagem. A reação do rapaz será visível. Ele vai abrir um sorriso, seus olhos vão se alargar, as pupilas vão se contrair, suas bochechas ficarão vermelhas, e outros sistemas responderão conforme os desígnios da natureza. Agora, se você fizer a um adolescente diferente exatamente a mesma pergunta, mas substituindo *agora* por *daqui a cinquenta anos*, notará aproximadamente a mesma reação inicial. Na verdade, por um momento você pode até suspeitar que esse segundo adolescente está inteiramente absorto na imagem mental que ele visualizou da deusa descalça de lábios carnudos, e nem sequer está levando em consideração o fato de que o evento imaginário só deverá ocorrer meio século depois. Mas dê-lhe algum tempo — digamos, algumas centenas de milissegundos. Com o passar dos milissegundos, você notará que a impetuosa descarga inicial de entusiasmo desvanece à medida que ele avalia a data do evento imaginário, percebe que adolescentes do sexo masculino têm um conjunto de necessidades e os vovôs, outro, e conclui, corretamente, que a aparição de uma voluptuosa ninfeta provavelmente não será tão estimulante em seus anos dourados como seria em seu presente carregado de testosterona. A guinada entre a empolgação inicial e a posterior decepção é bastante reveladora, porque sugere que quando ele foi convidado a imaginar o evento futuro, começou imaginando o evento como se estivesse acontecendo no presente e *só então* parou para pensar no fato de que o evento aconteceria no futuro, quando a maturidade terá cobrado o inevitável preço em sua visão e sua libido.

Por que isso importa? Afinal de contas, na análise definitiva o adolescente levou em consideração o fato de que *agora* e *daqui a cinco décadas* não são a mesma coisa, então quem se importa se ele ponderou sobre esse fato apenas *depois* de ter ficado momentaneamente paralisado de fascínio por sua imagem mental da gata de biquíni do comercial de cerveja? Eu me importo. E você também deveria se importar. Ao imaginar que o evento está acontecendo *agora* e em seguida corrigindo as coordenadas para o fato de que na verdade aconteceria *mais tarde*, o adolescente usou um método para fazer julgamentos que é bastante comum, mas que inevitavelmente induz ao erro.[12] Para entender a natureza desse erro, tenha em mente um estudo em que se pediu a voluntários que adivinhassem quantos países africanos pertenciam à Organização das Nações Unidas.[13] Em vez de responder imediatamente à pergunta, os voluntários foram convidados a fazer seus julgamentos usando o método "empolgação seguida de fiasco". A alguns voluntários pediu-se que respondessem dizendo se o número de países era maior ou menor do que dez, e a outros voluntários se pediu que respondessem dizendo o quanto era maior ou menor do que sessenta. Em outras palavras, os voluntários receberam um *ponto de partida* arbitrário e foram convidados a *corrigi-lo* até alcançarem um *ponto final* apropriado — assim como o adolescente usou a imagem de uma bela mulher no momento presente como um ponto de partida para seu julgamento ("Estou empolgadíssimo!") e, em seguida, o corrigiu de modo a atingir um ponto final para seu julgamento ("Mas, como terei 67 anos quando tudo isso acontecer, provavelmente não vou ficar tão empolgado quanto estou agora").

O problema com esse método de fazer julgamentos é que os pontos de partida têm um profundo impacto nos pontos finais. Os voluntários que começaram com dez supuseram que havia cerca de 25 nações africanas na ONU, ao passo que o palpite dos voluntários que começaram com sessenta era o de que havia cerca de 45. Por que respostas tão diferentes? Porque os voluntários iniciaram sua tarefa perguntando a si mesmos se o ponto de partida poderia ser a resposta certa, e então, percebendo que não poderia, deslocavam-se lentamente em direção a uma resposta mais razoável ("Dez não pode estar certo. Que tal doze? Não, ainda é um número muito baixo. Catorze? Talvez 25?").[14] Infelizmente, como esse processo requer tempo e atenção, o grupo que começou com dez e o grupo que começou com sessenta se cansaram e desistiram antes de chegar ao meio-termo. Na verdade, isso não é tão estranho. E se você pedir a uma criança para começar a contar números a partir de zero e a outra criança para fazer a contagem de 1 milhão para baixo, pode ter certeza de que quando finalmente elas ficarem exaustas, desistirem e saírem em busca de ovos para jogar na porta da sua garagem, terão alcançado números muito diferentes. Os pontos de partida são importantes porque muitas vezes acabamos perto de onde começamos.

Quando as pessoas preveem sentimentos futuros imaginando um evento futuro como se estivesse acontecendo no presente e, em seguida, corrigindo os ponteiros para a localização no tempo do evento real, cometem o mesmo erro. Por exemplo, em um estudo pediu-se a voluntários que previssem o quanto gostariam de comer espaguete à bolonhesa na manhã do dia seguinte ou na tarde do dia seguinte.[15] Alguns voluntários estavam com fome quando fizeram essa previsão e outros não estavam. Quando fizeram as previsões sob condições ideais, os voluntários anteviram que gostariam de uma garfada de espaguete mais à noite do que pela manhã, e sua fome no momento presente teve pouco impacto nas previsões. Alguns dos voluntários fizeram as previsões sob condições menos que ideais. Para ser mais específico, foram convidados a fazer as previsões enquanto realizavam simultaneamente uma segunda tarefa, na qual tinham que identificar tons musicais. A pesquisa mostrou que realizar uma tarefa simultânea desse tipo faz com que as pessoas fiquem muito perto de seus pontos de partida. E, com efeito, quando os voluntários fizeram previsões enquanto identificavam tons musicais, previram que gostariam de espaguete tanto pela manhã quanto à noite. Além disso, sua fome atual exerceu um forte impacto sobre suas previsões, de modo que a expectativa dos voluntários famintos foi a de que gostariam de espaguete no dia seguinte (não importando em que horário comeriam) e a conjectura dos voluntários já saciados foi a de que não gostariam de espaguete no dia seguinte (independentemente do horário). Esse padrão de resultados sugere que todos os voluntários fizeram suas previsões pelo método "empolgação seguida de fiasco": primeiro imaginaram o quanto gostariam de comer o espaguete no presente ("Huuum!", se estavam com fome, e "Eca!", se estavam satisfeitos) e usaram esse pressentimento como um ponto de partida para sua previsão quanto aos prazeres de amanhã. Então, assim como o hipotético adolescente corrigiu seu julgamento quando levou em consideração o fato de que seu atual apreço por uma coquete de curvas perfeitas provavelmente seria diferente cinquenta anos depois, os voluntários corrigiram seus julgamentos considerando a hora do dia em que o espaguete seria comido ("Espaguete no jantar é ótimo, mas espaguete no café da manhã? Que nojo!"). No entanto, os voluntários que fizeram suas previsões enquanto identificavam tons musicais foram incapazes de corrigir seus julgamentos e, dessa maneira, seu ponto final ficou muito próximo de seu ponto inicial. Uma vez que naturalmente usamos nossos sentimentos presentes como um ponto de partida quando tentamos prever nossos sentimentos futuros, temos a expectativa de que nosso futuro seja um pouco mais parecido com o nosso presente do que realmente será.[16]

QUASE NADA

Se você não tem talentos especiais ou deformidades intrigantes, mas ainda assim alimenta um desejo secreto de entrar no *Guinness dos recordes mundiais*, aqui está algo que você pode tentar: entre no escritório do seu chefe na segunda-feira pela manhã e anuncie: "Eu já estou na empresa há algum tempo, acredito que meu trabalho tem sido excelente, e eu gostaria de uma redução salarial de 15%. Mas posso me contentar com 10% se isso for tudo que a empresa puder fazer". O pessoal do *Guinness* tomará notas meticulosas, porque na longa e muitas vezes controversa história das relações de trabalho é improvável que alguém algum dia já tenha solicitado uma diminuição do próprio salário. Na verdade, as pessoas *odeiam* cortes salariais, mas as pesquisas sugerem que a razão pela qual elas odeiam cortes salariais tem muito pouco a ver com a parte *salarial* e tudo a ver com a parte do *corte*. Por exemplo, quando as pessoas são indagadas se preferem ter um emprego em que ganhem 30 mil no primeiro ano, 40 mil no segundo ano e 50 mil no terceiro, ou um emprego em que ganhem 60 mil, depois 50 mil e então 40 mil, geralmente preferem o trabalho com os aumentos de salário, apesar do fato de que ganhariam menos dinheiro ao longo dos três anos.[17] Isso é bastante curioso. Por que as pessoas estariam dispostas a reduzir sua renda total de modo a evitar a experiência de ter cortes no pagamento?

Comparando com o passado

Se em alguma noite você já adormeceu com a televisão no volume máximo e já acordou com o ruído de um único passo, então sabe a resposta. O cérebro humano não é exatamente sensível à magnitude absoluta do estímulo, mas é extraordinariamente sensível às diferenças e mudanças — isto é, à magnitude *relativa* do estímulo. Por exemplo, se eu vendasse seus olhos e lhe pedisse para segurar na mão um bloco de madeira, você seria capaz de dizer se coloquei em cima dele um pacote de chiclete? A resposta certa é "Depende", e depende do peso do bloco. Se o bloco pesasse apenas cerca de trinta gramas, então você notaria imediatamente o aumento de 500% no peso quando adicionei um pacote de chiclete de 150 gramas. Mas se o bloco pesasse trezentos gramas, então você nunca notaria um aumento de 0,3% no peso. Não há resposta para a pergunta "As pessoas são capazes de detectar 150 gramas?" porque o cérebro não detecta o número de gramas, detecta mudanças de gramas e diferenças de gramas, e o mesmo é verdadeiro para quase todas as propriedades de um objeto. Nossa sensibilidade a magnitudes relativas em vez de absolutas não se limita a propriedades físicas, como peso, brilho ou volume. Ela se estende a propriedades subjetivas, tais como valor, qualidade e importância.[18] Por exemplo, a maioria de nós estaria disposta a atravessar a cidade para economizar cinquenta dólares na compra de um rádio de cem dólares, mas não na compra de um automóvel de 100 mil dólares, porque cinquenta dólares parecem uma fortuna quando estamos comprando rádios ("Uau, a Target tem o mesmo rádio pela metade do preço!"), mas uma ninharia quando estamos comprando carros ("Até parece que eu ia me dar ao trabalho de atravessar a cidade para comprar um carro economizando só 0,20% do valor?").[19]

Os economistas balançam a cabeça com esse tipo de comportamento e lhe dirão corretamente que sua conta bancária contém dólares absolutos, e não "porcentagens de desconto". Se vale a pena atravessar a cidade para economizar cinquenta dólares, então não importa qual é o item em que você está economizando, porque quando você gasta esses dólares em gasolina e mantimentos, os dólares não saberão de onde vieram.[20] Mas esses argumentos econômicos entram em um ouvido e saem pelo outro porque os seres humanos não pensam em dólares absolutos. Pensam em dólares relativos, e cinquenta são ou não muitos dólares dependendo em relação *a quê* (razão pela qual as pessoas que não dão a mínima para saber se o administrador de seus fundos mútuos está mantendo 0,5% ou 0,6 % de retorno de seu investimento gastarão horas vasculhando o jornal de domingo em busca de um cupom que lhes dê 40% de desconto em um tubo de pasta de dente). Profissionais de marketing, políticos e outros agentes influentes sabem sobre a nossa obsessão por magnitudes relativas e rotineiramente tiram proveito dela. Por exemplo, um antigo estratagema envolve pedir a alguém que pague um custo irrealista ("O senhor poderia comparecer ao nosso encontro 'Salvem os ursos' na próxima sexta-feira e depois se juntar a nós no sábado para uma marcha de protesto no zoológico?") antes de pedir-lhe que pague um custo menor ("Tá legal, então o senhor poderia contribuir com pelo menos cinco dólares para a nossa organização?"). Estudos mostram que as pessoas são muito mais propensas a concordar em pagar o pequeno custo depois de ter primeiro analisado o grande, em parte porque isso faz com que o pequeno custo pareça assim...... hã, suportável.[21]

Por ser relativo, o valor subjetivo de uma mercadoria muda, e muda dependendo de como comparamos a mercadoria. Por exemplo, todas as manhãs, em minha caminhada até o trabalho, paro na Starbucks do meu bairro e entrego 1,89 dólar para o barista, que então me entrega um copo com 400 ml de um café acima da média. Não tenho ideia de quanto custa para a Starbucks fazer esse café, e não tenho ideia de por que optaram por me cobrar esse valor específico, mas sei que se parasse lá em uma manhã e descobrisse que o preço tinha de repente saltado para 2,89 dólares, eu imediatamente faria uma de duas coisas: compararia o novo preço com o que costumava pagar, concluiria que o café na Starbucks tinha ficado caro demais, e investiria numa daquelas canecas térmicas de viagem lacradas a vácuo e começaria a preparar eu mesmo meu café em casa; ou compararia o novo preço com o de outras coisas que eu poderia comprar com a mesma quantia (por exemplo, duas canetas com ponta de feltro, um galho de oitenta centímetros de bambu artificial, ou 1% da caixa de vinte CDs *The Complete Miles Davis em Montreux*) e concluiria que o café da Starbucks era uma pechincha. Em teoria, eu poderia fazer qualquer uma dessas comparações; então qual delas eu realmente faria?

Eu e você sabemos a resposta: eu faria o mais fácil. Quando encontro uma caneca de café por 2,89 dólares, para mim é muito fácil lembrar o que paguei pelo café no dia anterior e não é tão fácil imaginar todas as outras coisas que eu poderia comprar com meu dinheiro.[22] Como para mim é muito mais fácil me *lembrar do passado* do que *gerar novas possibilidades*, tenderei a comparar o presente com o passado, mesmo quando *deveria* compará-lo com o possível. E isso é realmente o que eu *deveria* fazer, porque na verdade não *importa* quanto o café custou no dia anterior, na semana anterior ou a qualquer momento durante o governo Hoover na década de 1930. Neste exato momento, tenho dólares absolutos para gastar, e a única questão a que preciso responder é como gastá-los para maximizar minha satisfação. Se um embargo internacional do grão causasse repentinamente uma abrupta disparada do preço do café para 10 mil dólares a caneca, então a única pergunta que eu precisaria fazer a mim mesmo seria: "O que mais posso fazer com 10 mil dólares e vai me trazer mais ou menos satisfação do que uma caneca de café?". Se a resposta for "mais", então eu deveria ir embora. Se a resposta for "menos", então deveria comprar uma caneca de café. E arranjar um contador com um chicote.

O fato de ser muito mais fácil me lembrar do passado do que gerar o possível faz com que tomemos muitas decisões esquisitas. Por exemplo, as pessoas são mais propensas a comprar um pacote de férias que teve uma redução de seiscentos dólares para quinhentos dólares do que um pacote idêntico que custa quatrocentos dólares, mas que um dia antes estava em promoção e era vendido a trezentos dólares.[23] Uma vez que é mais fácil comparar o preço de um pacote de férias com seu preço anterior do que com o preço de outras coisas que poderíamos comprar, acabamos preferindo maus negócios que se tornaram negócios decentes a grandes negócios que outrora já foram incríveis. A mesma tendência nos leva a tratar commodities que têm um "passado memorável" de forma diferente daquelas que não têm. Por exemplo, imagine que você tem na carteira uma nota de vinte dólares e um ingresso para um show no valor de vinte dólares, mas, quando chega ao show, percebe que perdeu o ingresso no caminho. Você compraria um novo? A maioria das pessoas diz que não.[24] Agora imagine que em vez de uma cédula de vinte dólares e um ingresso no valor de vinte dólares você tem na carteira duas notas de vinte dólares, e quando chega ao show percebe que perdeu uma das notas no caminho. Você compraria um ingresso para o show? A maioria das pessoas diz que sim. Não é preciso ser um lógico para ver que os dois exemplos são idênticos em todas as formas que importam: em ambos os casos, você perdeu um pedaço de papel que era avaliado em vinte dólares (um ingresso ou uma nota), e em ambos os casos você deve decidir na hora se vai gastar o dinheiro que resta em sua carteira para assistir a um show. No entanto, nossa teimosa insistência em comparar o presente ao passado nos leva a raciocinar de maneira diferente sobre esses casos que são equivalentes em termos funcionais. Quando perdemos uma nota de vinte dólares e, em seguida, cogitamos pela primeira vez comprar um ingresso, o show não tem passado, portanto, comparamos corretamente o custo de ver o show a outras possibilidades ("Devo gastar vinte dólares para ver o show, ou devo comprar um novo par de luvas de pele de tubarão?"). Mas quando perdemos um bilhete que tínhamos comprado anteriormente e pensamos em "substituí-lo", o show tem um passado e, portanto, comparamos o custo atual de assistir ao show (quarenta dólares) a seu custo anterior (vinte dólares) e, desanimados, relutamos em ver uma apresentação cujo preço dobrou de repente.

Comparando com o possível

Cometemos erros quando comparamos com o passado em vez de comparar com o possível. Quando comparamos com o possível, ainda assim cometemos erros. Por exemplo, se você for como eu, sua sala de estar é um minidepósito de bens duráveis que variam de cadeiras e lâmpadas a aparelhos de som e televisores. Você provavelmente fez alguma pesquisa de preços antes de comprar esses itens, e provavelmente comparou aquele que por fim acabou comprando com algumas alternativas – outras luminárias no mesmo catálogo, outras cadeiras no showroom, outros aparelhos de som na mesma prateleira, outros televisores no mesmo shopping center. Em vez de decidir *se* ia gastar dinheiro, você estava decidindo *como* gastá-lo, e todas as possíveis maneiras de gastar seu dinheiro foram estabelecidas para você por pessoas legais que queriam sua grana. Essas pessoas legais ajudaram você a superar sua tendência natural de comparar com o passado ("Esta TV é realmente muito melhor do que a minha antiga?"), tornando uma tarefa extremamente fácil para você comparar com o possível ("Quando você vê as duas lado a lado aqui na loja, a Panasonic tem uma imagem mais nítida do que a da Sony"). Infelizmente, somos facilmente enganados por essas comparações lado a lado, e é por isso que os varejistas trabalham tanto para garantir que nós as façamos.

Por exemplo, as pessoas geralmente não gostam de comprar o item mais caro de uma categoria; portanto, os varejistas podem melhorar suas vendas estocando alguns poucos itens *caríssimos* que ninguém realmente compra ("Oh, meu Deus, o Château Haut-Brion Pessac-Léognan 1982 é vendido por quinhentos dólares a garrafa!"), mas isso faz com que itens menos caros pareçam uma pechincha em comparação ("Vou ter que continuar com o zinfandel de sessenta dólares").[25] Corretores imobiliários inescrupulosos levam potenciais compradores para visitar pocilgas caindo aos pedaços convenientemente localizadas entre uma casa de massagem e uma boca de fumo, antes de lhes mostrar as casas comuns que eles realmente esperam vender, porque esses antros miseráveis fazem as casas comuns parecerem extraordinárias ("Oh, olhe, querida, não tem agulhas no gramado!").[26] Nossas comparações lado a lado podem ser influenciadas por possibilidades extremas, como vinhos extravagantes e casas sórdidas, mas também podem ser influenciadas pela adição de possibilidades extras que são idênticas àquelas que já estamos levando em consideração. Por exemplo, em um estudo, médicos leram sobre o medicamento X e foram questionados se o receitariam para pacientes com osteoartrite.[27] Ficou claro que os médicos consideraram que o medicamento valia a pena, porque apenas 28% deles optaram por não prescrevê-lo. Mas quando se perguntou a outro grupo de médicos se prescreveriam o medicamento X ou uma medicação Y igualmente eficaz para pacientes com a mesma doença, 48% optaram por não prescrever nada. Aparentemente, adicionar outro medicamento igualmente eficaz à lista de possibilidades tornou difícil para os médicos decidirem entre os dois medicamentos, o que levou muitos deles a não recomendar nem um nem outro. Se você já se pegou na porta do cinema dizendo: "Estou com tanta dificuldade em decidir entre esses dois filmes que acho que vou ficar em casa e assistir às reprises", então sabe por que os médicos cometeram o erro que cometeram.[28]

Uma das coisas mais traiçoeiras sobre a comparação lado a lado é que nos leva a prestar atenção a *qualquer* atributo que seja capaz de distinguir as possibilidades que estamos comparando.[29] Provavelmente passei algumas das horas mais infelizes da minha vida em lojas que pretendia visitar por apenas quinze minutos. A caminho do piquenique, paro o carro no shopping center, estaciono, entro e espero sair alguns minutos depois com uma pequena câmera digital bacana no bolso. Mas quando entro no Mega Super Gigantesco Realmente Muito Grande Mundo dos Eletrônicos, deparo com uma desconcertante variedade de pequenas câmeras digitais bacanas que diferem entre si em muitos atributos. Alguns desses são atributos que eu teria levado em consideração mesmo se houvesse apenas uma câmera na vitrine ("Esta é leve o suficiente para caber no bolso da minha camisa, então posso levá-la comigo para qualquer lugar"), e alguns são atributos em que eu jamais teria pensado se não tivessem me apontado as diferenças entre as câmeras ("A Olympus tem compensação de saída de flash, mas a Nikon não tem. Aliás, *o que é* compensação da saída do flash, afinal?"). Como as comparações lado a lado me fazem considerar *todos* os aspectos em que uma câmera difere da outra, acabo levando em conta características que na verdade não preocupam, mas isso só acontece para distinguir uma câmera da outra.[30] Por exemplo, quais atributos seriam importantes para você se você estivesse comprando um dicionário novo? Em um estudo, as pessoas tiveram a oportunidade de fazer uma oferta por um dicionário que estava em perfeitas condições e listava 10 mil palavras, e, em média, fizeram um lance de 24 dólares.[31] A outras pessoas deu-se a oportunidade de fazer um lance para a aquisição de um dicionário com a capa rasgada que continha 20 mil palavras, e em média, deram lances de vinte dólares. Mas quando um terceiro grupo de pessoas foi autorizado a comparar os dois dicionários lado a lado, ofereceram um lance de dezenove dólares pelo dicionário pequeno e intacto e 27 dólares pelo dicionário grande e rasgado. Aparentemente as pessoas se importam com a condição da capa de um dicionário, mas se preocupam com o número de palavras que ele contém apenas quando esse atributo é trazido à sua atenção pela comparação lado a lado.

Comparação e presentismo

Agora vamos voltar por um momento e perguntar o que todos esses fatos sobre comparação significam para a nossa capacidade de imaginar sentimentos futuros. Os fatos são estes: (*a*) o valor é determinado pela comparação de uma coisa com outra; (*b*) há mais de um tipo de comparação que podemos fazer em qualquer instância; e (*c*) podemos valorizar algo de forma mais acentuada quando fazemos um tipo de comparação do que quando fazemos um tipo diferente de comparação. Esses fatos sugerem que, se quisermos prever qual sentimento alguma coisa suscitará em nós no futuro, *devemos* levar em conta o tipo de comparação que vamos fazer no futuro, e *não* o tipo de comparação que estamos fazendo no presente. Infelizmente, como fazemos comparações sem nem mesmo pensar a respeito delas ("Cara, aquele café ficou caro!" ou "Não vou pagar o dobro para ver esse show"), raramente levamos em conta o fato de que as comparações que estamos fazendo agora podem não ser as que faremos mais tarde.[32] Por exemplo, voluntários em um estudo foram convidados a se sentar a uma mesa e prever o quanto gostariam de comer batatas fritas minutos depois.[33] Alguns dos voluntários viram um saco de batatas fritas e uma barra de chocolate sobre a mesa, e outros viram um saco de batatas fritas e uma lata de sardinhas sobre a mesa. Esses alimentos alheios influenciaram as previsões dos voluntários? Pode apostar que sim. Os voluntários naturalmente compararam as batatas fritas com a comida extrínseca e previram que gostariam *mais* de comer as batatas fritas quando compararam as fritas com as sardinhas do que quando compararam as fritas com o chocolate. Mas estavam errados. Porque quando os voluntários efetivamente *comeram* as batatas fritas, a lata de sardinhas e a barra de chocolate que estavam em cima da mesa não tiveram *absolutamente nenhuma* influência na sua fruição das fritas. Afinal, quando uma pessoa está com a boca cheia de batatas fritas crocantes, salgadas, oleosas, qualquer outro alimento que por acaso estiver sobre a mesa é bastante irrelevante — assim como a pessoa com quem você *possa ter feito* amor algum dia é amplamente irrelevante quando você está em pleno ato de fazer amor com outra pessoa. O que os voluntários não perceberam é que as comparações que fizeram enquanto *imaginavam* comer uma batata frita ("Claro, batatas fritas são uma delícia...... mas chocolate é *muito* melhor") não eram as que fariam quando realmente estivessem devorando uma.

A maioria de nós já teve experiências semelhantes. Comparamos os pequenos e elegantes alto-falantes com os enormes alto-falantes em formato de caixotes, percebemos a diferença acústica e compramos os imensos monstrengos. Infelizmente, a diferença acústica é uma diferença que nunca mais percebemos, porque quando levamos os colossais alto-falantes para casa, não comparamos seu som ao som de algum alto-falante que tenhamos escutado uma semana antes na loja, mas comparamos as caixas horrorosas com o restante da nossa graciosa decoração, elegantíssima e, agora, arruinada. Ou viajamos para a França, conhecemos um casal da nossa cidade natal e instantaneamente nos tornamos amigos de passeio porque, comparados a todos aqueles franceses que nos odeiam quando não tentamos falar sua língua e nos odeiam mais ainda quando tentamos, o casal nosso conterrâneo parece excepcionalmente cordial e interessante. Estamos muito satisfeitos por ter encontrado esses novos amigos, e esperamos gostar tanto deles no futuro quanto gostamos hoje. Mas quando os convidamos para jantar um mês depois de ter voltado para casa, ficamos surpresos ao constatar que nossos novos amigos são bastante chatos e frios em comparação com nossos amigos de sempre, e que na verdade temos por eles uma antipatia tão grande que estamos a ponto de dar entrada na papelada solicitando a cidadania francesa. Nosso erro não foi passear por Paris com um par de conterrâneos chatos, mas não perceber que a comparação que estávamos fazendo no presente ("Lisa e Walter são muito mais legais do que o garçom do restaurante Le Grand Colbert") não é a que faríamos no futuro ("Lisa e Walter não são tão legais quanto Rebecca e Dan"). O mesmo princípio explica por que amamos coisas novas quando as compramos e deixamos de amá-las logo em seguida. Quando saímos para comprar um novo par de óculos de sol, contrastamos naturalmente os modelos estilosos e modernos da loja com os velhos e desatualizados que estão empoleirados no nosso nariz. Então compramos os novos e enfiamos os antigos numa gaveta. Mas, depois de apenas alguns dias usando os óculos de sol novos, paramos de compará-los com os antigos, e — bem, quem diria? —, o deleite que a comparação produziu se evapora.

O fato de fazermos comparações diferentes em momentos diferentes — mas não perceber que faremos isso — ajuda a explicar alguns enigmas que de forma geral são intrigantes. Por exemplo, economistas e psicólogos mostraram que, na expectativa das pessoas, perder um dólar é mais impactante do que ganhar um dólar, razão pela qual a maioria de nós recusaria uma aposta que nos dá 85% de chance de dobrar todas as nossas economias e 15% de chance de perdê-las.[34] A provável perspectiva de um ganho considerável simplesmente não compensa a improvável possibilidade de um prejuízo de grande monta porque consideramos que os prejuízos são mais poderosos do que os lucros de igual tamanho. Mas pensarmos em algo em termos de ganho ou perda depende muitas vezes das comparações que estamos fazendo. Por exemplo, quanto vale um Mazda Miata 1993? De acordo com minha seguradora, a resposta correta este ano é cerca de 2 mil dólares. Mas, como proprietário de um Mazda Miata 1993, posso garantir que se você quisesse comprar o meu lindo carrinho com todos os seus amassados e vexatórios barulhos por meros 2 mil dólares, teria que arrancar à força as chaves de minhas mãos frias e mortas. Garanto também que, se você visse meu carro, pensaria que por 2 mil dólares eu deveria não apenas lhe dar o automóvel e as chaves, mas incluir no negócio uma bicicleta, um cortador de grama e uma assinatura vitalícia da revista *The Atlantic*. Por que discordaríamos sobre o valor justo do meu carro? Porque você estaria pensando na transação como um potencial ganho ("Comparado com o que estou sentindo agora, em que medida ficarei feliz se conseguir este carro?"), e eu estaria pensando nela como uma perda potencial ("Comparado com o que estou sentindo agora, em que medida ficarei feliz se perder este carro?").[35] Eu gostaria de receber uma compensação por aquilo que, na minha expectativa, seria um tremendo prejuízo, mas você não ia querer me indenizar, porque sua expectativa seria a de obter um baita lucro. O que você deixaria de perceber é que, tão logo passasse a ser o proprietário do meu carro, seu quadro de referência mudaria, e você faria a mesma comparação que estou fazendo agora, e que o carro em questão valeria cada centavo que você pagou por ele. O que eu não conseguiria perceber é que, tão logo deixasse de ser o dono do carro, meu quadro de referência mudaria, eu faria a mesma comparação que você está fazendo agora, e ficaria muito satisfeito com o negócio porque, afinal, eu *jamais pagaria* 2 mil dólares por um carro em estado idêntico ao que acabei de vender para você. A razão pela qual discordamos sobre o preço e em surdina questionamos a integridade e a paternidade um do outro é que nenhum de nós percebe que os tipos de comparações que fazemos naturalmente na condição de compradores e vendedores não são os tipos de comparações que faremos naturalmente assim que nos tornarmos proprietário e ex-proprietário.[36] Em suma, as comparações que fazemos têm um profundo impacto sobre nossos sentimentos, e quando não conseguimos reconhecer que as comparações que estamos fazendo hoje não são as que faremos amanhã, previsivelmente subestimamos o quanto nos sentiremos diferentes no futuro.

Os historiadores usam a palavra *presentismo* para descrever a tendência de julgar figuras históricas pelos padrões contemporâneos. Por mais que todos nós desprezemos o racismo e o sexismo, apenas recentemente esses ismos passaram ser considerados torpezas morais e, assim, condenar Thomas Jefferson por ter escravos ou Sigmund Freud por tratar com desdém as mulheres hoje em dia é um pouco parecido com prender alguém por dirigir sem cinto de segurança em 1923. Todavia, a tentação de ver o passado pelas lentes do presente é nada menos que opressora. Como observou o presidente da Associação Americana de História: "O presentismo não admite solução pronta; no fim fica claro que é muito difícil sair da modernidade".[37] A boa notícia é que muitos de nós não somos historiadores e, portanto, não precisamos nos preocupar em encontrar essa saída específica. A má notícia é que todos somos futuristas, e o presentismo é um problema ainda maior quando as pessoas olham para a frente em vez de para trás. Dado que as previsões sobre o futuro são feitas no presente, são inevitavelmente influenciadas *pelo* presente. O que sentimos neste exato momento ("Estou morrendo de fome") e a maneira como pensamos agora ("O som dos alto-falantes grandes é melhor do que o dos pequenos") exercem uma influência singularmente poderosa na maneira como pensamos que nos sentiremos mais tarde. Como o tempo é um conceito tão escorregadio, tendemos a imaginar o futuro como o presente com um toque especial, portanto é inevitável que nossos amanhãs imaginários pareçam versões ligeiramente distorcidas do hoje. A realidade do momento é tão palpável e poderosa que mantém a imaginação sob rédea curta, numa órbita estreita da qual nunca escapa totalmente. O presentismo ocorre porque deixamos de reconhecer que nossos eus futuros não enxergarão o mundo da maneira como o enxergamos agora. Como estamos prestes a descobrir, essa incapacidade fundamental de assumir a perspectiva da pessoa para quem o resto de nossa vida vai acontecer é o problema mais traiçoeiro que um futurista pode enfrentar.

Parte V

Racionalização

racionalização: o ato de fazer com que algo seja ou pareça ser racional.

8. Paraíso iludido

Nada é bom ou mau, quem inventa é o pensamento.
William Shakespeare, *A tragédia de Hamlet, príncipe da Dinamarca*, Ato II, cena 2

Esqueça a ioga. Esqueça a lipoaspiração. E esqueça aqueles suplementos à base de ervas que prometem melhorar a memória, o humor, reduzir a cintura, acabar com a calvície e prolongar seu ato sexual. Se você deseja ser feliz e saudável, deve tentar uma nova técnica que tem o poder de transformar o idiota mal remunerado que você é agora no indivíduo profundamente realizado e iluminado que você sempre desejou ser. Se você não acredita em mim, leve em consideração o testemunho de algumas pessoas que já experimentaram:

- "Estou muito melhor física, financeira, mentalmente e em quase todos os outros aspectos." (*JW, do Texas*)
- "Foi uma experiência gloriosa." (*MB, da Louisiana*)
- "Eu não valorizava os outros como valorizo agora." (*CR, da Califórnia*)

Quem são esses clientes satisfeitos, e qual é a milagrosa técnica de que todos eles estão falando? Jim Wright, ex-presidente da Câmara dos Deputados dos Estados Unidos, fez sua observação após cometer 69 violações éticas e ser obrigado a renunciar em desgraça. Moreese Bickham, ex-presidiário, fez sua observação ao ser libertado da Penitenciária Estadual da Louisiana, onde cumpriu 37 anos de pena por se defender contra os homens da Ku Klux Klan que atiraram nele. E Christopher Reeve, o arrojado astro de *Superman – o filme*, fez sua observação após um grave acidente a cavalo durante uma competição de hipismo que o deixou completamente imóvel do pescoço para baixo, incapaz de respirar sem a ajuda de um ventilador. A moral da história? Se você quer ser feliz, saudável, rico e sábio, então esqueça os comprimidos de vitamina e as cirurgias plásticas e tente humilhação pública, encarceramento injusto ou tetraplegia.

Ahã. Certo. Devemos realmente acreditar que as pessoas que perdem o emprego, a liberdade e a mobilidade saem de alguma forma *melhores* das tragédias que acontecem com elas? Se isso lhe parece uma possibilidade absurda, você não está sozinho. Por pelo menos um século, os psicólogos supuseram que eventos terríveis — como a morte de um ente querido ou tornar-se vítima de um crime violento — devem ter um impacto poderoso, devastador e duradouro sobre aqueles que os vivenciam.[1] Essa suposição foi enraizada de forma tão profunda em nossa sabedoria convencional que as pessoas que *não* têm reações catastróficas a eventos como esses às vezes são diagnosticadas como portadoras de uma condição patológica conhecida como "luto ausente". Mas pesquisas recentes sugerem que a sabedoria convencional está errada, que a ausência de luto é bastante normal e que, em vez das flores frágeis que um século de psicólogos nos levou a acreditar que somos, a maioria das pessoas é surpreendentemente resiliente diante do trauma. A perda do pai ou da mãe ou do cônjuge é geralmente triste e muitas vezes trágica, e seria perverso sugerir o contrário. Mas o fato é que, embora a maioria das pessoas enlutadas fique bastante entristecida por algum tempo, muito poucas tornam-se cronicamente deprimidas, e quase todas vivenciam níveis relativamente baixos de sofrimento de duração relativamente curta.[2] Ainda que mais da metade das pessoas nos Estados Unidos passe por um trauma como estupro, agressão física ou desastre natural ao longo da vida, apenas uma pequena fração desenvolverá qualquer patologia pós-traumática ou precisará de qualquer assistência psicológica profissional.[3] Como um grupo de pesquisadores observou: "A resiliência é muitas vezes a trajetória resultante que se observa com mais frequência após a exposição a um evento potencialmente traumático".[4] De fato, estudos de sobreviventes de traumas sugerem que a grande maioria se sai muito bem e que uma parte significativa afirma que a experiência acabou *melhorando* sua vida.[5] Eu sei, eu sei. Tem um ar de título de música sertaneja, mas o fato é que a maioria das pessoas se sai muito bem quando as coisas vão muito mal.

Se a resiliência está ao nosso redor, por que esse tipo de estatística é tão surpreendente? Por que a maioria de nós acha difícil acreditar que um dia poderíamos considerar uma vida inteira atrás das grades uma "experiência gloriosa",[6] ou ver a paralisia como "oportunidade única" que deu "um novo rumo"[7] à nossa vida? Por que a maioria de nós balança a cabeça de incredulidade quando um atleta que se submeteu a vários anos extenuantes de quimioterapia nos diz que "não mudaria nada",[8] ou quando um músico que se tornou permanentemente incapacitado diz: "Se eu tivesse que fazer tudo de novo, gostaria que acontecesse da mesma forma"[9] ou quando tetraplégicos e paraplégicos nos dizem que são basicamente tão felizes quanto todo mundo?[10] As afirmações feitas por pessoas que vivenciaram eventos como esses parecem francamente estranhas para aqueles de nós que apenas imaginam esses eventos — e, todavia, quem somos nós para discutir com as pessoas que realmente sentiram na pele e sabem como é?

O fato é que eventos negativos nos afetam, mas geralmente não nos afetam tanto quanto imaginamos ou pela duração de tempo que supomos.[11] Quando se pede às pessoas que prevejam como se sentirão se perderem um emprego ou um parceiro amoroso, se seu candidato perder uma eleição importante ou se seu time for derrotado em uma partida decisiva, se fracassarem numa entrevista de emprego, em uma prova ou em um concurso, elas de forma consistente superestimam o quanto se sentirão péssimas e por quanto tempo se sentirão péssimas.[12] Pessoas sem nenhum impedimento de natureza física, mental, intelectual ou sensorial estão dispostas a pagar muito mais para evitar se tornarem deficientes do que pessoas com deficiência estão dispostas a pagar para se tornarem fisicamente capazes, porque subestimam o quanto as pessoas com deficiência são felizes.[13] Como constatou um grupo de pesquisadores: "Pacientes com doenças crônicas e pessoas com deficiência geralmente avaliam sua vida em determinado estado de saúde atribuindo-lhe um valor mais alto do que pacientes hipotéticos [que estão] se imaginando nesses estados".[14] De fato, pessoas sem deficiência imaginam que 83 doenças seriam "piores do que a morte", e, ainda assim, as pessoas que realmente vivem com essas doenças e condições de saúde raramente tiram a própria vida.[15] Se os eventos negativos não nos atingem com toda a força que esperamos, então por que esperamos que façam isso? Se as mágoas, desgostos, sofrimentos e calamidades podem ser bênçãos disfarçadas, males que vêm para bem, então por que esses disfarces são tão convincentes? A resposta é que a mente humana tende a *explorar a ambiguidade* — e se essa frase parece ambígua para você, então continue lendo e deixe-me explorá-la em detalhes.

PARE DE IRRITAR AS PESSOAS

A única coisa mais difícil do que encontrar uma agulha num palheiro é encontrar uma agulha numa pilha de agulhas. Quando um objeto está rodeado por objetos semelhantes, naturalmente se mistura aos demais, e quando está rodeado por objetos diferentes, naturalmente se destaca. Veja a figura 16. Se você tivesse um cronômetro capaz de medir milissegundos, descobriria que consegue localizar O na sequência de cima (onde ela está rodeada por números) um pouco mais rapidamente do que é capaz de localizá-la na série de baixo (onde está cercada por outras letras). E isso faz sentido, porque é mais difícil encontrar uma letra entre letras do que uma letra em meio a números. Contudo, se eu pedisse a você para procurar "zero" em vez de "a letra O", você teria sido um pouco mais rápido para encontrá-la na série de baixo do que na sequência de cima.[16] Ora, a maioria de nós acredita que uma habilidade sensorial básica, como a visão, é muito bem explicada pela composição estrutural de seu circuito, e se você quisesse entender essa habilidade, teria que aprender sobre luminância, contraste, bastonetes, cones, nervos ópticos, retinas e coisas do tipo. Porém, depois de ter aprendido tudo o que há para saber sobre as propriedades físicas das sequências mostradas na figura 16 e tudo o que há para saber sobre a anatomia do olho humano, ainda assim você não seria capaz de explicar por que uma pessoa consegue encontrar o círculo mais rapidamente em um caso do que no outro, a menos que soubesse também o que a pessoa pensava sobre o que o círculo *significava*.

Os significados são importantes até mesmo para os processos psicológicos mais básicos, e, embora isso possa parecer uma obviedade para pessoas racionais como você e eu, ignorar esse fato absolutamente óbvio levou os

1	5	9	3	1	5	4	4	2	9
6	8	4	2	1	6	2	2	3	3
9	2	7	6	9	7	5	5	1	1
5	3	7	2	7	6	2	7	8	9
3	7	5	9	6	8	8	2	9	8
4	8	3	1	2	1	6	8	1	8
4	3	4	2	3	9	1	7	0	9
6	2	4	1	8	6	7	5	2	3
7	6	4	2	9	6	5	4	4	5
9	5	2	3	6	7	8	4	5	3

L	G	V	C	L	G	E	E	P	V
I	T	E	P	L	I	P	P	C	C
V	Q	R	I	V	R	G	G	L	L
G	C	R	P	R	I	P	R	T	V
C	R	G	V	I	T	T	P	V	T
E	T	C	L	P	L	I	T	L	T
E	C	E	P	C	V	L	R	0	V
I	P	E	L	T	I	R	G	P	C
R	I	E	P	V	I	G	E	E	G
V	G	Q	C	I	R	T	E	G	C

Figura 16.

psicólogos a uma busca desenfreada e inútil, que durou quase trinta anos e produziu relativamente poucos frutos. Ao longo de grande parte da última metade do século XX, psicólogos experimentais cronometraram ratos enquanto corriam em labirintos e observaram pombos enquanto bicavam teclas porque acreditavam que a melhor maneira de entender o comportamento era mapear a relação entre um estímulo e a resposta de um organismo a esse estímulo. Medindo cuidadosamente o que um organismo fazia quando era apresentado a um estímulo físico, a exemplo de uma luz, um som ou um pedaço de comida, psicólogos esperavam desenvolver uma ciência que associasse os estímulos observáveis a comportamentos observáveis, sem usar conceitos vagos e piegas, como *significado*, para relacioná-los. Infelizmente, esse projeto ingênuo estava fadado ao fracasso desde o início, porque, embora ratos e pombos possam responder a estímulos conforme *são apresentados* no mundo, as pessoas respondem aos estímulos conforme *são representados* na mente. Estímulos objetivos no mundo criam estímulos subjetivos na mente, e é a esses estímulos subjetivos que as pessoas reagem. Por exemplo, as letras do meio nas duas palavras da figura 17 são estímulos fisicamente idênticos (juro – eu mesmo as recortei e colei) e, ainda assim, a maioria dos falantes de língua inglesa responde a elas de maneira diferente – as vê de forma diferente, as pronuncia de forma diferente, lembra-se delas forma diferente –, porque uma representa a letra *H* e a outra representa a letra *A*. Na verdade, seria mais apropriado dizer que uma *é* a letra *H* e a outra *é* a letra *A*, porque a identidade de um rabisco de tinta tem menos a ver com a forma como ele é construído em termos objetivos e mais a ver com a maneira como o interpretamos em termos subjetivos. Duas linhas verticais com uma barra transversal significam uma coisa quando ladeadas por *T* e *E* e significam outra coisa quando flanqueadas por *C* e *T*, e uma das muitas coisas que nos distinguem dos ratos e pombos é que respondemos aos significados desses estímulos, e não aos estímulos propriamente ditos. É por isso que meu pai pode me chamar de "larvinha de formiga" e você não pode.

Figura 17. *A forma do meio tem diferentes significados em diferentes contextos.*

Desambiguação de objetos

Na maior parte dos casos os estímulos são ambíguos – isto é, podem significar mais de uma coisa –, e a questão interessante é como *eliminamos a ambiguidade* deles – isto é, como sabemos qual dos muitos significados de um estímulo devemos inferir numa ocasião específica. Pesquisas mostram que *contexto*, *frequência* e *recenticidade* são especialmente importantes a esse respeito.

- Leve em consideração o *contexto*. A palavra *banco*, por exemplo, é polissêmica, ou seja, tem diferentes significados, entre eles: "um assento de madeira, pedra, ferro, cimento etc., com ou sem encosto e com ou sem apoio para os braços", "uma instituição financeira que recebe depósitos de dinheiro em conta-corrente, aplica capital, realiza empréstimos, efetua cobranças, opera em câmbio etc." e "elevação de areia ou coral do fundo do mar, que às vezes chega à superfície". Nunca confundimos o sentido de frases como "Tarsila sentou no banco da praça para terminar de ler seu livro", "O ladrão saiu às pressas do banco" ou "Um cargueiro ficou encalhado em um banco de areia nas proximidades da praia da Frida", porque a locução *da praça* e as palavras *ladrão* e *encalhado* fornecem um contexto que nos diz qual dos três significados de *banco* devemos inferir em cada caso.

- Leve em consideração a *frequência*. Nossas interações anteriores com um estímulo fornecem informações sobre quais de seus significados devemos adotar. Por exemplo, um analista de crédito provavelmente interpretará a frase "Não saia às pressas do banco" como um alerta sobre a maneira adequada de se comportar dentro de seu ambiente de trabalho, e não como bons conselhos sobre como pilotar um cargueiro na maré baixa, porque em um dia normal o analista de crédito ouve a palavra *banco* usada mais com mais frequência em seu sentido financeiro do que marítimo.
- Considere a *recenticidade*. Até mesmo um comandante de cargueiro provavelmente interpretará a frase "Não saia às pressas do banco" como uma referência a uma instituição financeira, em vez de a uma elevação de areia se recentemente tiver visto um anúncio de cofres, por exemplo, porque assim o significado financeiro de *banco* ainda estará ativo em sua mente. De fato, uma vez que estive falando sobre bancos neste parágrafo, estou disposto a apostar que ouvir a frase "Ele precisa muito daquele cheque" faz com que você gere uma imagem mental de alguém desesperado para receber aquele documento fornecido por um banco e que equivale a dinheiro, e não de um enxadrista ávido para vencer uma partida ameaçando capturar o rei adversário (também estou disposto a supor que a interpretação que você deu ao título desta seção depende de se você irritou alguém mais ou menos recentemente do que alguém irritou você).

Ao contrário de ratos e pombos, então, respondemos aos significados — e contexto, frequência e recenticidade são três dos fatores que determinam qual significado vamos inferir quando encontrarmos um estímulo ambíguo. Mas há outro fator de igual importância e maior interesse. Como ratos e pombos, cada um de nós tem desejos, vontades e necessidades. Não somos apenas espectadores do mundo, mas investidores no mundo, e muitas vezes *preferimos* que um estímulo ambíguo signifique uma coisa em vez de outra. Tenha em mente, por exemplo, o desenho de uma caixa na figura 18. Esse objeto (chamado Cubo de Necker em homenagem ao cristalógrafo suíço que o descobriu em 1832) é inerentemente ambíguo, e você pode comprovar isso por si mesmo pelo simples ato de olhar para o cubo por alguns segundos. A princípio, a caixa parece estar assentada de lado e você tem a sensação de que está olhando para uma caixa posicionada *à sua frente*. O ponto fica no interior da caixa, no local onde o painel traseiro e o inferior se encontram. Mas se você olhar fixamente por tempo suficiente, o desenho de repente se altera, a caixa parece estar de pé apoiada sobre uma das extremidades, e você tem a sensação de que está olhando para uma caixa *abaixo* de você. O ponto agora está empoleirado no canto superior direito da caixa. Como, por causa do cruzamento das arestas dos cubos, esse desenho tem duas interpretações igualmente significativas, seu cérebro se alterna, feliz da vida, entre uma e outra, mantendo você ligeiramente entretido até que por fim fique com tontura e caia desmaiado. Mas e se um desses significados fosse melhor do que o outro? Ou seja, e se você *preferisse* uma das interpretações desse objeto? Experimentos mostram que quando os sujeitos da pesquisa são recompensados por ver a caixa na frente deles ou abaixo deles, a orientação para a qual foram recompensados começa "a brotar" com mais frequência e seu cérebro "se agarra" a essa interpretação sem mudar.[17] Em outras palavras, quando seu cérebro tem liberdade para interpretar um estímulo de mais de uma maneira, tende a interpretá-lo da maneira que *ele deseja*, o que equivale a dizer que suas preferências influenciam suas interpretações de estímulos exatamente da mesma forma que o contexto, a frequência e a recenticidade as influenciam.

Esse fenômeno não se limita à interpretação de desenhos esquisitos. Por exemplo, por que você se considera uma pessoa talentosa? (Vamos lá, pode admitir; você sabe que sim.) Para responder a essa pergunta, pesquisadores pediram a alguns voluntários (os definidores) que escrevessem sua definição da palavra *talentoso* e, em seguida, avaliassem seu talento usando essa definição como um guia.[18] Depois, alguns outros voluntários (os não definidores)

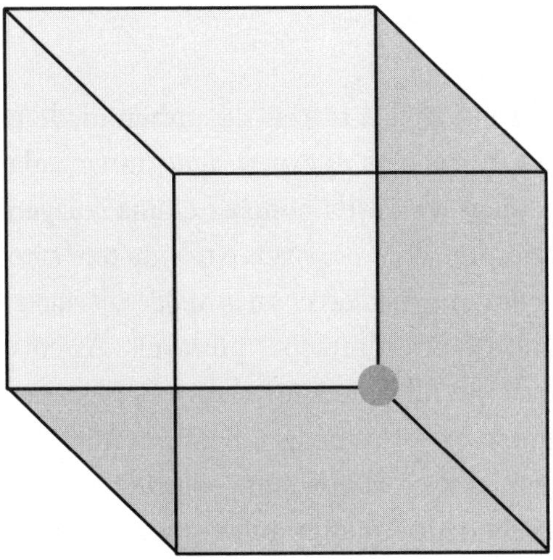

Figura 18. *Se você olhar para um Cubo de Necker, terá a impressão de que ele muda de posição.*

receberam as definições elaboradas pelo primeiro grupo e foram instruídos a avaliar seu próprio talento usando as tais definições alheias como um norte. Curiosamente, os definidores se classificaram como pessoas mais talentosas do que os não definidores. Como os definidores tiveram a liberdade de definir a palavra *talentoso* da maneira como bem desejavam, atribuíram-lhe *exatamente* o sentido que mais bem atendia a seus desejos — ou seja, em termos de alguma atividade na qual eles por acaso se destacavam ("Eu acho que *talento* geralmente se refere a *realizações excepcionais no campo das artes*, caso, por exemplo, desta pintura que acabei de terminar", ou "*Talento* significa uma *habilidade com a qual você nasceu*, por exemplo, ser muito mais forte do que as outras pessoas. Devo colocar você no chão agora?"). Os definidores puderam definir os padrões para o talento e, não por coincidência, mostraram-se mais propensos a atender aos padrões por eles definidos. Uma das razões pelas quais quase todos nos consideramos pessoas talentosas, simpáticas, sábias e justas é que essas palavras são os equivalentes lexicais de um Cubo de Necker, e a mente humana explora naturalmente a ambiguidade de cada palavra para sua própria satisfação.

Obviamente, as fontes mais férteis de ambiguidade explorável não são palavras, frases ou formas, mas as *experiências* intrincadas, variadas e multidimensionais das quais cada vida humana é uma colagem. Se um Cubo de Necker tem duas interpretações possíveis e *talento* tem catorze interpretações possíveis, então *sair de casa* ou *adoecer* ou *arranjar um emprego nos correios* têm centenas ou milhares de interpretações possíveis. As coisas que acontecem conosco — casar, criar um filho, encontrar um emprego, pedir renúncia de um mandato no Congresso, ir para a cadeia, ficar tetraplégico — são muito mais complexas do que um rabisco ou um cubo colorido, e essa complexidade cria um montão de ambiguidades que imploram para ser exploradas. Não precisam implorar muito. Por exemplo, em um estudo, alguns voluntários foram informados de que comeriam um delicioso, mas pouco saudável, sundae (os comedores de sorvete), e outros foram informados de que comeriam um prato amargo, mas muito saudável, de couve fresca (os comedores de couve).[19] Antes de efetivamente comer esses alimentos, os voluntários foram instruídos pelos pesquisadores a avaliar a semelhança de uma série de alimentos, incluindo sorvete, couve e carne de porco enlatada (que todos consideraram desagradável ao paladar e prejudicial à saúde). Os resultados mostraram que os comedores de sorvete acharam que a carne de porco enlatada era mais parecida com couve do que com sorvete. Por quê? Porque, por alguma estranha razão, os comedores de sorvete pensaram na comida em termos de *sabor* — e, ao contrário da couve e da carne de porco enlatada, o sorvete tem um sabor delicioso. Por outro lado, os comedores de couve acharam a carne de porco enlatada mais parecida com sorvete do que com couve. Por quê? Porque, por alguma estranha razão, os comedores de couve estavam pensando na comida em termos de *saúde* —, e, ao contrário da couve, o sorvete e a carne de porco enlatada não são saudáveis. A estranha razão não é tão estranha assim. Da mesma maneira como um Cubo de Necker está simultaneamente à sua frente e abaixo de você, o sorvete ao mesmo tempo engorda e é saboroso, e a couve é saudável e amarga. Seu cérebro e meu cérebro facilmente se alternam entre essas diferentes maneiras de pensar sobre os alimentos porque estamos apenas lendo sobre eles. Mas se estivéssemos nos preparando para *comer* um deles, nosso cérebro exploraria automaticamente a ambiguidade da identidade desse alimento e nos permitiria pensar nele de uma forma que nos agradasse (sobremesa deliciosa ou verdura nutritiva) em vez de uma forma que não nos agradasse (sobremesa engordativa ou hortaliça amarga). Tão logo nossa experiência *potencial* se torna nossa *experiência* real — tão logo desenvolvemos um forte interesse no quanto ela é boa —, nosso cérebro fica ocupado procurando maneiras de pensar sobre a experiência que nos permitirá apreciá-la.

Como as experiências são inerentemente ambíguas, encontrar uma "visão positiva" de uma experiência é muitas vezes tão simples quanto encontrar a "visão abaixo de você" de um Cubo de Necker, e pesquisas mostram que a maioria das pessoas faz isso bem e com frequência. Os consumidores avaliam eletrodomésticos de forma mais positiva depois de comprá-los,[20] pessoas à procura de emprego avaliam os empregos de forma mais positiva depois de aceitá-los,[21] e estudantes do ensino médio avaliam uma faculdade de forma mais positiva depois de ingressarem nela.[22] Apostadores de turfe avaliam seus cavalos de forma mais positiva quando estão saindo da janela de apostas do que quando se aproximam dela,[23] e os eleitores avaliam seus candidatos de forma mais positiva no momento em que saem da cabine de votação do que quando entram nela.[24] Uma torradeira, uma empresa, uma universidade, um cavalo e um senador são, todos, coisas muito boas e excelentes, mas quando se tornam *nossa* torradeira, *nossa* empresa, *nossa* universidade, *nosso* cavalo e *nosso* senador passam a ser instantaneamente melhores e mais excelentes. Estudos como esses sugerem que as pessoas são bastante competentes em encontrar uma maneira positiva de ver as coisas quando se tornam suas.

MANIPULANDO OS FATOS

No clássico romance de Voltaire, *Cândido, ou O otimismo*, o dr. Pangloss é um professor de "metafísico-teológico-cosmolonigologia" que acredita viver no melhor de todos os mundos possíveis.

> — Está claramente demonstrado — dizia ele — que as coisas não podem ser de outro jeito: pois tudo sendo feito para um fim, tudo está necessariamente destinado ao melhor fim. Queiram notar, por exemplo, que o nariz foi feito para carregar óculos, e por isso usamos óculos. As pernas foram visivelmente instituídas para usar

calças, e assim vestimos calças. As pedras foram feitas para ser talhadas e construir castelos; assim meu monsenhor tem um belíssimo castelo, porque o maior barão da província deve ter a mais refinada casa. E porque os porcos foram feitos para serem comidos, comemos carne de porco durante o ano inteiro; destarte, aqueles que afirmam que tudo está bem disseram uma tolice; era preciso asseverar que tudo está o melhor possível.[25]

As pesquisas que descrevi até aqui parecem sugerir que os seres humanos são irremediavelmente panglossianos; há mais maneiras de pensar sobre a experiência do que existem experiências em que se pensar, e os seres humanos são excepcionalmente inventivos quando se trata de encontrar a melhor de todas as maneiras possíveis. E, contudo, se isso é verdade, então por que não estamos todos andando por aí com os olhos arregalados e sorrisos abertos, agradecendo a Deus pela maravilha que são as hemorroidas e pelo milagre que são os cunhados e as sogras? Porque a mente pode ser crédula, mas não é trouxa. O mundo é *deste* jeito e desejamos que o mundo fosse *daquele jeito*, e nossa experiência do mundo — a maneira como o vemos, como nos lembramos dele e como o imaginamos — é uma mistura de realidade dura e desoladora e ilusão reconfortante. Não podemos ser poupados nem de uma coisa nem outra. Se vivenciássemos o mundo exatamente como ele é, ficaríamos deprimidos demais até para sair da cama pela manhã, mas se vivenciássemos o mundo exatamente como gostaríamos que ele fosse, de tão iludidos nem sequer conseguiríamos encontrar nossos chinelos. Podemos ver o mundo através de lentes cor-de-rosa, mas as lentes cor-de-rosa não são opacas nem transparentes. Não podem ser opacas porque precisamos enxergar o mundo com clareza suficiente para participar dele — para pilotar helicópteros, colher milho, amamentar bebês e todas as outras coisas que os mamíferos inteligentes precisam fazer para sobreviver e prosperar. Mas tampouco podem ser translúcidas, porque precisamos de seu matiz rosado para nos motivar a *projetar* helicópteros ("Tenho certeza de que esta coisa vai voar"), *plantar* o milho ("Este ano a colheita será espetacular"), e *tolerar* os bebês ("Que alegria!"). Não podemos viver sem realidade e não podemos viver sem ilusão. Cada uma serve a um propósito, cada uma impõe um limite à influência da outra, e nossa experiência do mundo é o engenhoso acordo de meio-termo que essas rivais duronas negociam.[26]

Em vez de pensar nas pessoas como panglossianos incorrigíveis, então, podemos pensar nelas como criaturas dotadas de um *sistema imunológico psicológico* que defende a mente contra a infelicidade, da mesma forma que o *sistema imunológico físico* defende o corpo contra doenças.[27] Essa metáfora é extraordinariamente apropriada. Por exemplo, o sistema imunológico físico deve encontrar um equilíbrio entre duas necessidades concorrentes: a de reconhecer e destruir invasores estrangeiros, como vírus e bactérias, e a de reconhecer e respeitar as células do próprio corpo. Se o sistema imunológico físico for hipoativo, não conseguirá defender o corpo contra micropredadores, e seremos atacados por infecções; mas se o sistema imunológico físico for hiperativo, defenderá erroneamente o corpo contra si mesmo e seremos acometidos de doenças autoimunes. Um sistema imunológico saudável deve equilibrar suas necessidades concorrentes e encontrar uma maneira de nos defender bem — mas não *excessivamente* bem.

De forma análoga, quando enfrentamos a dor da rejeição, a perda, o infortúnio e o fracasso, o *sistema imunológico psicológico* não deve nos defender com excesso de zelo ("Eu sou perfeito e todos estão contra mim") e não deve deixar de nos defender suficientemente bem ("Eu sou um perdedor e é melhor morrer"). Um sistema imunológico psicológico *saudável* alcança um equilíbrio graças ao qual nos sentimos bem o suficiente para lidarmos com a nossa situação, mas mal o suficiente para fazermos algo a respeito ("Sim, foi um péssimo desempenho e me sinto péssimo por isso, mas tenho a confiança necessária para tentar uma segunda vez"). Precisamos ser defendidos — não indefesos, e nem ficar na defensiva —, e assim nossa mente naturalmente procura o melhor ponto de vista possível sobre as coisas, ao mesmo tempo que insiste que nossos pontos de vista sobre as coisas se mantenham razoavelmente próximos dos fatos. É por isso que as pessoas procuram oportunidades para pensar acerca de si mesmas de maneiras positivas, mas rotineiramente rejeitam oportunidades de pensar sobre si próprias de formas *irrealisticamente* positivas.[28] Por exemplo, estudantes universitários solicitam transferência de dormitório quando julgam que seus atuais colegas de quarto não os têm em alta conta, mas também solicitam transferência de dormitório quando acham que seus atuais colegas de quarto *os têm na mais alta conta*.[29] Ninguém gosta de sentir que está sendo enganado, mesmo quando essa enganação é prazerosa. A fim de manter o delicado equilíbrio entre realidade e ilusão, buscamos visões positivas de nossas experiências, mas só nos permitimos adotar esses pontos de vista quando eles parecem *plausíveis*. Então, o que faz um ponto de vista parecer plausível?

Encontrando fatos

A maioria de nós dá bastante crédito ao que os cientistas nos dizem, porque sabemos que os cientistas chegam às suas conclusões reunindo e analisando fatos. E se alguém lhe perguntasse por que você acredita que fumar é ruim e praticar corrida é bom, ou que a Terra é redonda e a galáxia é plana, ou que as células são pequenas e as moléculas são menores, você apontaria os fatos. Talvez precise explicar que não *conhece* pessoalmente os fatos para os quais está apontando, mas sabe que, em algum momento no passado, muitas pessoas bem sérias, vestindo jalecos brancos, saíram por aí munidos de estetoscópios, telescópios e microscópios para observar o mundo, escreveram o que observaram, analisaram o que escreveram e depois disseram ao resto de nós as coisas em que devemos acreditar a respeito de nutrição, cosmologia e biologia. Os cientistas são confiáveis porque chegam a conclusões plausíveis a partir de observações, e desde que os *empiristas* derrotaram os *dogmáticos* e se tornaram os reis da medicina da Grécia Antiga, os ocidentais têm uma reverência especial por conclusões baseadas em coisas que eles podem ver. Não surpreende, então, que consideremos nossos próprios pontos de vista críveis quando se baseiam em fatos observáveis, mas não quando se baseiam em desejos, vontades e fantasias. Podemos até *gostar* de acreditar que todos nos amam, que viveremos para sempre e que as ações das empresas de alta tecnologia estão se preparando para um retorno triunfante, e seria extremamente conveniente se pudéssemos apenas apertar um pequeno botão na base de nosso crânio e instantaneamente acreditar no que bem quiséssemos. Mas não é assim que as crenças funcionam. Ao longo da evolução humana, o cérebro e os olhos desenvolveram uma relação contratual em que o cérebro concordou em acreditar no que os olhos veem e não acreditar no que os olhos negam. Então, se vamos acreditar em alguma coisa, ela deve ser corroborada pelos fatos — ou pelo menos não descaradamente desmentida por eles.

Se pontos de vista são aceitáveis e confiáveis apenas quando são críveis e se são plausíveis apenas quando baseados em fatos, então de que modo podemos chegar a pontos de vista positivos acerca de nós mesmos e de nossa experiência? Como é que conseguimos pensar em nós mesmos como excelentes motoristas, amantes talentosos e chefs de cozinha brilhantes quando os fatos de nossa vida incluem um desfile patético de carros amassados, parceiros amorosos decepcionados e suflês murchos? A resposta é simples: nós manipulamos os fatos. Existem muitas técnicas diferentes para coletar, interpretar e analisar fatos, e técnicas diferentes geralmente levam a conclusões diferentes, e é por isso que cientistas discordam sobre os perigos do aquecimento global, os benefícios da teoria econômica da "economia pelo lado da oferta" e a sabedoria das dietas com baixo teor de carboidratos. Bons cientistas lidam com essa complicação escolhendo as técnicas que eles consideram mais apropriadas e em seguida aceitando as conclusões que essas técnicas produzem, independentemente de quais possam ser essas conclusões. Por sua vez, os cientistas *ruins* tiram vantagem dessa complicação, escolhendo técnicas com especial propensão a produzir as conclusões que eles privilegiam, permitindo-lhes assim chegar a conclusões que lhes sejam favoráveis por meio de fatos que as respaldam. Décadas de pesquisa sugerem que quando se trata de coletar e analisar fatos sobre nós mesmos e nossas experiências, a maioria de nós tem o equivalente a um diploma avançado em Ciência Realmente Malfeita.

Tenha em mente, por exemplo, o problema da amostragem. Como os cientistas não têm condições de observar cada bactéria individual, todos os cometas um por um, cada pombo ou cada pessoa, estudam pequenas amostras que são retiradas dessas populações. Uma regra fundamental da boa ciência e do bom senso é que essa amostra deve ser retirada de todas as partes da população, se a intenção é que a amostra nos diga algo sobre a população em questão. Realmente não há sentido em realizar uma pesquisa de opinião se você só vai ligar para os republicanos registrados do condado de Orange County ou os membros da executiva da organização Anarquistas contra Organizações Incluindo Esta. E, no entanto, é basicamente o que fazemos ao buscar fatos que influenciam nossas conclusões favoritas.[30] Por exemplo, quando voluntários em um estudo foram informados de que haviam obtido uma pontuação ruim em um teste de inteligência e em seguida tiveram a oportunidade de ler artigos de jornal sobre testes de QI, passaram mais tempo lendo artigos que questionavam a validade desse tipo de teste do que artigos que os referendavam.[31] Quando voluntários de um outro estudo receberam uma avaliação elogiosa de um supervisor, demonstraram mais interesse em ler informações de referência que elogiavam a competência e a perspicácia de supervisores do que informações de referência que colocavam isso em dúvida.[32] Controlando a amostragem de informações a que foram expostas, essas pessoas controlavam indiretamente as conclusões a que chegariam.

Você provavelmente já fez isso por conta própria. Por exemplo, se já comprou um automóvel novo, deve ter notado que, logo depois de tomar a decisão de comprar o Honda em vez do Toyota, começou a se demorar um bocado a mais na leitura dos anúncios publicitários da Honda na revista semanal e passar rapidamente os olhos pelos anúncios da concorrente.[33] Se algum amigo percebesse isso e lhe perguntasse a respeito, o mais provável seria você explicar que simplesmente estava mais interessado em aprender sobre o carro que escolheu do que sobre o carro que não escolheu. Mas *aprender* é uma estranha escolha de palavras aqui, porque a palavra *aprender* geralmente se refere à aquisição equilibrada de conhecimento, e o tipo de aprendizagem que se obtém lendo exclusivamente anúncios da Honda é mais do que um pouco desequilibrado. Anúncios publicitários contêm fatos sobre as vantagens dos produtos que eles descrevem, e não sobre as desvantagens; portanto, sua busca por novos conhecimentos teria o interessante benefício colateral de garantir que você fosse impregnado desses fatos — e apenas desses fatos —, que confirmariam a sabedoria da decisão que você tomou.

Não selecionamos fatos favoráveis apenas de revistas, mas também os selecionamos da nossa memória. Por exemplo, em um estudo, pesquisadores mostraram a alguns voluntários evidências indicando que os extrovertidos recebem maiores salários e mais promoções no trabalho do que os introvertidos (o grupo dos extrovertidos de sucesso), e a outros voluntários mostraram-se evidências indicando o oposto (o grupo dos introvertidos de sucesso).[34] Quando os pesquisadores pediram aos voluntários que relembrassem comportamentos específicos de seu passado que ajudariam a determinar se eram extrovertidos ou introvertidos, os voluntários do grupo dos extrovertidos de sucesso tenderam a se lembrar do momento em que, na maior cara de pau, se aproximaram de uma pessoa desconhecida e se apresentaram, enquanto os voluntários do grupo dos introvertidos de sucesso mostraram-se inclinados a se lembrar de quando viram alguém de quem gostaram, mas foram tímidos demais para dizer "oi".

Claro, outras pessoas — e não lembranças ou anúncios publicitários em revistas — são as fontes mais abundantes de informações sobre a sabedoria de nossas decisões, a extensão de nossas habilidades e a irresistível efervescência de nossa personalidade borbulhante. Nossa tendência de nos expormos a informações que corroboram nossas conclusões favoritas é especialmente poderosa quando se trata de escolher nossas companhias. Você provavelmente já percebeu que, quase sem exceção, ninguém escolhe amigos e parceiros amorosos por amostragem aleatória. Ao contrário, gastamos incontáveis horas e bastante dinheiro organizando criteriosamente nossa vida de modo a garantir que sejamos rodeados por pessoas que *gostem* de nós e que *sejam como* nós. Não surpreende, então, que, quando recorremos às pessoas que conhecemos em busca de conselhos e opiniões, elas tendem a confirmar nossas conclusões preferidas — ou porque de fato comungam das mesmas ideias que nós ou porque não querem magoar nossos sentimentos ao nos dizer o contrário.[35] Caso as pessoas da nossa vida vez por outra deixem de nos dizer o que queremos ouvir, contamos com algumas maneiras inteligentes para ajudá-las.

Por exemplo, estudos revelam que as pessoas tendem a fazer perguntas que são sutilmente engendradas para manipular as respostas que recebem.[36] Uma pergunta como "Eu sou o melhor parceiro que você já teve na vida?" é perigosa porque tem apenas uma resposta capaz de nos deixar realmente felizes, mas uma pergunta como "Do que você mais gosta quando faz amor comigo?" é brilhante porque tem apenas uma resposta que pode nos deixar realmente infelizes. Estudos mostram que as pessoas têm uma inclinação intuitiva para fazer as perguntas que contêm a maior probabilidade de suscitar as respostas que elas querem ouvir. E quando ouvem essas respostas, tendem a acreditar no que elas mesmas instigaram outras pessoas a dizer, e é por isso que "Diga que me ama" continua sendo um pedido tão popular.[37] Resumindo, obtemos respaldo para as nossas próprias conclusões ouvindo as palavras que colocamos na boca de pessoas que já foram pré-selecionadas por sua disposição de dizer o que queremos ouvir.

E fica pior — porque quase todos nós temos maneiras de fazer outras pessoas confirmarem nossas conclusões favoritas sem nunca nem sequer estabelecer uma conversa com elas. Tenha em mente o seguinte: para ser um ótimo motorista, amante ou chef de cozinha, não precisamos ser capazes de fazer baliza de olhos vendados, causar o desmaio de 10 mil mulheres com um simples olhar ou criar um *pâte feuilletée* tão inebriante a ponto de toda a população da França abandonar instantaneamente sua culinária nacional e jurar lealdade à nossa cozinha. Em vez disso, basta simplesmente estacionar o carro, beijar e assar uma massa folhada melhor do que a maioria. E como sabemos qual é o desempenho da maioria das outras pessoas? Ora, olhamos ao redor, é claro – mas para ter certeza de que vemos o que queremos, olhamos ao redor *de maneira seletiva.*[38] Por exemplo, voluntários em um estudo aceitaram fazer um teste que supostamente media sua sensibilidade social e foram informados de que haviam errado de modo desastroso a maioria das questões.[39] Quando esses voluntários tiveram a oportunidade de examinar os resultados dos testes de outras pessoas cujo desempenho tinha sido melhor ou pior do que o deles, ignoraram os testes das que se saíram melhor e, em vez disso, gastaram seu tempo examinando os testes das que tinham se saído pior. Obter uma nota 4,5 não é tão ruim para alguém que se compara exclusivamente com aqueles que tiraram dois.

Essa tendência de buscar informações sobre aqueles que tiveram um desempenho pior que o nosso é especialmente evidente quando há muita coisa em jogo. Pessoas com doenças potencialmente fatais, a exemplo do câncer, são mais propensas a se comparar a pessoas que estão em pior estado de saúde,[40] o que explica por que, em um estudo, 96% dos pacientes com câncer afirmaram estar em melhor condição do que a maioria dos outros pacientes com câncer.[41] E se não conseguirmos *encontrar* pessoas em situação pior que a nossa, podemos sair por aí e *criá-las*. Voluntários em um estudo fizeram um teste e em seguida tiveram a oportunidade de fornecer dicas que poderiam ajudar ou atrapalhar o desempenho de um amigo no mesmo teste.[42] Embora os voluntários tenham ajudado seus amigos quando o teste foi descrito como um jogo, atrapalharam ativamente seus amigos quando o teste foi descrito como uma importante medida da capacidade intelectual. Aparentemente, quando nossos amigos não têm o bom gosto de ficar em último para que possamos desfrutar do gostinho de ficar em primeiro, damos a eles um amigável empurrãozinho na direção apropriada. No momento em que temos a certeza de que sabotamos sua performance e nos asseguramos de seu fracasso, eles se tornam o perfeito padrão de comparação. O resultado final é este: o cérebro e o olho podem até ter uma relação contratual segundo a qual o cérebro concordou em acreditar no que o olho vê, mas em troca o olho concordou em procurar o que o cérebro deseja.

Seja escolhendo informações ou informantes, nossa capacidade de adulterar os fatos que encontramos nos ajuda a estabelecer pontos de vista que sejam positivos, plausíveis e confiáveis. Claro, se você já discutiu sobre uma partida de futebol, um debate político ou o noticiário das seis horas com alguém sentado na poltrona do outro lado do corredor, já constatou que, mesmo quando as pessoas *encontram* fatos que refutam suas conclusões favoritas, elas têm um talento especial para ignorar esses fatos, esquecê-los ou vê-los de uma forma diferente do que o restante de nós vê. Quando os estudantes de Dartmouth e Princeton assistem ao mesmo jogo de futebol americano, ambos os grupos alegam que os fatos mostram claramente que a equipe da outra universidade foi responsável pela conduta antidesportiva.[43] Quando democratas e republicanos assistem ao mesmo debate presidencial na televisão, os dois grupos de telespectadores afirmam que os fatos mostram claramente que seu candidato foi o vencedor.[44] Quando telespectadores pró-Israel e pró-árabes veem amostras idênticas da cobertura de notícias do Oriente Médio, ambos afirmam que os fatos mostram claramente que a imprensa foi tendenciosa contra seu lado.[45] Infelizmente, a única coisa que esses fatos mostram *de forma clara* é que as pessoas tendem a ver o que querem ver.

Inevitavelmente, no entanto, haverá momentos em que os fatos desagradáveis serão óbvios demais para fingirmos que não existem. Quando o zagueiro do nosso time é flagrado usando um soco-inglês, ou quando o nosso candidato confessa em rede nacional de televisão ter praticado crime de peculato, achamos difícil ignorar ou esquecer esses fatos. Como conseguimos manter uma conclusão favorita quando os fatos nus e crus simplesmente não colaboram? Embora a palavra *fato* pareça sugerir uma espécie de irrefutabilidade indiscutível, fatos nada mais são do que conjecturas que encontraram certo padrão de prova. Se definirmos esse padrão em um nível suficientemente alto, então nada jamais poderá ser provado, incluindo o "fato" de nossa própria existência. Se definirmos o padrão em um nível baixo o suficiente, então todas as coisas são verdadeiras e igualmente verdadeiras. Uma vez que o niilismo e o pós-modernismo são filosofias insatisfatórias, tendemos a definir nosso padrão de prova em algum lugar no meio-termo. Ninguém é capaz de dizer com precisão em que lugar esse padrão deve ser definido, mas de uma coisa sabemos: onde quer que o definamos, devemos mantê-lo no mesmo lugar quando avaliamos os fatos que tendemos a aceitar bem e os fatos que não vemos com bons olhos. Seria injusto os professores darem aos alunos de quem gostam provas mais fáceis do que dão para os alunos de quem não gostam; seria injusto os reguladores federais exigirem que produtos importados passem por testes de segurança mais rigorosos do que os produtos nacionais, ou que juízes insistam que o advogado de defesa faça argumentos melhores do que os do promotor.

E, todavia, esse é apenas o tipo de tratamento desigual que a maioria de nós dá aos fatos que confirmam e refutam nossas conclusões favoritas. Em um estudo, pediu-se a voluntários que avaliassem duas pesquisas científicas sobre a eficácia da pena de morte como elemento de dissuasão de crimes.[46] Os pesquisadores mostraram aos voluntários um estudo de pesquisa que usava a "técnica entre estados" (ou interestadual, que envolvia comparar as taxas de criminalidade dos estados que aplicavam a pena capital com as taxas de criminalidade daqueles em que não havia pena de morte) e um estudo de pesquisa que usava a "técnica dentro dos estados" (ou intraestadual, que envolvia comparar as taxas de criminalidade de um mesmo estado antes e depois da instituição ou da abolição da pena de morte). Para metade dos voluntários, o estudo entre estados concluiu que a pena de morte era eficaz e o estudo dentro dos estados concluiu que não. Para a outra metade dos voluntários, essas conclusões eram opostas. Os resultados mostraram que os voluntários tinham predileção por qualquer técnica que produzisse a conclusão que autenticava suas próprias ideologias políticas. Quando a técnica dentro dos estados produzia uma conclusão desagradável, os voluntários reconheciam imediatamente que dentro dos estados as comparações são inúteis porque fatores como emprego e renda variam ao longo do tempo e, portanto, as taxas de criminalidade de uma década (1980) não podem ser comparadas com as taxas de criminalidade de outra década (1990). Porém, quando a técnica entre estados produzia uma conclusão desagradável, os voluntários imediatamente reconheciam que as comparações entre os estados são imprestáveis porque fatores como emprego e renda variam conforme a geografia, e, portanto, as taxas de criminalidade de um lugar não podem ser comparadas com as taxas de criminalidade de outro lugar.[47] Claramente, os voluntários definiam o padrão metodológico em um nível mais elevado para estudos que refutavam suas conclusões favoritas. Essa mesma técnica nos permite alcançar e manter uma visão positiva e confiável acerca de nós mesmos e de nossas experiências. Por exemplo, voluntários em um estudo foram informados de que tiveram um desempenho muito bom ou muito ruim em um teste de sensibilidade social, e, em seguida, solicitou-se que avaliassem dois relatórios científicos — um que sugeria que o teste era válido e outro que sugeria que não tinha validade.[48] Na opinião dos voluntários que tiveram um bom desempenho no teste, os estudos no relatório de validação usaram métodos científicos mais sólidos do que os estudos no relatório que invalidava o teste, mas os voluntários que tiveram um mau desempenho no teste acreditaram exatamente no oposto.

Quando os fatos lançam dúvida sobre nossa conclusão predileta, nós os esquadrinhamos com mais rigor e os submetemos a um escrutínio mais criterioso. Também exigimos muito mais deles. Por exemplo, quanta informação você exigiria antes de estar disposto a concluir que alguém é inteligente? O histórico escolar com as notas que a pessoa tirou no ensino médio seria suficiente? Um teste de QI bastaria? Você precisaria saber o que os professores e patrões da pessoa pensam sobre ela? Pediu-se a voluntários em um estudo que avaliassem a inteligência de outras pessoas, e eles exigiram uma considerável quantidade de evidências antes de se mostrarem dispostos a concluir que a pessoa era de fato inteligente. Mas, curiosamente, exigiam muito *mais* evidências quando a pessoa em questão era um chato de galochas, uma mala sem alça, do que quando a pessoa era engraçada, gentil e simpática.[49] Quando *queremos* acreditar que alguém é inteligente, uma mera carta de recomendação pode ser suficiente; mas quando *não queremos* acreditar que essa pessoa é inteligente, podemos exigir uma grossa pasta de papel manilha abarrotada de diplomas, testes e depoimentos.

Exatamente a mesma coisa acontece quando queremos ou não queremos acreditar em alguma coisa a nosso respeito. Por exemplo, em um estudo os pesquisadores pediram a voluntários que se submetessem a um teste médico que supostamente diria se eles tinham ou não uma perigosa deficiência enzimática que os predisporia a distúrbios pancreáticos.[50] Os voluntários colocavam uma gota de saliva numa tira de papel comum, que os pesquisadores falsamente alegaram ser uma tira de teste médico. Alguns voluntários (os testadores positivos) foram informados de que se a tira ficasse verde entre dez e sessenta segundos, então eles tinham deficiência da enzima. Outros voluntários (os testadores negativos) foram informados de que se a tira ficasse verde entre dez e sessenta segundos, eles *não* tinham deficiência da enzima. Embora a tira fosse um pedaço de papel comum e, portanto, nunca ficasse verde, os testadores negativos esperaram muito mais tempo do que os testadores positivos para concluir que o teste estava completo. Em outras palavras, os voluntários deram à tira de teste um bocado de tempo para provar que estavam bem, mas muito menos tempo para provar que estavam doentes. Aparentemente, não é preciso muita coisa para nos convencer de que somos inteligentes e saudáveis, mas são necessários muitos fatos para nos convencer do contrário. A nossa pergunta é se fatos *nos permitem* acreditar em nossas conclusões favoritas e se *nos compelem* a acreditar nas nossas conclusões desagradáveis.[51] Não é surpresa alguma que as conclusões desagradáveis tenham muito mais dificuldade para atender a esse padrão de prova mais rigoroso.[52]

ADIANTE

Em julho de 2004, a Câmara Municipal de Monza, na Itália, tomou uma medida incomum: proibiu aquários ovais de peixinhos dourados. Seu argumento era que os peixinhos deveriam ser mantidos em aquários retangulares, e não em tigelas arredondadas, porque "um peixe guardado em uma tigela tem uma visão distorcida da realidade e sofre por causa disso".[53] Não se fez menção alguma à dieta insossa dos peixes, à barulhenta bomba de oxigênio ou aos castelos de plástico idiotas. Não, o problema era que as tigelas arredondadas deformavam a experiência visual de seus habitantes, e peixinhos dourados têm o direito fundamental de ver o mundo como ele realmente é. Os bondosos vereadores de Monza não sugeriram que os seres humanos deveriam gozar do mesmo direito, talvez porque soubessem que nossas visões distorcidas da realidade não se dissipam facilmente, ou talvez porque compreendessem que sofremos menos com elas do que sem elas. Visões distorcidas da realidade são possíveis pelo fato de que as experiências são ambíguas — ou seja, podem ser vistas com credibilidade e confiança de muitas maneiras, algumas das quais mais positivas do que outras. A fim de assegurar que nossas opiniões sejam plausíveis e dignas de confiança, nosso cérebro aceita o que nossos olhos veem. Para garantir que nossas opiniões sejam positivas, nossos olhos procuram o que nosso cérebro deseja. A conspiração entre esses dois servos nos permite viver no fulcro da realidade dura e desoladora e da ilusão reconfortante. Então, o que tudo isso tem a ver com a previsão de nosso futuro emocional? Como estamos prestes a ver, podemos viver no fulcro da realidade e ilusão, mas a maioria de nós não sabe nem sequer nosso próprio endereço.

9. Imunes à realidade

De costas, defendo meu ventre; uso meu cérebro para defender minhas vontades; com a minha discrição, defendo minha honestidade; com minha máscara, defendo minha beleza.
William Shakespeare, *Tróilo e Créssida*, Ato I, cena 2

Albert Einstein pode ter sido o maior gênio do século XX, mas poucas pessoas sabem que ele chegou *muito* perto de perder essa distinção para um cavalo. Wilhelm von Osten era um professor aposentado que em 1891 afirmou que seu garanhão, a quem chamava de Hans Esperto, era capaz de responder a perguntas sobre atualidades, matemática e uma porção de outros tópicos, tocando o solo com sua pata dianteira. Por exemplo, quando Osten pedia a Hans Esperto para somar três e cinco, o cavalo esperava até seu senhor terminar de fazer a pergunta, depois batia o casco oito vezes no chão e parava. Às vezes, em lugar de fazer uma pergunta, Osten a escrevia em um cartão e o mostrava para Hans Esperto ler, e o cavalo parecia entender a linguagem escrita tão bem quanto compreendia a fala. Hans Esperto não acertava *todas* as perguntas, é claro, mas se saía muito melhor do que ninguém com os cascos, e suas apresentações públicas eram tão impressionantes que ele logo se tornou a maior celebridade da capital da Alemanha. Mas, em 1904, o diretor do Instituto de Psicologia de Berlim enviou seu aluno, Oskar Pfungst, para examinar o assunto com mais cuidado, e Pfungst percebeu que era muito maior a probabilidade de Hans Esperto dar a resposta errada quando Osten ficava parado atrás do cavalo do que na frente dele, ou quando o próprio Osten não sabia a resposta da pergunta que havia feito ao cavalo. Em uma série de experimentos, o Esperto Pfungst foi capaz de mostrar que Hans Esperto realmente sabia ler — mas o que ele sabia ler era a linguagem corporal de Osten. Quando Osten se curvava ligeiramente, Hans Esperto começava a bater os cascos, e quando Osten se endireitava, ou inclinava um pouco a cabeça ou erguia levemente uma sobrancelha, Hans Esperto parava. Em outras palavras, Osten estava dando sinais para Hans Esperto começar e parar de bater os cascos nos momentos certos para criar a ilusão de consciência equina.

Hans Esperto não era nenhum gênio, mas Osten não era um impostor. Na verdade, ele passou anos conversando pacientemente com seu cavalo sobre matemática e assuntos do mundo, e ficou genuinamente chocado e consternado ao descobrir que vinha enganando a si mesmo e a todo mundo. O engodo era elaborado e eficaz, mas foi cometido de forma inconsciente, e nisso Osten não tinha nada de excepcional. Quando nos expomos a fatos que nos são favoráveis, quando notamos fatos que nos são vantajosos e nos lembramos de fatos que nos são benéficos e submetemos esses fatos a um padrão de prova bastante baixo, geralmente a consciência que temos de nosso subterfúgio não é maior que a de Osten em relação ao dele. Podemos nos referir aos processos por meio dos quais o sistema imunológico psicológico faz seu trabalho como "táticas" ou "estratégias", mas esses termos — com suas inevitáveis conotações de planejamento e deliberação — não deveriam nos fazer pensar nas pessoas como criaturas maquinadoras e manipuladoras que, de caso pensado, *tentam* gerar opiniões positivas sobre sua própria experiência. Pelo contrário, as pesquisas sugerem que as pessoas *normalmente desconhecem* as razões pelas quais fazem o que estão fazendo,[1] mas quando indagadas sobre o motivo, prontamente fornecem um.[2] Por exemplo, quando voluntários assistem a uma tela de computador na qual palavras aparecem por apenas alguns milissegundos, não têm consciência de ver as palavras e são incapazes de inferir quais viram. Mas são influenciados por elas. Quando a palavra *hostil* é exibida num piscar de olhos, os voluntários julgam os outros negativamente.[3] Quando a palavra *idoso* pisca na tela, os voluntários caminham lentamente.[4] Quando a palavra *burro* pisca na tela, os voluntários têm um desempenho ruim nos testes.[5] Quando, mais tarde, pede-se a esses voluntários que expliquem por que razão julgaram os outros daquela maneira, caminharam daquela forma ou obtiveram aquela pontuação, duas coisas acontecem: primeiro, eles não sabem e, em segundo lugar, não dizem: "Eu não sei". Em vez disso, seu cérebro avalia rapidamente os fatos dos quais eles *estão* cientes ("Eu andei devagar") e faz os mesmos tipos de inferências plausíveis, mas equivocadas, sobre eles que um observador provavelmente faria a respeito deles ("Estou cansado").[6]

Quando manipulamos fatos, também estamos igualmente inconscientes dos motivos pelos quais fazemos isso, o que acaba sendo uma coisa boa, porque tentativas *deliberadas* de gerar opiniões positivas ("Deve haver *algo* de bom em ir à falência, e não vou me levantar desta cadeira enquanto não descobrir o que é") contêm as sementes de sua própria destruição. Voluntários em um estudo ouviram *A sagração da primavera* de Stravinski.[7] Alguns foram instruídos a ouvir a música e outros foram instruídos a ouvir a música enquanto tentavam conscientemente ser felizes. No fim do interlúdio, os voluntários que tentaram ser felizes estavam com um humor *pior* do que os que simplesmente ouviram a música. Por quê? Duas razões. Primeiro, podemos ser capazes de gerar deliberadamente opiniões positivas sobre nossas próprias experiências se fecharmos nossos olhos, ficarmos sentados bem quietos e não fizermos mais nada,[8] mas pesquisas sugerem que, diante da mais ligeira distração, essas tentativas tendem a sair pela culatra e acabamos nos sentindo pior do que antes.[9] Em segundo lugar, as tentativas deliberadas de adulterar os fatos são tão transparentes que nos sentimos envergonhados. Claro, *queremos* acreditar que nossa vida está bem melhor sem a noiva que nos deixou esperando no altar, e que *nos sentiremos* melhor assim que começarmos a descobrir fatos que corroborem essa conclusão ("Na verdade, ela nunca foi a pessoa certa pra mim, não é, mãe?"), mas o processo por meio do qual descobrimos esses fatos deve *dar a sensação de ser* uma descoberta, e não pura lábia. Se nos virmos manipulando os fatos ("Se eu formular a pergunta desta maneira e não perguntar a mais ninguém a não ser a minha mãe, tenho uma boa chance de confirmar a conclusão que me é favorável"), então a brincadeira acabou e a palavra *autoiludido* se junta a *rejeitado* na nossa lista de qualidades lamentáveis. Para que sejam críveis e dignas de confiança, as opiniões positivas devem ser baseadas em fatos que *acreditamos* ter encontrado de maneira honesta. A receita para realizar isso é botar a mão na massa e manipular inconscientemente os fatos e depois consumi-los de forma consciente. O comensal está na sala de jantar, mas o chef fica no porão. O benefício de toda essa culinária inconsciente é que ela funciona; mas o custo é que nos torna estranhos para nós mesmos. Deixe-me mostrar como.

ANSIOSO PARA OLHAR PARA TRÁS

Até onde sei, ninguém nunca fez um estudo sistemático sobre pessoas que foram abandonadas no altar sem dó nem piedade por um noivo ou noiva indiferente. Mas estou disposto a apostar uma boa garrafa de vinho que se você reunisse uma amostragem saudável de quase esposas e quase maridos e lhes perguntasse se descreveriam o episódio como "a pior coisa que já aconteceu comigo" ou "a melhor coisa que já me aconteceu", esta última opção seria mais endossada por mais gente que a primeira. E aposto uma *caixa* inteira desse vinho que se você encontrasse uma amostragem de pessoas que jamais passaram pela experiência de serem abandonadas no altar e lhes pedisse para prever, entre todas as suas possíveis experiências futuras, qual delas considerariam, olhando para trás, "a melhor coisa que já me aconteceu", nenhuma incluiria na lista a opção "ser rejeitado pela pessoa amada". Como tantas coisas, ser rejeitado pela pessoa amada é mais doloroso em perspectiva e mais otimista em retrospecto. Quando imaginamos ser deixados na mão dessa maneira, geramos naturalmente a visão mais terrível possível da experiência de tomar o fora; porém, depois de sentirmos na pele a dor concreta do coração partido, da humilhação na frente de nossa família, amigos e floristas, nosso cérebro começa a sair à procura de um ponto de vista menos terrível — e como vimos, o cérebro humano é muito esperto na hora de fazer essa seleção. Contudo, uma vez que nosso cérebro faz suas escolhas de modo inconsciente, tendemos a nem sequer perceber que ele fará isso, e, portanto, supomos, alegres e contentes, que a terrível visão que temos quando olhamos para a frente enquanto aguardamos ansiosamente pelo evento é a visão terrível que teremos quando olharmos para trás rememorando o evento. Em suma, não percebemos que nossa visão mudará porque em geral não temos consciência dos processos que a alteram.

Esse fato pode tornar muito difícil prever o futuro emocional de alguém. Em um estudo, os voluntários tiveram a oportunidade de se candidatar a um emprego com bom salário que envolvia nada mais do que provar sorvetes e inventar nomes engraçados para eles.[10] O procedimento de candidatura ao emprego exigia que o voluntário se submetesse uma entrevista gravada em vídeo. Alguns dos voluntários foram informados de que sua entrevista seria vista por um juiz que tinha autoridade exclusiva para decidir quem seria contratado (o grupo dos juízes). Outros foram informados de que sua entrevista seria vista por um júri cujos membros votariam para decidir se o voluntário deveria ser contratado (o grupo do júri). Os voluntários do grupo do júri foram informados de que, contanto que *um único* jurado votasse neles, obteriam o emprego — e, portanto, a única circunstância em que *não* seriam contratados seria o voto unânime contra eles. Todos os voluntários então passaram por uma entrevista e fizeram suas previsões sobre como se sentiriam se não conseguissem o emprego. Poucos minutos depois, o pesquisador entrava na sala e explicava, pedindo desculpas, que, após cuidadosa deliberação, o juiz ou júri decidiu que o voluntário simplesmente não era a pessoa certa para o trabalho. Em seguida, o pesquisador pedia aos voluntários que relatassem como se sentiam.

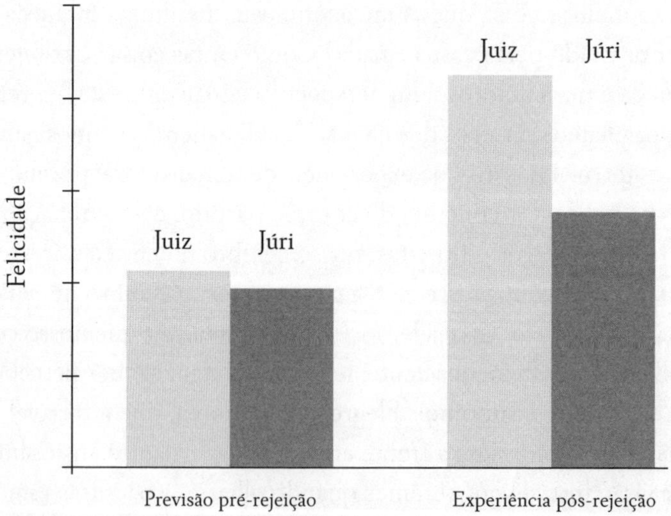

Figura 19. *Os voluntários ficavam mais felizes quando eram rejeitados por um juiz imprevisível do que por um júri unânime* (barras à direita). *Mas não podiam prever isso momentos antes de acontecer* (barras à esquerda).

Os resultados do estudo são mostrados na figura 19. Como indicam as barras à esquerda, os voluntários dos dois grupos esperavam se sentir igualmente infelizes. Afinal, a rejeição é um grande balde de água fria, um tapa na cara, e é de esperar que doa bastante quando quem dá o tapa é um juiz, um júri ou uma gangue de rabinos ortodoxos. Ainda assim, como mostram as barras à direita, as pancadas doem mais quando são dadas por um júri do que por um juiz. Por quê? Bem, imagine que você se candidate a um trabalho como modelo de maiô, o que requer que você vista algo exíguo e revelador e desfile de um lado para o outro na frente de algum idiota de olhar tarado usando um terno de três dólares. Se o idiota examinar você, sacudir a cabeça e disser: "Desculpe, mas você não serve para ser modelo", provavelmente você se sentirá mal. Por um ou dois minutos. Mas esse é o tipo de rejeição interpessoal que todos sentem na pele de vez em quando, e depois de alguns minutos a maioria de nós supera a frustração e toca a vida adiante. Fazemos isso rapidamente porque nosso sistema imunológico psicológico não tem dificuldade para encontrar maneiras de esquadrinhar a ambiguidade dessa experiência e suavizar a dor que ela causa: "O cara não prestou atenção direito ao extraordinário pivô que eu dei, girando sobre os calcanhares" ou "Ele é um dos daqueles esquisitões que preferem altura ao peso" ou "Vou acreditar nas opiniões sobre moda de um cara que veste um terno vagabundo *daqueles*?".

Mas agora imagine que você acabou de desfilar vestindo um microbiquíni na frente de uma sala cheia de gente – homens, mulheres, idosos, jovens –, e todos olharam para você e balançaram a cabeça em um gesto uníssono de reprovação. Você provavelmente se sentiria mal. Péssima. Humilhada, ferida e confusa. Provavelmente sairia correndo do palco com uma sensação de calor nos ouvidos, uma sensação de aperto na garganta e uma sensação de umidade nos olhos. Ser rejeitada por um grupo numeroso e diversificado de pessoas é uma experiência desmoralizante porque é totalmente inequívoca, e, portanto, é difícil para o sistema imunológico psicológico encontrar uma maneira de pensar nisso de forma positiva e plausível. É fácil atribuir o fracasso às excentricidades de um único juiz, mas é muito mais difícil atribuir o fracasso às excentricidades de um júri unânime. Alegações como "um apagão em massa sincronizado fez com que 94 das pessoas deixassem de perceber ao mesmo tempo o giro que eu dei" simplesmente não são críveis. Da mesma forma, os voluntários desse estudo constataram que é mais fácil botar a culpa por uma rejeição em um juiz idiossincrático do que em um painel de jurados, razão pela qual se sentiram pior quando foram rejeitados por um júri.

Ora, tudo isso pode parecer dolorosamente óbvio para você ao analisar os resultados desse estudo no conforto do seu sofá, mas permita-me sugerir que é dolorosamente óbvio apenas depois que alguém se esforça para apontá-lo para você. Na verdade, se fosse de fato dolorosamente óbvio, então por que muitos voluntários inteligentes foram *incapazes de prever que isso aconteceria em apenas alguns minutos antes de acontecer*? Por que os voluntários não perceberam que teriam mais êxito culpando um juiz do que um júri? Porque, quando se pediu aos voluntários que previssem suas reações emocionais à rejeição, eles imaginaram a dor aguda da ferroada. Ponto final. Não buscaram imaginar de que modo seu cérebro poderia tentar aliviar a dor da ferroada. Como não sabiam que aliviariam seu sofrimento culpando aqueles que o causaram, nunca lhes ocorreu que teriam mais sucesso se a culpa recaísse sobre uma única pessoa em vez de um grupo inteiro. Outros estudos confirmaram esse achado geral. Por exemplo, as pessoas *têm a expectativa* de que se sentirão mal em igual medida quando um acidente trágico for o resultado de negligência humana ou obra do puro acaso, mas na verdade se sentem pior quando a culpa é do azar, e não de alguém.[11]

A ignorância de nosso sistema imunológico psicológico nos leva a fazer previsões erradas sobre as circunstâncias nas quais culparemos os outros, mas também nos faz prever erroneamente as circunstâncias em que culparemos a nós mesmos.[12] Quem pode esquecer a cena final do filme *Casablanca*, de 1942, em que Humphrey Bogart e Ingrid Bergman estão parados na pista do aeroporto enquanto ela tenta decidir se vai ficar em Casablanca com o homem que ama ou embarcar no avião e fugir com o marido? Bogey se vira para Bergman e diz: "Lá no fundo nós dois sabemos que você deve ficar com Victor. Você pertence a ele, é parte do trabalho dele, daquilo que o faz viver. Se o avião partir e você não estiver com ele, irá se arrepender. Talvez não hoje, talvez não amanhã, mas logo. E pelo resto de sua vida".[13]

Esse belo trecho de melodrama está entre as cenas mais inesquecíveis da história do cinema – não porque seja exatamente um show de atuação ou um diálogo especialmente bem escrito, mas porque a maioria de nós de tempos em tempos se vê na mesma pista de aeroporto. Nossas escolhas mais importantes – casar, ter filhos, comprar uma casa, iniciar uma carreira profissional, mudar-se para o exterior — muitas vezes são moldadas pelo modo como imaginamos nossos arrependimentos futuros ("Ah, não, esqueci de ter um filho!"). O arrependimento é uma emoção que sentimos quando nos culpamos por resultados infelizes que poderiam ter sido evitados se tivéssemos nos comportado de maneira diferente no passado, e como essa emoção é, sem dúvida, desagradável, nosso comportamento no presente muitas vezes é projetado para impedir o pesar.[14] Com efeito, a maioria de nós tem teorias complexas sobre quando e por que as pessoas se arrependem, e essas teorias nos permitem evitar a experiência. Por exemplo, nossa expectativa é a de sentir mais arrependimento quando tomamos consciência de alternativas às nossas escolhas do que quando não as conhecemos,[15] nos arrependemos mais quando aceitamos maus conselhos do que quando rejeitamos bons conselhos,[16] quando nossas escolhas ruins são incomuns em vez de convencionais,[17] e quando fracassamos por uma margem estreita, e não por uma ampla margem.[18]

Contudo, às vezes essas teorias estão erradas. Tenha em mente o seguinte cenário hipotético. Você tem ações da empresa A. Durante o ano passado, você cogitou mudar para ações na empresa B, mas decidiu não fazer isso. Agora você descobre que teria tido um lucro de 1200 dólares se tivesse mudado para as ações da empresa B. Você também era dono de ações da empresa C. Durante o ano passado, você as trocou por ações da empresa D. Agora descobre que teria lucrado 1200 dólares se tivesse mantido suas ações da empresa C. Qual erro lhe causa mais arrependimento? Estudos mostram que cerca de nove em cada dez pessoas esperam sentir mais arrependimento quando trocam de ações tolamente do que quando tolamente deixam de trocar ações, porque a maioria das pessoas julga que se arrependerá mais de ações tolas do que de inações tolas.[19] Mas os estudos mostram também que nove em cada dez pessoas estão erradas. Na verdade, a longo prazo, pessoas de todas as idades e todas as classes sociais parecem se arrepender de *não ter feito* as coisas muito mais do que se arrependem de coisas que *fizeram*, e é por isso que os arrependimentos mais populares incluem não ter ido para a faculdade, não ter agarrado oportunidades de negócios lucrativos e não ter passado tempo suficiente com a família e os amigos.[20]

Mas por que as pessoas lamentam as inações mais do que as ações? Uma razão é que o sistema imunológico psicológico tem mais dificuldade para fabricar visões positivas e críveis de inações do que de ações.[21] Quando nossa ação nos leva a aceitar a proposta de casamento de alguém que mais tarde se torna um assassino que mata a machadadas, podemos nos consolar pensando em todas as coisas que aprendemos com a experiência ("Colecionar machadinhas não é um passatempo saudável"). Mas quando nossa inação nos faz rejeitar uma proposta de casamento de alguém que mais tarde se torna uma estrela de cinema, não podemos nos consolar pensando em todas as coisas que aprendemos com a experiência porque... bem, não aprendemos nada. A ironia é claríssima: uma vez que não percebemos que nosso sistema imunológico psicológico pode racionalizar um excesso de coragem mais facilmente do que um excesso de covardia, tomamos precauções para evitar a decisão errada quando deveríamos seguir em frente, cometendo erros graves e fazendo asneiras. Como bem lembram os cinéfilos, a advertência de Bogart sobre o arrependimento futuro levou Bergman a embarcar no avião e partir com o marido. Se tivesse ficado com Bogey em Casablanca, ela provavelmente teria se sentido muito bem. Não de imediato, talvez, mas logo, e para o resto de sua vida.

PEQUENOS GATILHOS

Pessoas civilizadas aprenderam a duras penas que vários indivíduos maldosos muitas vezes pode causar mais mortes e destruição do que um exército invasor. Se um inimigo lançasse um ataque com centenas de aviões e mísseis contra os Estados Unidos, provavelmente nenhum atingiria seu alvo, porque uma ofensiva dessa magnitude acionaria os sistemas de defesa, que são supostamente adequados para suprimir a ameaça. Por outro lado, se um inimigo enviasse sete caras com calças largas e bonés, esses homens poderiam muito bem atingir seus alvos e detonar bombas, disseminar toxinas e agentes químicos, sequestrar aviões e arremessá-los contra arranha-céus. O terrorismo é uma estratégia baseada na ideia de que o melhor ataque é aquele que não consegue desencadear a melhor defesa, e que com incursões em pequena escala são menores as chances de disparar os alarmes, ao contrário do que acontece com ataques de grande envergadura. Embora seja possível projetar um sistema de proteção que combata até mesmo a menor das ameaças (por exemplo, fronteiras eletrificadas, proibição de viagens, vigilância eletrônica, buscas aleatórias), tais sistemas são extraordinariamente caros, tanto em termos dos recursos necessários para executá-los quanto do número de alarmes falsos que eles produzem. Um sistema como esse seria um exercício de exagero. Para ser eficaz, um sistema defensivo deve responder a ameaças; mas, para ser prático, deve responder apenas a ameaças que excedam algum *limite crítico* — o que significa que as ameaças que ficam aquém do limite crítico podem ter um potencial destrutivo que desmente seu tamanho diminuto. Ao contrário das grandes ameaças, as pequenas ameaças podem penetrar, sorrateiramente, no radar.

O gatilho de intensidade

O sistema imunológico psicológico é um sistema de defesa e obedece a esse mesmo princípio. Quando as experiências nos fazem sentir uma dose suficiente de infelicidade, o sistema imunológico psicológico manipula os fatos e transfere a culpa a fim de nos propiciar uma visão mais positiva. Mas isso não acontece *toda* vez que sentimos o menor formigamento de tristeza, a mais ínfima pontinha de ciúme, raiva ou frustração. Casamentos fracassados e demissões são os tipos de ataques de grande escala à nossa felicidade que acionam nossas defesas psicológicas, mas essas defesas não são acionadas por lápis quebrados, topadas do dedão no pé da cama e elevadores vagarosos. Lápis quebrados podem ser irritantes, mas não representam uma grave ameaça ao nosso bem-estar psicológico e, portanto, não mobilizam nossas defesas psicológicas. A consequência paradoxal desse fato é que às vezes é mais difícil ter uma visão positiva de uma experiência *ruim* do que de uma experiência *muito ruim*.

Por exemplo, um estudo contou com a participação de voluntários que eram estudantes convidados para se juntar a um clube de atividades extracurriculares cujo ritual de iniciação exigia que recebessem três choques elétricos.[22] Alguns dos voluntários vivenciaram uma experiência verdadeiramente terrível, porque os choques que receberam foram bastante intensos (o grupo da iniciação severa), e outros tiveram uma experiência apenas um pouco desagradável, pois os choques que receberam foram relativamente leves (o grupo da iniciação branda). Embora o previsível seja esperar que as pessoas tenham aversão a qualquer coisa associada à dor física, os voluntários do grupo da iniciação severa gostaram mais do clube. Como esses voluntários sofreram muito, a intensidade de seu sofrimento acionou seus sistemas defensivos, que imediatamente começaram a funcionar para ajudá-los a alcançar uma visão confiável e positiva de sua experiência. Não é fácil encontrar essa visão, mas dá para fazer. Por exemplo, o sofrimento físico é ruim ("Ai, meu Deus, isso doeu *muito*!"), mas não é *totalmente* ruim se a coisa pela qual se sofre for extremamente valiosa ("Mas estou entrando em um grupo *muito* seleto de uma elite de pessoas *muito* especiais"). Na verdade, a pesquisa mostra que, ao receberem choques elétricos, as pessoas realmente sentem *menos dor* quando acreditam que estão sofrendo por algo de grande valor.[23] Os choques intensos foram desagradáveis o suficiente para acionar as defesas psicológicas dos voluntários, mas os choques leves não; portanto, os voluntários valorizaram mais o clube quando sua iniciação foi mais dolorosa.[24] Se você já conseguiu perdoar seu cônjuge por alguma falha gritante, mas ainda se sente ofendida com o amassado na porta da garagem ou o rastro de meias sujas na escada, então já sentiu na pele esse paradoxo.

O sofrimento intenso mobiliza os mesmos processos que o erradicam, mas o sofrimento leve não os desencadeia, e esse fato contraintuitivo pode tornar difícil para nós prever nosso futuro emocional. Por exemplo, seria pior se o seu melhor amigo insultasse você ou ofendesse seu primo? Por mais que você goste do seu primo, é uma aposta certeira supor que você gosta mais de si mesmo; portanto, provavelmente seria pior se a injúria fosse lançada na sua direção. E você está certo. *Seria* pior. No início. Mas se o sofrimento intenso ativa o sistema imunológico psicológico e o sofrimento moderado não, então, com o tempo você deve estar mais propenso a gerar uma visão positiva sobre um insulto dirigido a você ("A Felicia me chamou de cabeça-oca... cara, às vezes ela realmente me mata de rir") do que aquele dirigido a seu primo ("A Felicia chamou meu primo Dwayne de cabeça-oca... olha, ela *tem razão*, é claro, mas não foi muito legal da parte dela dizer isso"). A ironia é que no fim das contas você pode se sentir melhor quando for a *vítima* de um insulto do que quando for um mero *espectador* dele.

Essa possibilidade foi testada em um estudo no qual dois voluntários fizeram um teste de personalidade e, em seguida, *um* deles recebeu o feedback de um psicólogo.[25] O feedback foi profissional, detalhado e implacavelmente negativo. Continha, por exemplo, afirmações como "Você tem poucas qualidades que o distinguem dos outros" e "As pessoas gostam de você principalmente porque você não ameaça a competência delas". Ambos os voluntários leram o feedback e, em seguida, relataram o quanto tinham gostado do psicólogo que o escreveu. Ironicamente, o voluntário que foi *vítima* do feedback negativo gostou mais do psicólogo do que o voluntário que foi apenas um *espectador* do parecer do psicólogo. Por quê? Porque os espectadores ficaram zangados ("Cara, isso foi uma coisa horrível de se fazer com o outro voluntário"), mas não ficaram devastados, portanto, seu sistema imunológico psicológico nada fez para melhorar seus sentimentos ligeiramente negativos. As vítimas, contudo, *ficaram* arrasadas ("Caramba, sou um perdedor cientificamente comprovado!"), e, portanto, o cérebro delas rapidamente se empenhou em buscar uma visão positiva da experiência ("Mas agora, pensando bem, pode ser que aquele teste tenha fornecido apenas um pequeno vislumbre da minha personalidade muito complexa, então duvido que o resultado signifique muita coisa"). Ora, aqui está a descoberta importante: quando se pediu a um novo grupo de voluntários para prever o quanto gostariam do psicólogo, eles anteviram que gostariam *menos* do psicólogo se fossem vítimas do que se fossem espectadores. Aparentemente, as pessoas não estão cientes do fato de que é mais provável que suas defesas sejam acionadas por sofrimentos intensos do que por padecimentos leves; por isso, os voluntários previram erroneamente suas próprias reações emocionais a infortúnios de diferentes graus.

O gatilho da inescapabilidade

O sofrimento intenso é um fator que pode acionar nossas defesas e, assim, influenciar nossas experiências de maneiras que não prevemos. Mas existem outros fatores. Por exemplo, por que perdoamos nossos irmãos e irmãs por comportamentos que jamais toleraríamos em um amigo? Por que não nos incomodamos quando o presidente faz algo que nos teria impedido de votar nele se o tivesse feito antes da eleição? Por que ignoramos os atrasos crônicos de um funcionário impontual, mas nos recusamos a contratar um candidato a emprego que chega dois minutos atrasado para a entrevista? Possibilidades de explicação são: o sangue fala mais alto e a família vem sempre em primeiro lugar; é preciso deixar de lado as eventuais divergências políticas pelo bem da nação; e a primeira impressão é a que fica. Mas outra possibilidade é que somos mais propensos a empreender uma tentativa de encontrar uma visão positiva das coisas *às quais estamos presos* do que das coisas com as quais não somos obrigados a ficar.[26] Amigos vêm e vão, e mudar de candidato é tão fácil quanto trocar de meias. Mas irmãos, irmãs e presidentes são *nossos*, para o bem e para o mal, para o que der e vier, e não há muito que possamos fazer a respeito depois que tenham nascido ou sido eleitos. Quando a experiência que estamos tendo não é a que *queremos* ter, nossa primeira reação é sair por aí e ter outra, diferente, razão pela qual devolvemos um carro alugado insatisfatório, encerramos antes da hora a diária em hotéis ruins e paramos de andar com pessoas que cutucam o nariz em público. É apenas quando não podemos *mudar a experiência* que procuramos maneiras de *mudar nossa visão sobre a experiência*, e é por isso que amamos aquela lata-velha estacionada na nossa garagem, o chalé capenga que está na família há anos, e o tio Sheldon, apesar de sua predileção por escavação nasal. Encontramos o lado bom das coisas apenas quando devemos, e é por isso que as pessoas sentem um aumento no nível de felicidade quando os testes genéticos revelam que elas *não têm* um defeito genético perigoso, ou quando os testes revelam que elas *têm* um defeito genético perigoso, mas não quando os testes são inconclusivos.[27] Simplesmente não podemos tirar o melhor proveito de um destino até que ele seja inescapável, inevitável, irrevogavelmente nosso.

Circunstâncias inescapáveis, inevitáveis e irrevogáveis acionam o sistema imunológico psicológico, mas, tal como ocorre com a intensidade do sofrimento, as pessoas nem sempre reconhecem que isso vai acontecer. Por exemplo, em um estudo, universitários inscreveram-se em um curso de fotografia em preto e branco.[28] Cada estudante tirou uma dúzia de fotos de pessoas e lugares com algum significado pessoal e em seguida se apresentou para uma aula particular. Nessas aulas, o professor passava uma ou duas horas mostrando aos alunos como imprimir suas duas melhores fotografias. Quando as impressões estavam secas e prontas, o professor dizia que o aluno poderia ficar com uma das fotos, mas a outra seria guardada em um arquivo como um exemplo de seu trabalho. Alguns estudantes (o grupo inescapável) foram informados de que, tão logo tivessem escolhido uma foto para levar para casa, não teriam permissão para mudar de ideia. Outros alunos (o grupo escapável) foram informados de que, depois de escolherem a fotografia que levariam para casa, teriam vários dias para mudar de ideia — e, se fizessem isso, o professor ficaria feliz de trocar a fotografia que tinham levado para casa pela que deixaram para trás. Os alunos fizeram suas escolhas e levaram uma de suas fotografias para casa. Vários dias depois, os estudantes responderam a uma pesquisa que lhes perguntava (entre outras coisas) o quanto tinham gostado de suas fotos. Os resultados mostraram que os estudantes do grupo escapável gostaram *menos* de suas fotos do que os estudantes do grupo inescapável. Curiosamente, quando se pediu a um novo grupo de estudantes que *previssem* o quanto gostariam de suas fotos, recebessem ou não a oportunidade de mudar de ideia, esses estudantes anteviram que a escapabilidade não teria nenhuma influência em sua satisfação com a fotografia. Aparentemente, circunstâncias inevitáveis acionam as defesas psicológicas que nos permitem alcançar visões positivas dessas circunstâncias, mas não somos capazes de prever que isso vai acontecer.

Nossa incapacidade de antever que a inevitabilidade acionará nossos sistemas imunológicos psicológicos (portanto, promovendo nossa felicidade e satisfação) pode nos levar a cometer alguns erros dolorosos. Por exemplo, quando se perguntou a um novo grupo de estudantes de fotografia se prefeririam ter ou não ter a oportunidade de mudar de ideia sobre qual das fotografias manteriam consigo, a grande maioria preferiu ter essa oportunidade — ou seja, a vasta maioria dos estudantes preferiu se inscrever em um curso de fotografia no qual, em última análise, ficariam insatisfeitos com a fotografia que eles próprios produziram. Por que alguém preferiria menos satisfação a mais satisfação? Ninguém sabe, é claro, mas a maioria das pessoas parece preferir mais liberdade a menos liberdade. De fato, quando nossa liberdade de tomar uma decisão — ou de mudar de ideia depois de termos decidido algo — é ameaçada, sentimos um forte impulso de reafirmá-la,[29] razão pela qual os varejistas às vezes ameaçam nossa liberdade de adquirir a posse de seus produtos com declarações do tipo "Estoque limitado" ou "Seu pedido tem que ser feito até a meia-noite de hoje sem falta".[30] Nosso fetiche pela liberdade nos leva a ser clientes de caras lojas de departamentos que nos permitem devolver mercadorias em vez de participar de leilões que não nos deixam devolver os produtos que adquirimos, a alugar carros por preços absurdos em vez de comprá-los por uma pechincha, e assim por diante.

A maioria de nós pagaria um preço alto hoje pela oportunidade de mudar de ideia amanhã, e às vezes é perfeitamente sensato fazer isso. Alguns dias de test-drive a bordo de uma baratinha vermelha — para quem não sabe, a baratinha ou *roadster* é um daqueles antigos carros esporte, pequenos, baixos, sem capota, geralmente com apenas um ou dois lugares — nos dizem muito sobre como seria ter um desses veículos, portanto às vezes é aconselhável pagar um modesto ágio por um contrato que inclua um curto período de reembolso. Mas se a manutenção de nossas opções em aberto traz benefícios, também tem custos. Baratinhas vermelhas são veículos naturalmente apertados, e se o devotado proprietário de uma encontrará maneiras positivas de ver esse fato ("Uau! Parece um caça a jato!"), o comprador cujo contrato inclui uma cláusula de escape talvez não encontre ("Este carro é tão minúsculo. Talvez seja melhor devolvê-lo"). Proprietários dedicados cuidam das virtudes de um carro e ignoram suas falhas, manipulando os fatos para produzir um banquete de satisfação, mas o comprador para quem a fuga ainda é possível (e cujas defesas ainda não foram acionadas) provavelmente avalia o carro novo de forma mais crítica, prestando especial atenção a suas imperfeições enquanto tenta decidir se deve ficar com ele ou não. Os custos e benefícios da liberdade são claros — mas, infelizmente, não são claros em igual medida: não temos problemas em antever as vantagens que a liberdade pode oferecer, mas parecemos cegos para as alegrias que ela pode corroer.[31]

TENTANDO EXPLICAR

Se você já vomitou logo depois de comer chili com carne e descobriu ser incapaz de voltar a comer esse prato durante anos a fio, tem uma boa ideia de como é ser uma mosquinha-das-frutas. Não, as drosófilas não comem pimenta, e não, elas não vomitam. Mas associam suas melhores e piores experiências às circunstâncias que as acompanharam e precederam, o que lhes permite procurar ou evitar essas circunstâncias no futuro. Exponha uma mosquinha-das-frutas ao odor de um par de tênis suados, aplique nela um choque elétrico bem leve e, pelo resto da sua vida minúscula, ela evitará lugares que cheirem a tênis. A capacidade de associar prazer ou dor a suas circunstâncias tem uma importância tão fundamental que a natureza instalou essa habilidade em cada uma de suas criaturas, da *Drosophila melanogaster* a Ivan Pavlov.

Contudo, por mais que essa habilidade seja necessária para criaturas como nós, com certeza não é suficiente, porque o tipo de aprendizagem que ela nos proporciona é muito limitado. Se um organismo não pode fazer mais do que associar experiências a circunstâncias específicas, então pode aprender apenas uma pequena lição, ou seja, buscar ou evitar essas circunstâncias específicas no futuro. Um choque na hora certa pode ensinar uma mosquinha-das-frutas a evitar o cheiro de tênis, mas não a ensinará a evitar o cheiro de sapatos de neve, sapatilhas de balé, escarpins Manolo Blahnik ou um cientista armado com uma arma de eletrochoque em miniatura. Para maximizar nossos prazeres e minimizar nossas dores, devemos ser capazes de associar nossas experiências às circunstâncias que as produziram, mas também devemos ser capazes de *explicar* como e por que essas circunstâncias produziram essas experiências. Se sentirmos náuseas depois de umas poucas voltas na roda-gigante e nossa explicação envolve equilíbrio deficiente, então evitaremos as rodas-gigantes no futuro — exatamente como uma mosquinha-das-frutas faria. Mas, ao contrário da mosquinha-das-frutas, também evitamos algumas coisas que *não* estão associadas a nossas experiências nauseantes (como saltar de bungee-jump e passear em veleiros) e *não* evitamos algumas coisas que *estão* associadas a nossas experiências nauseantes (como música de realejo e palhaços). Ao contrário de uma mera associação, uma explicação nos permite identificar aspectos específicos de uma circunstância (a cabeça girando) como a *causa* da nossa experiência, e outros aspectos (a música) como irrelevantes. Ao fazer isso, aprendemos mais com nossas crises de vômito do que uma mosquinha--das-frutas jamais seria capaz de aprender.

As explicações permitem que façamos pleno uso de nossas experiências, mas também mudam a natureza dessas experiências. Como vimos, quando as experiências são desagradáveis, agimos rapidamente para explicá-las de maneiras que nos façam sentir melhor ("Não consegui o emprego porque o juiz era tendencioso contra pessoas que vomitam em rodas-gigantes"). E, de fato, estudos mostram que o mero ato de explicar um evento desagradável pode ajudar a torná-lo inofensivo. Por exemplo, o simples ato de escrever sobre um trauma — como a morte de um ente querido ou uma agressão física — pode levar a surpreendentes melhorias tanto no bem-estar subjetivo como na saúde física (por exemplo, visitas menos frequentes ao médico e aumento da produção de anticorpos virais).[32] Além disso, as pessoas que mais se beneficiam desses exercícios de escrita são aquelas cuja escrita contém uma *explicação* do trauma.[33]

Entretanto, na mesma medida em que amenizam o impacto de eventos *desagradáveis*, as explicações também acentuam o impacto de eventos *agradáveis*.

Por exemplo, estudantes universitários se ofereceram para participar como voluntários de um estudo em que acreditavam estar interagindo em uma sala de bate-papo on-line com alunos de outras universidades.[34] Na verdade, estavam interagindo com um sofisticado programa de computador que simulava a presença de outros estudantes. Depois que os simulacros de estudantes forneciam aos estudantes reais informações sobre si mesmos ("Oi, eu sou a Eva e gosto de fazer trabalho voluntário"), o pesquisador fingia pedir aos estudantes simulados que decidissem de quais pessoas na sala de chat eles gostaram mais, escrever um parágrafo explicando o porquê e, em seguida, enviá-lo para essa pessoa. Em apenas alguns minutos, algo extraordinário acontecia: o estudante verdadeiro recebia mensagens de e-mail de *todos* os estudantes simulados, indicando que tinham gostado mais do estudante real! Por exemplo, uma mensagem simulada dizia: "Eu simplesmente senti uma perfeita afinidade entre nós quando li suas respostas. É uma pena não estarmos na mesma faculdade!". Em outra lia-se: "Você sobressaiu como a pessoa de que mais gostei. Fiquei interessado na maneira como você descreveu seus interesses e valores". Uma terceira dizia: "Eu gostaria de poder conversar com você diretamente porque... eu perguntaria se você gosta de estar perto da água (amo esqui aquático) e se você gosta de comida italiana (é a minha favorita)".

Agora, aqui está a pegadinha: alguns estudantes reais (o grupo informado) receberam e-mails que lhes permitiram saber *qual* simulacro escreveu cada uma das mensagens, e outros estudantes reais (o grupo desinformado) receberam e-mails em que essa informação de identificação tinha sido suprimida. Em outras palavras, todos os estudantes reais receberam exatamente as mesmas mensagens de e-mail indicando que conquistaram os corações e mentes de todas as pessoas simuladas na sala de chat, mas apenas os estudantes reais do grupo informado sabiam *qual* indivíduo simulado escreveu cada uma das mensagens. Portanto, os estudantes reais do grupo informado foram capazes de gerar explicações para sua boa sorte ("Eva aprecia meus valores porque ambos estamos envolvidos com a ONG Habitat for Humanity, e faz sentido que Catarina mencione comida italiana"), ao passo que os estudantes reais do grupo desinformado não ("Alguém aprecia meus valores... eu fico me perguntando: quem? E por que alguém mencionaria comida italiana?"). Os pesquisadores mediram o nível de felicidade alegado pelos estudantes verdadeiros imediatamente após receber essas mensagens e também quinze minutos mais tarde. Embora os estudantes reais de ambos os grupos de início tenham ficado encantados por terem sido escolhidos como o melhor amigo de todo mundo, apenas os estudantes verdadeiros do grupo desinformado permaneceram encantados quinze minutos depois. Se você já teve um admirador secreto, então entende por que os estudantes reais do grupo desinformado continuaram andando nas nuvens, radiantes de alegria, enquanto os estudantes reais do grupo informado caíram das nuvens, decepcionados.

Eventos inexplicáveis têm duas qualidades que amplificam e estendem seu impacto emocional. Em primeiro lugar, eles nos parecem raros e incomuns.[35] Se eu lhe disser que meu irmão, minha irmã e eu nascemos no mesmo dia, você provavelmente considerará isso uma ocorrência rara e incomum. Assim que eu lhe explicar que somos trigêmeos, você achará que se trata de uma ocorrência consideravelmente menos rara e incomum. Na verdade, praticamente *qualquer* explicação que eu oferecer ("Quando digo *no mesmo dia*, quero dizer que todos nascemos numa quinta-feira" ou "Todos nascemos por cesariana, por isso mamãe e papai cronometraram nossos partos para obter o máximo de benefícios tributários") tenderá a reduzir o grau de coincidência e deslumbramento e tornar o evento mais provável. As explicações nos permitem entender como e por que um evento aconteceu, o que imediatamente nos permite ver como e por que ele pode acontecer de novo. Com efeito, sempre que dizemos que alguma coisa *não pode* acontecer — por exemplo, leitura de mentes ou levitação ou uma lei que limite o poder das autoridades —, normalmente queremos dizer apenas que não teríamos nenhuma maneira de explicá-la se acontecesse. Eventos inexplicáveis parecem raros e eventos raros naturalmente têm um impacto emocional maior do que os eventos comuns. Ficamos maravilhados com um eclipse solar, mas apenas admirados com um pôr do sol, apesar do fato de o último ser de longe o deleite visual mais espetacular.

A segunda razão pela qual eventos inexplicáveis têm um impacto emocional desproporcional é que estamos especialmente propensos a continuar pensando sobre eles. As pessoas tentam explicar os eventos espontaneamente,[36] e estudos mostram que, quando as pessoas não completam as coisas que se propõem a fazer, são especialmente propensas a pensar em seus assuntos inacabados e a se lembrar deles.[37] Tão logo explicamos um evento, podemos dobrá-lo feito roupa recém-lavada, guardá-lo na gaveta da memória e passar para a próxima; contudo, se um evento desafia a explicação, torna-se um *mistério* ou um *enigma* — e se há uma coisa que todos nós sabemos sobre enigmas misteriosos é que geralmente se recusam a permanecer na condição de vaga lembrança. Cineastas e romancistas muitas vezes capitalizam esse fato encaixando em suas narrativas finais misteriosos, e pesquisas mostram que as pessoas são, de fato, mais propensas a continuar pensando em um filme quando não são capazes de explicar o que aconteceu com o personagem principal. E se gostaram do filme, esse naco de mistério faz com que continuem felizes por mais tempo.[38]

A explicação priva os eventos de seu impacto emocional porque faz com que pareçam prováveis e nos permite parar de pensar neles. Por incrível que pareça, uma explicação não precisa *explicar* nada para ter esses efeitos — simplesmente precisa *parecer* que explica. Por exemplo, em um estudo, um pesquisador abordou estudantes universitários na biblioteca da universidade, entregou-lhes um de dois cartões com uma moeda de um dólar anexada e depois foi embora. Você provavelmente concorda que esse é um evento curioso que implora por explicação. Como mostra a figura 20, ambos os cartões afirmavam que o pesquisador era membro do grupo "Sociedade do Sorriso", que se dedicava a incentivar "atos aleatórios de bondade". Mas um dos cartões também continha duas frases adicionais: "Quem somos nós?" e "Por que fazemos isso?". Essas frases vazias não forneciam nenhuma informação nova, é claro, mas causavam nos estudantes a *sensação* de que o curioso evento tinha sido explicado ("Ahá, *agora* entendi por que me deram um dólar!"). Cerca de cinco minutos depois, um pesquisador diferente se aproximava do estudante e afirmava estar realizando um projeto sobre "pensamentos e sentimentos da comunidade". O pesquisador pedia ao estudante que respondesse a algumas perguntas do questionário da pesquisa, uma das quais era: "Neste momento você está se sentindo positivo ou negativo, e em que grau?". Os resultados mostraram que os estudantes que receberam um cartão com as frases pseudoexplicativas se sentiam menos felizes do que os que tinham recebido um cartão sem elas. Pelo visto, até mesmo uma explicação falsa pode nos fazer esquecer um evento e seguir em frente rumo ao próximo.

A incerteza pode preservar e prolongar nossa felicidade; portanto, era de esperar que as pessoas a valorizassem. Na verdade, geralmente ocorre o oposto. Quando se perguntou a um novo grupo de estudantes qual dos dois cartões mostrados na figura 20 os deixaria mais felizes, 75% escolheram o que inclui a explicação sem sentido. Da mesma forma, quando se perguntou a um

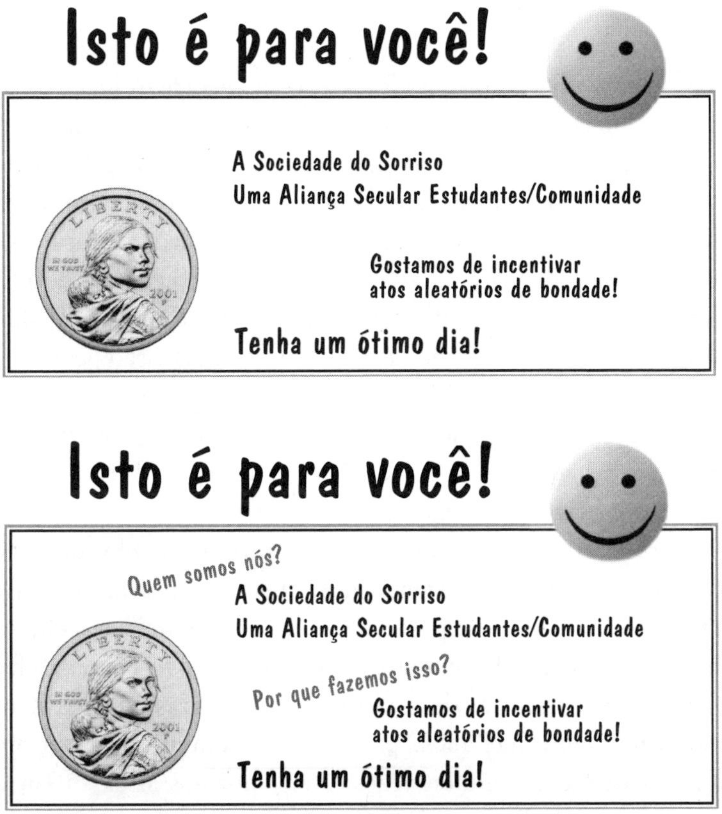

Figura 20.

grupo de alunos se prefeririam saber ou não qual dos simulacros de estudante escreveu cada um dos brilhantes relatos no estudo da sala de chat on-line, 100% optaram por saber. Em ambos os casos, os estudantes escolheram a certeza em vez da incerteza e a clareza em detrimento do mistério — apesar do fato de que em ambos os casos estava demonstrado que a clareza e a certeza diminuíam a felicidade. O poeta John Keats observou que, embora grandes autores sejam capazes "de manter-se em incertezas, mistérios, dúvidas, sem nenhuma impaciente procura do fato e da razão", o restante de nós é "incapaz de permanecer contente com o conhecimento pela metade".[39] Nosso implacável desejo de explicar tudo o que acontece pode muito bem nos distinguir das mosquinhas-das-frutas, mas também pode ser um estraga-prazeres.

O olho e o cérebro são conspiradores, e, como ocorre na maioria das conspirações, a maquinação deles é tramada a portas fechadas, na sala de reuniões secretas, longe do alcance de nossa consciência. Como não nos damos conta de que geramos uma visão positiva de nossa experiência corrente, não percebemos que faremos isso novamente no futuro. Nossa ingenuidade não apenas nos faz superestimar a intensidade e a duração de nossa angústia em face de adversidades futuras, mas também nos leva a agir e a tomar atitudes que podem minar a conspiração. É maior a probabilidade de gerarmos uma visão positiva crível e confiável de uma ação do que de uma inação, de uma experiência dolorosa do que de uma experiência desgostosa, de uma situação desagradável da qual não podemos escapar do que de uma da qual podemos. E, ainda assim, raramente escolhemos a ação em vez da inação, a dor em detrimento do aborrecimento, o comprometimento em vez da liberdade. Os processos pelos quais geramos visões positivas são muitos: prestamos mais atenção a informações favoráveis e agradáveis, nos cercamos de pessoas que as fornecem, e as aceitamos sem discernimento e sem questionamento. Essas tendências tornam mais fácil para nós explicarmos experiências desagradáveis de maneiras que nos isentam de culpa e nos fazem sentir melhor. O preço que pagamos por nosso irreprimível impulso explicativo é que muitas vezes estragamos nossas experiências mais agradáveis por entendê-las bem demais.

Nosso passeio pela imaginação percorreu bastante terreno — do realismo ao presentismo à racionalização; assim, antes de seguirmos em frente rumo ao nosso destino final, pode ser útil nos localizarmos no grande mapa. Vimos como é difícil prever com exatidão nossas reações emocionais a eventos futuros, porque é difícil imaginá-los na forma como acontecerão e é difícil imaginar como pensaremos neles quando acontecerem. Ao longo deste livro, comparei a imaginação à percepção e à memória, e tentei convencer você de que a previsão é tão falível quanto a visão e a percepção retrospectiva. A visão falível pode ser corrigida por óculos e a percepção retrospectiva falível pode ser corrigida por registros escritos do passado — mas e quanto à previsão falível? Não existem óculos que sejam capazes de aprimorar nossa visão do amanhã e nenhum registro escrito das coisas que estão por vir. Podemos corrigir os problemas de previsão? Como estamos prestes a descobrir, podemos, sim. Mas geralmente optamos por não fazê-lo.

Parte VI

Corrigibilidade

corrigibilidade: qualidade do que é corrigível ou passível de sofrer correção, reforma ou aprimoramento.

10. Gato escaldado

Experiência, ó, outro quadro tu revelas!
William Shakespeare, *Cimbelino*, Ato IV, cena 2

Na última década viu-se uma explosão de livros sobre cocô. Quando minha neta de dois anos se empoleira no meu colo, normalmente traz consigo uma pilha de livros ilustrados, incluindo vários que esmiúçam em considerável grau de detalhes o milagre da defecação e os mistérios do nosso encanamento interno. Alguns oferecem pormenorizadas descrições para o anatomista iniciante; alguns oferecem pouco mais do que desenhos de crianças felizes, agachadas, em pé e limpando o bumbum. Apesar de suas muitas diferenças, cada um desses livros comunica a mesma mensagem: *os adultos não fazem cocô nas calças, mas se você fizer isso, não precisa se preocupar muito*. Minha neta parece achar essa mensagem reconfortante e inspiradora. Ela entende que existe um jeito certo e um jeito errado de fazer cocô, e, embora não tenhamos a expectativa de que na sua idade ela já saiba fazer cocô da maneira correta, queremos que perceba que a maioria das pessoas ao seu redor aprendeu a fazer cocô da maneira certa, o que sugere que com um pouco de treinamento prático e um pouco de instrução ela também pode aprender a fazer cocô da maneira certa.

Acontece que os benefícios do treinamento e da instrução não se limitam a essa habilidade específica. Na verdade, o treinamento e a instrução são os dois meios pelos quais aprendemos praticamente tudo o que sabemos. O conhecimento de primeira mão e o conhecimento de segunda mão são os únicos dois tipos de conhecimento que existem, e não importa qual seja a tarefa que dominamos – fazer cocô, cozinhar, investir, andar de trenó no gelo –, o domínio é sempre um produto da experiência direta e/ou de ouvir aqueles que têm experiência direta. Bebês fazem cocô nas fraldas porque são novatos e porque não conseguem tirar proveito das lições que os veteranos podem providenciar. Como falta aos bebês o conhecimento de primeira e segunda mão sobre os protocolos adequados do uso do troninho, esperamos que façam uma bagunça fedorenta – mas também esperamos que dentro de alguns anos o treinamento prático e a orientação comecem a surtir seus efeitos corretivos, que a inocência dê lugar à experiência e à educação, e que os erros sanitários na hora de fazer cocô desapareçam por completo. Então, por que essa análise não se estende a todo tipo de erro? Todos nós temos experiência direta com coisas que nos deixam ou não felizes, todos temos amigos, terapeutas, motoristas de táxi e apresentadores de talk shows que nos contam sobre coisas que vão ou não nos fazer felizes, e ainda assim, apesar de todo esse treinamento e toda essa instrução, nossa busca pela felicidade geralmente culmina em uma bagunça fedida. Temos a expectativa de que o próximo carro, a próxima casa ou a próxima promoção nos façam felizes, embora o último carro, a última casa e a última promoção não tenham conseguido e apesar de outras pessoas continuarem nos dizendo que as próximas também não conseguirão. Por que não aprendemos a evitar esses erros da mesma forma que aprendemos a evitar fraldas cheias? Se o treinamento e a instrução podem nos ensinar a manter nossas calças secas, então por que não são capazes de nos ensinar a prever nosso futuro emocional?

AS OCASIÕES MENOS PROVÁVEIS

Há muitas coisas boas em envelhecer, mas ninguém sabe quais são. Dormimos e acordamos nas horas erradas, evitamos mais alimentos do que os que podemos comer e tomamos comprimidos para nos ajudar a lembrar de quais são os outros comprimidos que temos que tomar. Na verdade, a única coisa boa de envelhecer é que as pessoas que ainda têm cabelo ocasionalmente são obrigadas a dar um passo atrás e admirar nossa riqueza de experiências. Elas pensam na nossa bagagem de experiências como uma forma de riqueza porque supõem que nos permite evitar cometer o mesmo erro duas vezes — e de vez em quando isso acontece mesmo. *Existem* algumas experiências que aqueles de nós que são podres de ricos em termos de experiência simplesmente não repetem, e dar banho em um gato enquanto bebe *schnapps* de hortelã-pimenta me ocorre por razões que prefiro não comentar em detalhes agora. Por outro lado, existem muitos erros que pessoas com uma fortuna de experiência parecem cometer sempre. Nós nos casamos com pessoas que são bizarramente parecidas com aquelas de quem nos divorciamos, participamos de reuniões familiares anuais e fazemos uma promessa anual de nunca mais voltar, e calculamos meticulosamente nossas despesas mensais apenas para garantir que estaremos novamente quebrados em todos os quintos dias úteis do mês. Esses ciclos de reincidência parecem difíceis de explicar. Afinal, não deveríamos aprender com nossa própria experiência? A imaginação tem suas deficiências, com certeza, e talvez seja inevitável fazer uma previsão equivocada sobre os sentimentos que os eventos futuros causarão em nós, já que que nunca os vivenciamos. Mas depois da primeira vez que nos casamos com um executivo atarefadíssimo que passa mais horas no trabalho do que em casa, depois de participarmos de uma reunião de família em que as tias se engalfinham com os tios que fazem todo o possível para ofender os primos e primas, e depois que passamos alguns dias de vacas magras entre um contracheque e outro, adquirindo conhecimento íntimo de uma dieta à base de arroz e feijão, não deveríamos ser capazes de imaginar com um razoável grau de exatidão esses eventos e, consequentemente, tomar medidas para evitá-los no futuro?

Deveríamos ser e somos, mas não com a frequência ou a competência que se poderia esperar. *Tentamos* repetir as experiências das quais nos lembramos com prazer e orgulho, e *tentamos* evitar repetir aquelas de que nos lembramos com vergonha e arrependimento.[1] O problema é que muitas vezes não nos lembramos delas corretamente. Lembrar-se de uma experiência *se parece* muito com abrir uma gaveta e reencontrar uma história que arquivamos no dia em que foi escrita, mas, como vimos em capítulos anteriores, esse sentimento é uma das ilusões mais sofisticadas. A memória não é um escriba zeloso que guarda uma transcrição completa de nossas experiências, e sim um requintado editor que recorta e guarda os principais elementos de uma experiência e, em seguida, usa esses elementos para reescrever a história cada vez que pedimos para relê-la. O método "recortar e guardar" normalmente funciona muito bem porque em geral o editor tem um apurado senso de quais elementos são essenciais e quais são descartáveis. É por isso que nos lembramos da expressão no rosto do noivo quando beijou a noiva, mas não de qual dedo a florista tinha enfiado no nariz quando isso aconteceu. Infelizmente, por mais refinadas que sejam suas habilidades editoriais, a memória tem algumas peculiaridades que fazem com que deturpe o passado e, portanto, nos leva a imaginar de maneira equivocada o futuro.

Por exemplo, pode ser que você *use* ou não palavras de quatro letras, mas acredito que nunca as tenha contado. Então, tente adivinhar: na língua inglesa há mais palavras de quatro letras iniciadas com *k* (palavras k-1) ou que têm *k* como sua terceira letra (palavras k-3)? Se você for como a maioria das pessoas, supôs que as palavras k-1 são mais numerosas que as k-3.[2] Você provavelmente respondeu a essa pergunta fazendo uma rápida verificação na sua memória ("Hummm, tem *kite, kilt, kale*),* e, como achou mais fácil se lembrar das k-1 do que das k-3, supôs que *devem* existir mais do primeiro tipo que do último. Normalmente, teria sido uma dedução muito boa. Afinal, você consegue *se lembrar* mais de elefantes de quatro patas (e-4) do que de elefantes de seis patas (e-6) porque *viu* mais e-4 do que e-6, e você *viu* mais e-4 do que e-6 porque *existem* mais e-4 do que e-6. O número real de e-4 e e-6 no mundo determina a frequência com que você os encontra, e a frequência com que você os encontra determina a facilidade com qual consegue lembrar-se desses encontros.

Infelizmente, o raciocínio que lhe serve tão bem quando se trata de elefantes é um desserviço quando se trata de palavras. É realmente mais fácil lembrar-se de palavras k-1 do que de k-3, mas *não* porque você tenha encontrado mais palavras k-1 do que k-3. Em vez disso, é mais fácil lembrar-se de palavras que começam com *k* porque é mais fácil lembrar-se de *qualquer* palavra por sua primeira letra do que por sua terceira letra. Nossos dicionários mentais são organizados em ordem mais ou menos alfabética, como o próprio Webster, portanto não conseguimos "procurar" facilmente uma palavra em nossa memória por qualquer letra, exceto a primeira. O fato é que na língua inglesa existem muito mais palavras k-3 do que palavras k-1, mas, como é mais fácil

* Respectivamente, pipa; couve-galega ou repolho-crespo; saiote usado pelos homens da Escócia. (N. T.)

lembrar-se das k-1, as pessoas rotineiramente entendem de forma equivocada essa pergunta. O quebra-cabeça de palavras com *k* funciona porque naturalmente (mas de maneira incorreta) supomos que as coisas que vêm com facilidade à nossa mente são as que encontramos com frequência.

O que é verdade para elefantes e palavras também é verdade para experiências.[3] A maioria de nós tem mais facilidade para evocar lembranças de andar de bicicleta do que de cavalgar um iaque; portanto, concluímos corretamente que no passado andamos mais de bicicleta do que montamos bois tibetanos. Seria uma lógica impecável — exceto pelo fato de que a frequência com que tivemos uma experiência não é o único determinante da facilidade com que nos lembramos da experiência. De fato, experiências infrequentes ou *incomuns* estão muitas vezes entre as mais inesquecíveis, e é por isso que a maioria dos norte-americanos sabe precisamente onde estava na manhã de 11 de setembro de 2001, mas não na manhã de 10 de setembro daquele ano.[4] O fato de que experiências raras vêm à mente de maneira tão imediata pode nos levar a algumas conclusões peculiares. Por exemplo, durante a maior parte da minha vida adulta, tive a nítida impressão de que tenho a tendência de escolher a fila mais lenta no supermercado, e que toda vez que me canso de esperar na fila mais vagarosa e mudo para outra, a fila da qual acabei de sair começa a andar mais rapidamente do que aquela para a qual me desloquei.[5] Ora, se isso fosse verdade — se eu realmente tivesse um carma ruim ou estivesse amaldiçoado por alguma praga ou outra forma metafísica de maldade que fazia desacelerar toda e qualquer fila na qual eu entrava —, então teria que haver alguém por aí com a sensação de que alguma forma metafísica de bondade fazia todas as suas filas andar mais rápido. Afinal, não é possível que *todo mundo* esteja na fila mais lenta todas as vezes, certo? Todavia, ninguém que *eu* conheço sente que tem o poder de acelerar as filas ao entrar nelas. Pelo contrário, quase todas as pessoas que conheço parecem acreditar que, assim como eu, são inexoravelmente atraídas pelas filas mais vagarosas do mundo e que suas ocasionais tentativas de enganar o destino apenas retardam as filas nas quais elas estão e apressam as filas que abandonaram. Por que todos nós acreditamos nisso?

Porque ficar em uma fila que anda em um ritmo rápido, ou mesmo um ritmo médio, é uma experiência tão enfadonha e banal que ninguém repara nela ou se lembra dela. Pelo contrário, apenas ficamos lá entediados, olhando de relance para as revistas, contemplando as barras de chocolate e imaginando quem foi o idiota que decidiu que era melhor rotular pilhas de diferentes tamanhos com diferentes quantidades da letra a (AA ou 2A, AAA ou 3A) em vez de usar palavras de que poderíamos realmente nos lembrar, como *grande*, *média* e *pequena*. Enquanto estamos lá fazendo isso, raramente viramos para nossos companheiros de fila e dizemos: "Você notou como esta fila está andando *normalmente*? Caramba, é uma velocidade tão mediana que estou me sentindo compelido a fazer anotações para que possa contar a outras pessoas qualquer dia e deixá-las encantadas". Não, as experiências de movimentação de filas das quais *nos lembramos* são aquelas em que o cara de chapéu vermelho brilhante que de início estava atrás de nós antes de mudar para a outra fila já saiu da loja e entrou em seu carro antes mesmo de chegarmos ao caixa, porque a lenta vovó à nossa frente está balançando seus cupons de desconto para a moça do caixa e debatendo o verdadeiro significado da expressão *prazo de validade*. Isso realmente não acontece com frequência, mas, por ser tão memorável, tendemos a pensar que sim.

O fato de que a *experiência menos provável* é muitas vezes a *lembrança mais provável* pode causar estragos em nossa capacidade de prever experiências futuras.[6] Por exemplo, em um estudo, pesquisadores pediram a passageiros a caminho do trabalho que esperavam a condução em uma plataforma de metrô para imaginar como se sentiriam se perdessem o trem naquele dia.[7] Os pesquisadores pediram a alguns dos participantes que, antes de fazerem essa previsão, relembrassem e descrevessem "uma ocasião em que você perdeu o trem" (grupo de voluntários de qualquer lembrança). A outros passageiros pediu-se que relembrassem e descrevessem "a *pior* ocasião em que você já perdeu o trem" (o grupo de voluntários da pior lembrança). Os resultados mostraram que os passageiros do grupo de qualquer lembrança recordaram um episódio tão terrível quanto o evento lembrado pelos passageiros do grupo da pior lembrança. Em outras palavras, quando os passageiros pensavam sobre perder o trem, a tendência era que lhes viessem à mente os episódios mais inconvenientes e frustrantes de todos ("Ouvi o trem chegando e aí saí correndo, mas tropecei nas escadas e derrubei um cara que estava vendendo guarda-chuvas, e como resultado cheguei meia hora atrasado para uma entrevista de emprego, e quando cheguei lá já tinham contratado outra pessoa"). A maioria dos casos de perda de trem é trivial e esquecível; por isso, quando pensamos em perder o trem, tendemos a nos lembrar dos exemplos mais extraordinários.

Agora, o que isso tem a ver com a previsão de nosso futuro emocional? As palavras k-1 nos vêm à mente com rapidez por causa da maneira como nossos dicionários mentais são organizados, e não porque sejam comuns, e as lembranças das lentas filas de supermercado nos ocorrem rapidamente porque prestamos atenção especial quando estamos empacados nelas, e não porque sejam comuns. Mas como não reconhecemos as *reais* razões pelas quais essas lembranças nos ocorrem rapidamente, concluímos de forma equivocada que são mais comuns do que de fato são. Da mesma maneira, horríveis incidentes em que perdemos o trem vêm rapidamente ao nosso pensamento não porque sejam comuns, mas porque são *incomuns*. Porém como não reconhecemos as *verdadeiras* razões pelas quais esses terríveis episódios vêm rapidamente à memória, concluímos de forma errônea que são mais comuns do que de fato são. E, com efeito, quando se pediu aos passageiros que fizessem *previsões* sobre como se sentiriam caso perdessem o trem *naquele dia*, criaram a equivocada expectativa de uma experiência muito mais inconveniente e frustrante do que provavelmente teria sido.

Essa tendência de lembrar de exemplos incomuns e de se aferrar a eles é uma das razões pelas quais tantas vezes repetimos erros. Quando pensamos sobre as nossas férias em família do ano passado, não convocamos uma amostra justa e representativa de instâncias de nosso passeio de duas semanas em Idaho. Em vez disso, a memória que vem com naturalidade e rapidez à nossa mente é aquela primeira tarde de sábado quando levamos as crianças para cavalgar, subimos ao cume daquele desfiladeiro no lombo de nossos palominos e contemplamos um vale magnífico, o rio serpeando rumo ao horizonte feito uma fita espelhada enquanto o sol brincava em sua superfície. O ar fresco era revigorante, o bosque estava em silêncio. As crianças de repente pararam de brigar e ficaram paralisadas de fascínio, alguém sussurrou "Uau" em voz muito suave, todos trocaram sorrisos, e o momento foi para sempre cristalizado como o ponto alto das férias. É por isso que imediatamente vem ao pensamento. Mas se nos fiarmos nessa lembrança ao planejarmos nossas próximas férias, ao mesmo tempo que ignoramos o fato de que o resto da viagem foi de forma geral decepcionante, corremos o risco de, no ano seguinte, acabar no mesmo camping superlotado, comendo os mesmos sanduíches rançosos, sendo mordidos pelas mesmas formigas mal-humoradas e querendo saber como é que aprendemos tão pouco com nossa visita anterior. Como tendemos a nos lembrar dos melhores e dos piores momentos em vez dos momentos mais prováveis, a riqueza de experiências que os jovens admiram nem sempre paga dividendos claros.

ESTÁ TUDO BEM

Recentemente, tive uma discussão com minha esposa, que insistiu que eu gostava do filme *A lista de Schindler*. Agora, permita-me ser categórico: ela não estava insistindo que eu *gostaria* do filme ou *deveria gostar* do filme. Ela estava insistindo que eu *gosto* do filme, a que assistimos juntos em 1993. Isso me pareceu extremamente injusto. Não consigo estar certo em relação a muitas coisas, mas a única coisa que me reservo o direito de estar certo é sobre as de que eu gosto. E como venho dizendo há mais de uma década a todos que se dispõem a me dar ouvidos, não gosto de *A lista de Schindler*. Mas minha esposa disse que eu estava errado e, como cientista, sinto-me moralmente obrigado a testar toda e qualquer hipótese que envolva comer pipoca. Então, alugamos *A lista de Schindler*, assistimos de novo ao filme, e os resultados do meu experimento provaram de forma inequívoca quem tinha razão: ela estava certa, porque eu realmente fiquei fascinado pelo filme durante todos os primeiros duzentos minutos. Mas eu estava certo porque, no fim, algo horrível aconteceu. Em vez de me deixar com a conclusão da história, o diretor Steven Spielberg acrescentou uma cena final na qual as pessoas de carne e osso em quem os personagens foram baseados apareceram na tela e homenagearam o herói do filme. Achei aquela cena tão invasiva, tão piegas, tão absolutamente supérflua que disse para minha esposa: "Ah, para com isso!", o que aparentemente foi a mesma coisa que eu disse em voz bastante alta para o cinema inteiro ouvir em 1993. Os primeiros 98% do filme são brilhantes, os 2% finais são estúpidos, e eu me lembrava de não ter gostado do filme porque (para mim) tinha terminado mal. A única coisa estranha sobre essa lembrança é que já assisti a vários filmes cuja proporção de brilhantismo foi significativamente inferior a 98% e me lembro de ter gostado bastante de alguns deles. A diferença é que nesses outros filmes as partes estúpidas estavam no início, ou no meio, ou em algum lugar diferente do fim. Então, por que gosto mais de filmes medianos com final soberbo do que de filmes quase perfeitos com final ruim? Afinal, o filme quase perfeito não me propicia mais minutos de envolvimento emocional intenso e satisfatório do que o filme mediano?

Sim, mas aparentemente não é isso o que importa. Como vimos, a memória não armazena um filme de longa-metragem da nossa experiência, mas em vez disso armazena uma sinopse idiossincrática, e entre as idiossincrasias da memória está sua obsessão com as cenas finais.[8] Seja ouvindo uma série de sons, lendo uma série de cartas, vendo uma série de fotos, cheirando uma série de odores ou encontrando uma série de pessoas, mostramos uma acentuada tendência de nos lembrarmos dos itens no final da série muito melhor do que dos itens no início ou no meio.[9] Dessa maneira, quando revisitamos a série inteira, nossa impressão é fortemente influenciada por seus itens finais.[10] Essa tendência é especialmente aguda quando rememoramos experiências de prazer e dor. Por exemplo, em um estudo pediu-se a voluntários que enfiassem as mãos na água gelada (uma tarefa comum de laboratório que é bastante dolorosa, mas não causa danos) usando uma escala de classificação eletrônica para informar seu desconforto momento a momento.[11] Todos os voluntários realizaram um teste curto e um longo. No teste curto, os voluntários submergiram as mãos por sessenta segundos em uma banheira com água a congelantes 13°C. No teste longo, os voluntários mergulharam as mãos por noventa segundos em uma banheira de água mantida na mesma temperatura de frigorífico de 13°C durante os primeiros sessenta segundos, depois sub-repticiamente aquecida para não tão congelantes 15°C ao longo dos trinta segundos restantes. Ou seja, o experimento curto consistiu em sessenta segundos de frio, e o experimento longo consistiu *nos mesmos sessenta segundos de frio* com *trinta segundos adicionais de frio*. Qual teste foi mais doloroso?

Bem, depende do que entendemos por *doloroso*. O experimento longo claramente abrangeu um maior número de momentos dolorosos e, de fato, os informes momento a momento dos voluntários revelaram que eles sentiram igual desconforto durante os primeiros sessenta segundos em ambos os testes, mas muito mais desconforto nos trinta segundos seguintes se mantivessem a mão na água (como fizeram no teste longo) do que se tirassem a mão (como fizeram no teste curto). Por outro lado, quando mais tarde se pediu aos voluntários que *relembrassem* sua experiência para dizer qual dos testes *havia sido* o mais doloroso, ficou evidente sua tendência a dizer que o experimento curto foi mais doloroso do que o longo. Embora o teste longo exigisse dos voluntários suportar uma quantidade de segundos de imersão em água gelada 50% maior, seu desfecho era ligeiramente mais quente e, portanto, foi lembrado como a menos dolorosa das duas experiências. O fetiche da memória por finais explica por que as mulheres muitas vezes se lembram do parto como uma experiência menos dolorosa do que realmente foi,[12] e por que na lembrança de casais cujo relacionamento azedou eles nunca foram realmente felizes para começo de conversa.[13] Como Shakespeare escreveu, "o fatigado pôr do sol, como os últimos bocados das iguarias e o final das melodias, com mais força nos fica na memória do que as coisas afamadas que registrou a história".[14]

O fato de muitas vezes julgarmos o prazer de uma experiência por seu final pode nos levar a fazer algumas escolhas curiosas. Por exemplo, quando os pesquisadores que realizaram o estudo da água gelada perguntaram aos voluntários qual dos dois testes eles prefeririam repetir, 69% dos voluntários optaram por repetir o experimento longo — isto é, *aquele que incluía trinta segundos extras de dor*. Como os voluntários lembravam-se do teste longo como uma experiência menos dolorosa do que o teste curto, foi o que escolheram repetir. Seria fácil impugnar a racionalidade dessa escolha — afinal, o "prazer total" de uma experiência é uma função da qualidade e da quantidade dos momentos que o constituem, e esses voluntários claramente não estavam levando em consideração a quantidade.[15] Mas seria igualmente fácil defender a racionalidade dessa escolha. Não montamos no touro mecânico ou posamos para uma foto ao lado de uma bela estrela do cinema porque essas experiências momentâneas são inerentemente prazerosas; fazemos isso para que possamos passar o resto de nossos dias imersos em recordações felizes ("Consegui aguentar um minuto inteiro!"). Se pudermos passar horas apreciando a lembrança de uma experiência que durou apenas alguns segundos, e se as memórias tendem a enfatizar excessivamente os desfechos, então por que não suportar um pouco de dor extra a fim de ter uma memória um pouco menos dolorosa?[16]

Ambas as posições são sensatas, e você poderia defender com coerência e ponderação qualquer uma delas. O problema é que você muito provavelmente *defende* as duas. Tenha em mente, por exemplo, um estudo em que voluntários foram informados sobre uma mulher (a quem chamaremos de sra. Tracejo) que levou uma vida absolutamente fabulosa até os sessenta anos de idade, momento em que sua vida passou de absolutamente fabulosa para meramente satisfatória.[17] Então, aos 65 anos, a sra. Tracejo morreu em um acidente de automóvel. Até que ponto foi boa a vida dela (que é retratada pela linha tracejada na figura 21)? Em uma escala de zero a nove, os voluntários disseram que a vida da sra. Tracejo foi 5,7. Um segundo grupo de voluntários foi informado de que uma mulher (a quem chamaremos de sra. Contínua) teve uma vida absolutamente fabulosa até morrer em um acidente de automóvel aos sessenta anos. A vida dela (retratada pela linha contínua na figura 21) foi boa? Os voluntários disseram que a vida da sra. Contínua foi 6,5. Parece, então, que esses voluntários preferiam uma vida fabulosa (a da sra. Contínua) a uma vida igualmente fabulosa com alguns anos adicionais satisfatórios (a da sra. Tracejo). Se você parar para pensar por um momento, vai perceber que foi exatamente assim que os voluntários do estudo da água gelada pensaram. A vida da sra. Tracejo teve mais "prazer total" do que a da sra. Contínua, a vida da sra. Contínua teve um final melhor do que a da sra. Tracejo, e os voluntários estavam claramente mais preocupados com a qualidade do final de uma vida do que com a quantidade total de prazer que a vida continha. Mas espere um minuto. Quando se solicitou a voluntários de um terceiro grupo que comparassem as duas vidas lado a lado (como você pode fazer na parte inferior da figura 21), eles não mostraram tal preferência. Quando a diferença da qualidade das duas vidas se evidenciou pedindo-se aos voluntários que avaliassem as duas simultaneamente, os voluntários não tinham mais tanta certeza de que prefeririam viver rápido, morrer jovens e deixar um cadáver feliz. Aparentemente, a forma como uma experiência termina é mais importante para nós do que a quantidade total de prazer que obtemos — até pararmos para pensar nisso.

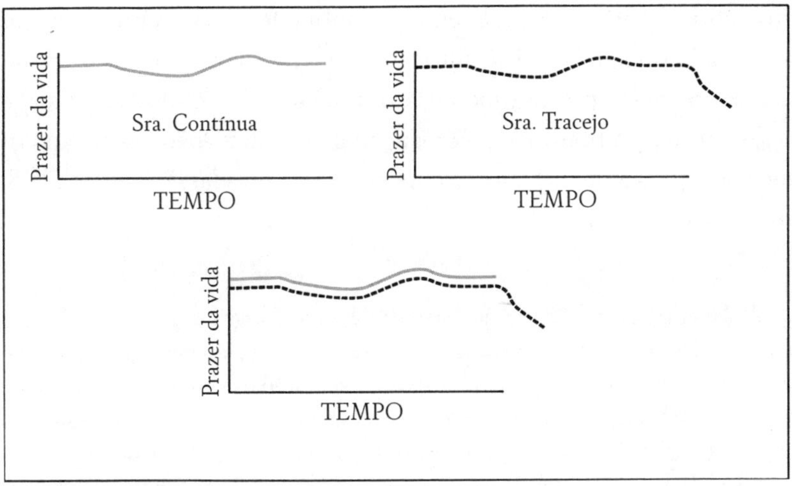

Figura 21. *Quando levados em consideração separadamente, os formatos das curvas são importantes. Mas quando comparados diretamente, os comprimentos das curvas é que são importantes.*

Se na noite de 8 de novembro de 1988 você fosse um norte-americano com idade para votar, então provavelmente estava em casa assistindo aos resultados da disputa presidencial entre Michael Dukakis e George Bush. Quem pensa nessa eleição talvez se lembre do infame comercial de campanha com Willie Horton,* ou da frase "Portador do cartão da ACLU",** ou da réplica mordaz de Lloyd Bentsen para Dan Quayle [*senador pelo estado de Indiana, vice de George Bush na chapa republicana na eleição de 1988*]: "Senador, o senhor não é nenhum Jack Kennedy". Você certamente se lembra de que, quando todos os votos foram contados, os eleitores norte-americanos decidiram não enviar um liberal de Massachusetts para a Casa Branca. Embora tenha perdido a eleição, Dukakis ganhou em alguns dos estados mais progressistas, e porque estamos falando sobre memória, gostaria de pedir que você use a sua agora. Feche seus olhos por um momento e tente se lembrar exatamente de como se sentiu quando o apresentador anunciou que Dukakis havia vencido no estado da Califórnia. Você ficou decepcionado ou encantado? Deu pulos de empolgação ou sacudiu a cabeça? Derramou lágrimas de alegria ou de tristeza? Você disse: "Obrigado, Deus, pelos esquerdistas da Costa Leste!" ou "O que dá para esperar daqueles veganos e hippies malucos?". Se você habita a extremidade progressista do espectro político, então provavelmente se lembra de que se sentiu feliz quando foi anunciado o resultado da Califórnia, e se vive mais perto da extremidade conservadora, então provavelmente se lembra de ter sentido menos alegria. E se for essa a sua lembrança, então meu amigo e concidadão, estou aqui diante de você hoje para anunciar que sua memória está errada. Porque, em 1988, os californianos votaram em George Herbert Walker Bush.

* Exibida durante a campanha que ajudou o republicano George Bush pai a derrotar o democrata Michael Dukakis, então governador de Massachusetts, a peça publicitária insinuava que Dukakis era leniente com o crime por ter vetado a aplicação da pena de morte no seu estado e continuado um programa que permitia a detentos passar os fins de semana fora da cadeia. Um deles era Willie Horton, condenado à prisão perpétua por assassinato em 1974: em sua primeira saída sob os auspícios do programa, em 1986, quando Dukakis já era governador, Horton fugiu, estuprou uma garota e matou o namorado dela. (N. T.)

** Sigla de American Civil Liberties Union (União Norte-americana pelas Liberdades Civis). (N. T.)

Por que é tão fácil pregar uma peça desprezível como essa? Porque a memória é um processo reconstrutivo que usa todas as informações à sua disposição para construir as imagens mentais que vêm ao pensamento quando nos dedicamos ao ato de lembrar. Uma dessas informações é o fato de que a Califórnia é o estado progressista que nos deu a meditação transcendental, granola, rock psicodélico, o governador Raio de Lua* e o filme pornô *Debbie dando em Dallas*. E faz sentido que Michael Dukakis — como Bill Clinton, Al Gore e John Kerry — teria vencido com folga no estado. Mas antes de os californianos começarem a votar em Bill Clinton, Al Gore e John Kerry, votaram em Gerald Ford, Ronald Reagan e Richard Nixon sempre que tiveram a chance. A menos que você seja um cientista político, um viciado em CNN ou um californiano de longa data, provavelmente não se lembrava dessa insignificância histórica. Em vez disso, você fez uma inferência lógica, ou seja, como a Califórnia é um estado progressista, e porque Dukakis era um candidato progressista, os californianos deviam ter votado nele. Assim como os antropólogos usam tanto fatos (um crânio de 13 mil anos de idade encontrado perto da Cidade do México é alongado e estreito) quanto teorias ("crânios alongados e estreitos indicam ascendência europeia") para fazer suposições sobre eventos passados ("Os caucasianos vieram para o Novo Mundo 2 mil anos antes de dar lugar aos mongoloides"), então seu cérebro usou um fato ("Dukakis era um progressista") e uma teoria ("Os californianos são progressistas") para inferir um evento passado ("Os californianos votaram em Dukakis"). Infelizmente, como sua teoria estava errada, seu palpite também estava errado.

Nosso cérebro usa fatos e teorias para fazer suposições sobre eventos passados, e da mesma maneira usa fatos e teorias para fazer suposições sobre sentimentos passados.[18] Uma vez que os sentimentos não deixam um rastro dos mesmos tipos de fatos que sobram na esteira de eleições e civilizações antigas, nosso cérebro se vê obrigado a fiar-se ainda mais em teorias para construir memórias de como nos sentimos outrora. Quando essas teorias estão erradas, acabamos por nos lembrar de maneira equivocada de nossas próprias emoções. Avalie, por exemplo, como suas teorias sobre algo — hã, digamos, que tal gênero? — podem influenciar sua recordação de sentimentos passados. A

* Referência a Jerry Brown, governador democrata da Califórnia de 1975 a 1983 e de 2011 a 2019, apelidado de "Moonbeam". (N. T.)

maioria de nós acredita que os homens são menos emotivos que as mulheres ("Ela chorou, ele não"), que homens e mulheres têm reações emocionais diferentes a eventos semelhantes ("Ele estava com raiva, ela estava triste"), e que as mulheres são especialmente propensas a emoções negativas em momentos específicos de seu ciclo menstrual ("Ela está um pouco irritadiça hoje, se você entende o que quero dizer"). Acontece que existem poucos indícios de qualquer uma dessas crenças — mas esse não é o cerne da questão. O cerne é que essas crenças são teorias que podem influenciar a maneira como nos lembramos de nossas próprias emoções. Tenha em mente que:

- Em um estudo, pediu-se a voluntários que recordassem seu estado de ânimo de alguns meses antes, e tanto os voluntários do sexo masculino quanto os do feminino lembraram-se de ter sentido emoções igualmente intensas.[19] A outro grupo de voluntários pediu-se que lembrassem de como se sentiram no mês anterior, mas antes de fazer isso foram convidados a refletir um pouco sobre gênero. Aí, as voluntárias lembraram-se de ter sentido emoções mais intensas, ao passo que de acordo com as lembranças dos voluntários do sexo masculino suas emoções tinham sido menos intensas.
- Em um estudo, voluntários dos sexos masculino e feminino tornaram-se membros de equipes esportivas e disputaram uma partida contra um time adversário.[20] Alguns voluntários relataram imediatamente as emoções que sentiram durante o jogo, e outros relembraram suas emoções uma semana depois. Os voluntários dos sexos masculino e feminino não diferiram quanto ao tipo de emoções relatadas. Uma semana depois, as voluntárias se lembraram de sentir emoções mais estereotipicamente femininas (por exemplo, empatia e culpa), e na lembrança dos voluntários do sexo masculino suas emoções tinham sido mais estereotipicamente masculinas (por exemplo, raiva e orgulho).
- Em um estudo, voluntárias mantiveram diários e fizeram avaliações cotidianas de seus sentimentos ao longo de quatro a seis semanas.[21] Essas avaliações revelaram que as emoções das mulheres não variaram conforme a fase de seus ciclos menstruais. No entanto, quando mais tarde se pediu às mulheres que relessem as anotações feitas em determinado dia e recordassem de como se sentiram, sua lembrança era de ter sentido emoções mais negativas nos dias em que estavam menstruadas.

Parece que nossas teorias sobre como as pessoas do nosso gênero *geralmente* se sentem podem influenciar nossa memória de como na verdade nos sentimos. O gênero é apenas uma de muitas teorias que têm esse poder de alterar nossas lembranças. Por exemplo, a cultura asiática não enfatiza a importância da felicidade pessoal tanto quanto a cultura europeia, e, portanto, os asiático-americanos acreditam que são geralmente menos felizes do que seus colegas europeu-americanos. Em um estudo, voluntários carregaram computadores portáteis para todos os lugares aonde iam durante uma semana inteira e registraram como se sentiam quando o computador apitava a intervalos aleatórios ao longo do dia.[22] Esses relatos mostraram que os voluntários asiático-americanos eram um pouco mais felizes do que os voluntários europeu-americanos. Mas quando se pediu aos voluntários que se *lembrassem* do que tinham sentido naquela semana, os voluntários asiático-americanos relataram que se sentiram *menos* felizes, e não mais felizes. Em um estudo que lançou mão de metodologia semelhante, hispânico-americanos e europeu-americanos relataram ter sentido mais ou menos a mesma coisa durante determinada semana, mas segundo a lembrança dos hispânico-americanos eles tinham sido mais felizes do que os europeu-americanos.[23] Nem todas as teorias envolvem alguma característica imutável das pessoas, a exemplo de gênero ou cultura. Por exemplo, quais estudantes tendem a obter pontuação mais alta em um exame — os que se preocupam com notas ou os que não dão a mínima para isso? Como professor universitário, posso atestar que minha própria teoria é que os alunos que sentem uma profunda preocupação com seu desempenho tendem a estudar mais e, portanto, a demonstrar uma competência acadêmica melhor que a de seus colegas de classe mais preguiçosos. Aparentemente, os estudantes têm a mesma teoria, porque as pesquisas mostram que, quando os alunos se saem bem em uma prova, sua lembrança indica que antes da prova se sentiram mais ansiosos do que realmente se sentiram, e quando os estudantes se saem mal num exame, lembram-se de ter sentido, antes do exame, menos ansiedade do que efetivamente sentiram.[24]

A nossa lembrança do que sentimos varia em função da nossa crença acerca do que devemos ter sentido. O problema com esse erro de percepção retrospectiva é que pode nos impedir de descobrir nossos erros de antecipação. Pense no caso da eleição presidencial dos Estados Unidos em 2000. Os eleitores foram às urnas em 7 de novembro para decidir quem se tornaria o 43º presidente dos Estados Unidos, George Bush ou Al Gore, mas rapidamente ficou claro que a disputa estava acirrada demais para que se fizesse um prognóstico certeiro e que o resultado demoraria semanas para sair. No dia seguinte, 8 de novembro, pesquisadores pediram a alguns eleitores que previssem em que medida ficariam felizes no dia em que a eleição fosse finalmente decidida a favor ou contra seu candidato predileto. Em 13 de dezembro, Al Gore reconheceu a vitória de George Bush, e no dia seguinte, 14 de dezembro, os pesquisadores mediram a felicidade real dos eleitores. Quatro meses mais tarde, em abril de 2001, os pesquisadores entraram novamente em contato com os eleitores e pediram que se lembrassem de como se sentiram em 14 de dezembro. Como mostra a figura 22, o estudo revelou três coisas.

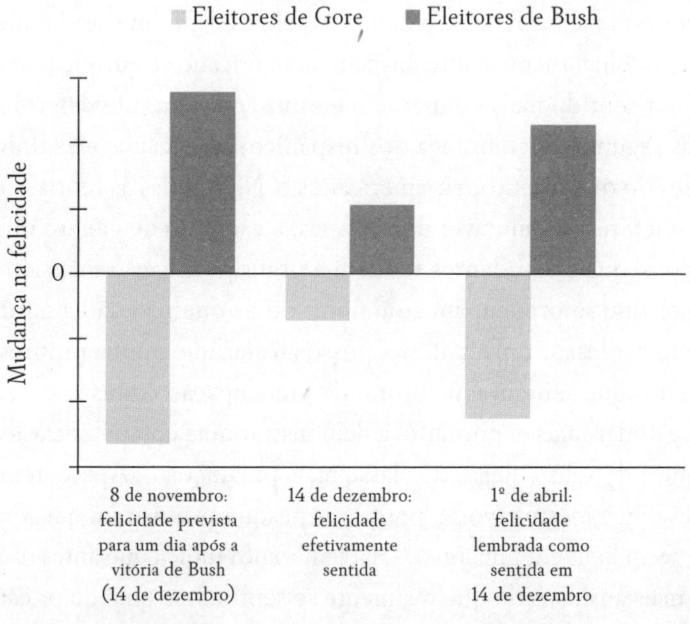

Figura 22. *Na eleição presidencial dos Estados Unidos em 2000, os partidários esperavam que a decisão da Suprema Corte influenciasse fortemente seu grau de felicidade um dia após o anúncio da decisão* (barras à esquerda). *Poucos meses depois, eles se lembraram de que essa influência havia ocorrido* (barras à direita). *Na verdade, a decisão teve um impacto muito menor na felicidade dos eleitores do que na sua previsão ou na sua lembrança* (barras do meio).

Em primeiro lugar, um dia após a eleição, os eleitores pró-Gore esperavam ficar devastados e os eleitores pró-Bush esperavam ficar exultantes se George Bush fosse finalmente declarado vencedor. Em segundo lugar, quando no fim das contas George Bush foi declarado vencedor, os eleitores pró-Gore ficaram menos devastados e os eleitores pró-Bush ficaram menos entusiasmados do que sua expectativa inicial (tendência que você já viu em outros capítulos). Em terceiro lugar, e mais importante, alguns meses depois que a eleição foi decidida, a lembrança de ambos os grupos de eleitores era de ter sentido *o que esperavam sentir*, e não *o que realmente sentiram*. Aparentemente, antecipações e análises retrospectivas podem estar em perfeito acordo apesar do fato de que nem uma nem outra descrevem com precisão nossa experiência real.[25] As teorias que nos levam a prever que um evento nos deixará felizes ("Se Bush ganhar, ficarei exultante") também nos levam a lembrar que ele nos deixou felizes ("Quando Bush venceu, fiquei exultante"), eliminando assim as evidências de sua própria imprecisão. Por causa disso, torna-se excepcionalmente difícil para nós descobrirmos que nossas previsões estavam erradas. Superestimamos o nível de felicidade que sentiremos no dia do nosso aniversário,[26] subestimamos o quanto estaremos felizes nas manhãs de segunda-feira,[27] e fazemos essas previsões mundanas, mas errôneas, repetidas vezes, apesar de serem desmentidas amiúde. Nossa incapacidade de lembrar como realmente nos sentimos é uma das razões pelas quais nossa riqueza de experiências acaba tantas vezes sendo assolada pela pobreza.

ADIANTE

Quando se pede às pessoas que citem um único objeto que tentariam salvar se sua casa pegasse fogo, a resposta mais comum (para grande desgosto do cachorro da família) é "meu álbum de fotografias". Não apenas guardamos com apreço nossas memórias; nós *somos* nossas memórias. E, no entanto, as pesquisas revelam que a memória é menos parecida com uma coleção de fotos do que com uma coleção de pinturas impressionistas no traço de um artista que lança mão de considerável licença em relação a seu tema. Quanto mais ambíguo é o tema, mais licença o artista usa, e poucos temas são mais ambíguos do que a experiência emocional. Nossa memória de episódios emocionais é excessivamente influenciada por instâncias incomuns, desfechos e teorias sobre o que *devemos* ter sentido naquele momento, fatores que comprometem gravemente nossa capacidade de aprender com nossa própria experiência. A prática, ao que parece, nem sempre leva à perfeição. Mas se você pensar em toda aquela conversa sobre cocô, vai se lembrar de que o treinamento prático é apenas uma das duas maneiras pelas quais aprendemos. Se o treinamento prático não nos conserta, então que tal a instrução?

11. Reportando ao vivo do amanhã

Instruído pelo antiquário tempo,
ele é sábio, isso é certo, tem de sê-lo.
William Shakespeare, *Tróilo e Créssida*, Ato II, cena 3

Na refilmagem de *O homem que sabia demais* que Alfred Hitchcock dirigiu em 1956, Doris Day canta uma valsa cujos versos finais dizem:

Quando eu era apenas uma menininha,
perguntei para a minha professora: "O que vou fazer na vida?
Pintarei quadros, serei cantora?".
E ela me deu esta sábia resposta:
"*Que sera, sera*. O que será, será.
Não podemos ver o futuro. *Que sera, sera*".[1]

Bem, não quero ficar polemizando nem criar caso com o letrista, e só tenho boas lembranças de Doris Day, mas o fato é que não se trata de uma resposta exatamente sábia. Quando uma criança pede conselhos sobre qual das duas atividades seguir, um professor deveria ser capaz de fornecer mais do que um clichê musical. Sim, *claro* que é difícil antever o futuro. Mas de qualquer maneira todos estamos caminhando em direção a ele, e, por mais difícil que seja de imaginar, temos que tomar *algumas* decisões sobre quais futuros almejar e quais evitar. Se estamos sujeitos a erros quando tentamos imaginar o futuro, então como *deveríamos* decidir o que fazer?

Até uma criança sabe a resposta para essa pergunta: deveríamos perguntar ao professor. Um dos benefícios de ser um animal social e linguístico é que podemos tirar proveito da experiência de outros, em vez de tentar descobrir tudo por conta própria. Durante milhões de anos, os seres humanos subjugaram sua ignorância dividindo o árduo trabalho da descoberta e, em seguida, comunicando suas descobertas uns aos outros, razão pela qual um entregador de jornal mediano em Pittsburgh sabe mais sobre o universo do que Galileu, Aristóteles, Da Vinci ou qualquer um daqueles outros caras que eram tão inteligentes que só precisavam ter um nome ou um sobrenome. Todos nós fazemos amplo uso desse recurso. Se você anotasse tudo o que sabe e, em seguida, voltasse ao início da lista a fim de marcar todas as coisas que você sabe apenas porque alguém lhe contou, desenvolveria uma lesão por movimento repetitivo, porque quase tudo o que você sabe é de segunda mão. Iuri Gagarin foi o primeiro homem no espaço? Croissant é uma palavra da língua francesa? Qual população é maior, a da China ou a da Dakota do Norte? É melhor prevenir do que remediar? A maioria de nós sabe as respostas a essas perguntas, apesar do fato de que nenhum de nós testemunhou o lançamento da espaçonave *Vostok I*, supervisionou pessoalmente a evolução das línguas neolatinas, contou uma a uma todas as pessoas que residem em Pequim e em Bismarck (capital da Dakota do Norte), ou realizou um estudo duplo-cego totalmente aleatório sobre homens prevenidos que valem por dois. Sabemos as respostas porque alguém as compartilhou conosco. A comunicação é uma espécie de "observação vicária"[2] que nos permite aprender sobre o mundo sem nunca sair do conforto da nossa espreguiçadeira. Os 8 bilhões de pessoas interconectadas que cobrem a superfície de nosso planeta constituem um leviatã com 16 bilhões de olhos, e tudo o que é visto por um par de olhos pode potencialmente ser conhecido por todo o monstro colossal em questão de meses, dias ou até minutos.

O fato de podermos nos comunicar sobre nossas experiências deveria fornecer uma solução simples para o problema central de que trata este livro. Sim, nossa capacidade de imaginar nossas emoções futuras é falha — mas tudo bem, porque não temos que imaginar como seria casar-se com um advogado, mudar-se para o Texas ou comer caramujo quando há tantas pessoas que *fizeram* essas coisas e estão muito felizes em nos contar sobre elas. Professores, vizinhos, colegas de trabalho, pais, mães, amigos, amantes, filhos, tios, primos, treinadores, taxistas, barmen, cabeleireiros, dentistas, publicitários — cada uma dessas pessoas tem algo a dizer sobre como seria viver neste futuro e não naquele, e em qualquer momento podemos ter plena certeza de que uma dessas pessoas realmente *teve* a experiência que estamos apenas imaginando. Uma vez que somos o mamífero que mostra e descreve, cada um de nós tem acesso a informações sobre quase todas as experiências que podemos imaginar — e muitas que nem sequer somos capazes de conceber. Os orientadores vocacionais nos falam sobre as melhores carreiras, os críticos nos falam dos melhores restaurantes, os agentes de viagem nos falam sobre as melhores férias, e os amigos nos falam sobre os melhores agentes de viagem. Cada um de nós está rodeado por um pelotão de conselheiros sentimentais que podem nos relatar suas próprias experiências e, ao fazê-lo, nos dizem quais futuros mais a valem a pena desejar.

Dada a superabundância de consultores, modelos de comportamento, gurus, mentores, casamenteiros e parentes intrometidos, seria de esperar que as pessoas se saíssem muito bem no que diz respeito a tomar as decisões mais importantes da vida, como onde morar, onde trabalhar e com quem se casar. E, ainda assim, o norte-americano médio se muda de casa mais de seis vezes,[3] troca de emprego mais de dez vezes[4] e se casa mais de uma vez,[5] o que sugere que a maioria de nós está tomando um quinhão nada pequeno de decisões ruins. Se a humanidade é uma biblioteca viva de informações sobre qual é a sensação de fazer quase tudo que pode ser feito, então por que as pessoas que têm os cartões de biblioteca tomam tantas decisões ruins? Existem apenas duas possibilidades. A primeira é que muitos dos conselhos que recebemos de outras pessoas são maus conselhos, os quais aceitamos tolamente. A segunda é que muitos dos conselhos que recebemos de outras pessoas são bons conselhos, os quais rejeitamos tolamente. Então o que acontece de fato? Damos ouvidos demais ao que os outros falam, ou não ouvimos suficientemente bem? Como veremos, a resposta para essa pergunta é "*sim*".

O filósofo Bertrand Russell afirmou certa vez que acreditar é "a coisa mais mental que fazemos".[6] Talvez, mas também é a coisa mais *social* que fazemos. Assim como transmitimos nossos genes em um esforço para criar pessoas cujo rosto se parece com o nosso, também passamos adiante nossas crenças, em um esforço para criar pessoas cuja mente seja parecida com a nossa. Quase sempre que contamos algo a alguém, estamos tentando mudar a forma como o cérebro da outra pessoa funciona – tentando mudar a maneira como ela vê o mundo, de modo que sua visão se assemelhe mais à nossa visão. Praticamente todas as afirmações – desde as sublimes ("Deus tem um plano para você") às mundanas ("Vire à esquerda no semáforo, ande três quilômetros e você verá uma loja Dunkin' Donuts à sua direita") – destinam-se a colocar as crenças do interlocutor em sintonia com as do enunciador. Às vezes essas tentativas são bem-sucedidas e às vezes falham. Então, o que determina se uma crença será transmitida com êxito de uma mente para outra?

Os princípios que explicam por que razão alguns genes são transmitidos com maior sucesso do que outros explicam também por que algumas crenças são transmitidas com mais sucesso do que outras.[7] A biologia evolutiva nos ensina que qualquer gene que promova seu próprio "meio de transmissão" será representado em proporções crescentes na população ao longo do tempo. Por exemplo, imagine que um único gene foi responsável pelo complexo desenvolvimento do circuito neural que faz com que os orgasmos sejam tão bons. Para uma pessoa com esse gene, os orgasmos propiciariam sensações... bem, orgásticas. Para uma pessoa sem esse gene, os orgasmos seriam mais parecidos com espirros – convulsões físicas breves e barulhentas que pagam dividendos hedônicos insignificantes. Agora, se pegássemos cinquenta pessoas saudáveis e férteis com o gene e cinquenta pessoas saudáveis e férteis sem o gene e as deixássemos em um planeta hospitaleiro durante cerca de 1 milhão de anos, quando lá voltássemos provavelmente encontraríamos uma população de milhares ou milhões de pessoas, e quase todas teriam o gene. Por quê? Porque um gene capaz de proporcionar um orgasmo tão bom tenderia a ser transmitido de geração em geração simplesmente porque as pessoas que gostam de orgasmos estão inclinadas a fazer aquilo que transmite seus genes. A lógica é tão circular que é praticamente inevitável: os genes tendem a ser transmitidos quando nos levam a fazer coisas que transmitem genes. Além do mais, até mesmo os *genes* ruins – aqueles que nos tornam propensos ao câncer ou a doenças cardíacas – podem se tornar super-replicadores se compensarem esses custos promovendo seus próprios meios de transmissão. Por exemplo, se o gene responsável por fazer do orgasmo uma sensação tão efervescente e deliciosa também nos deixasse propensos a artrite e a cáries, ainda assim esse gene poderia ser representado em proporções cada vez maiores, porque pessoas artríticas e desdentadas que amam orgasmos são mais propensas a ter filhos do que pessoas flexíveis e dentuças que não apreciam orgasmos.

A mesma lógica pode explicar a transmissão de crenças. Se uma crença particular tem alguma propriedade que facilita sua própria transmissão, então essa crença tende a ser respaldada pela profunda convicção de um número crescente de mentes. No fim fica claro que existem várias dessas propriedades que aumentam o sucesso de transmissão de uma crença, a mais óbvia delas a exatidão. Quando alguém nos diz onde encontrar uma vaga de estacionamento no centro da cidade ou como assar um bolo em grandes altitudes, adotamos essa crença e a passamos adiante porque nos ajuda e a nossos amigos a fazer as coisas que queremos fazer, a exemplo de estacionar e assar bolos. Como observou um filósofo: "A faculdade de comunicação não ganharia terreno na evolução a menos que fosse de modo geral a faculdade de transmitir crenças verdadeiras".[8] Crenças precisas nos dão poder, o que torna mais fácil entender por que são tão prontamente transmitidas de uma mente para outra.

É um pouco mais difícil entender por que crenças *imprecisas* são transmitidas com tanta facilidade de uma mente para outra – mas são. Falsas crenças, assim como genes ruins, podem tornar-se super-replicadores, e um experimento mental ilustra como isso pode acontecer. Imagine um jogo que é disputado por duas equipes, cada uma com mil jogadores, cada um deles em contato com os companheiros de equipe por meio de um telefone. O objetivo do jogo é fazer com que a equipe compartilhe o máximo possível de crenças precisas. Quando os jogadores recebem uma mensagem que julgam ser precisa, ligam para um colega de equipe e a passam adiante. Quando recebem uma mensagem que acreditam ser imprecisa, não a transmitem. No final do jogo, o árbitro apita e concede a cada equipe um ponto para cada crença precisa que é compartilhada por toda a equipe e subtrai um ponto para cada crença incorreta compartilhada por toda a equipe. Agora, tenha em mente um concurso disputado em um dia ensolarado entre uma equipe chamada "Os Perfeitos" (cujos membros sempre transmitem crenças corretas) e uma equipe chamada "Os Imperfeitos" (cujos membros ocasionalmente transmitem uma crença incorreta). Deveríamos esperar uma vitória dos Perfeitos, certo?

Não necessariamente. Na verdade, existem algumas circunstâncias especiais em que os Imperfeitos vão impor uma derrota acachapante. Por exemplo, imagine o que aconteceria se um dos jogadores Imperfeitos enviasse a falsa mensagem "Falar ao telefone durante o dia inteiro e a noite toda vai acabar deixando você muito feliz" e imagine que outros jogadores Imperfeitos fossem crédulos o suficiente para acreditar nela e passá-la adiante. Essa mensagem é errônea e, portanto, custará aos Imperfeitos um ponto no fim das contas. Mas pode ter o efeito compensatório de manter mais Imperfeitos ao telefone por mais tempo, aumentando assim o número total de mensagens precisas que eles transmitem. Nas circunstâncias certas, os custos dessa crença inexata seriam sobrepujados por seus benefícios, a saber, levar os jogadores a se comportarem de maneiras que aumentariam as chances de compartilharem outras crenças corretas. A lição a ser aprendida com esse jogo é que crenças imprecisas podem prevalecer no jogo de transmissão de crenças se de alguma forma facilitarem seus próprios "meios de transmissão". Nesse caso, o meio de transmissão não é o sexo, mas comunicação, e, portanto, qualquer crença — até mesmo uma falsa crença — que aumente a comunicação tem uma boa chance de ser transmitida sucessivas vezes. Falsas crenças que promovam sociedades estáveis tendem a se propagar porque as pessoas que professam essas crenças tendem a viver em sociedades estáveis, que proporcionam os meios pelos quais as falsas crenças se propagam.

Parte de nossa sabedoria cultural sobre felicidade tem um ar de falsa crença super-replicadora. Pense no dinheiro. Se você já tentou vender alguma coisa, então provavelmente tentou vendê-la pelo máximo valor possível, e outras pessoas provavelmente tentaram comprá-la de você pagando o mínimo valor possível. Todas as partes envolvidas na transação partiram do princípio de que seria melhor se acabassem com mais dinheiro na mão em vez de menos, e essa suposição é o alicerce fundamental de nosso comportamento econômico. No entanto, o volume de fatos científicos que substanciam isso é bem menor do que você pode imaginar. Economistas e psicólogos passaram décadas estudando a relação entre riqueza e felicidade, e de modo geral concluíram que a riqueza aumenta a felicidade humana quando tira as pessoas do buraco da pobreza abjeta e as leva para a classe média, mas pouco faz para aumentar a felicidade a partir daí.[9] Os norte-americanos que ganham 50 mil dólares por ano são muito mais felizes do que aqueles que ganham 10 mil dólares anuais, mas os norte-americanos que ganham 5 milhões de dólares por ano não são muito mais felizes do que aqueles que ganham 100 mil dólares por ano. Pessoas que vivem em nações pobres são muito menos felizes do que as que vivem em nações moderadamente ricas, mas as que vivem em nações moderadamente ricas não são muito menos felizes do que as que vivem em países extremamente ricos. Os economistas explicam que a riqueza tem "*declínio da utilidade marginal*", uma maneira elegante de dizer que dói estar com fome, frio, doente, cansado e com medo, mas tão logo você consiga ter grana para se livrar desses fardos, o resto do seu dinheiro é uma pilha de papel cada vez mais inútil.[10]

Ou seja, assim que ganhamos um montante de dinheiro suficiente para podermos realmente aproveitar, desistimos de trabalhar e curtimos a vida, certo? Errado. Pessoas em países ricos geralmente trabalham por muito tempo e com muito afinco para ganhar mais dinheiro do qual jamais obterão prazer.[11] Esse fato nos intriga menos do que deveria. Afinal, um rato pode ser motivado a correr através de um labirinto que tem uma recompensa de queijo final, mas depois que o carinha estiver de pança cheia, nem mesmo o melhor queijo Stilton do mundo será capaz de fazê-lo se levantar. Depois que comemos nossa porção de panquecas, mais panquecas não são gratificantes, portanto, paramos de tentar adquiri-las e consumi-las. Mas, ao que parece, não é assim com o dinheiro. Como Adam Smith, o pai da economia moderna, escreveu em 1776: "O desejo de alimento é limitado em cada homem pela restrita capacidade do estômago humano; contudo, o desejo de comodidades e de artigos ornamentais para a casa, do vestuário, dos pertences familiares e da mobília parece não ter limites ou fronteiras definidos".[12]

Se comida e dinheiro param de nos agradar quando os adquirimos em quantidade suficiente, então por que continuamos a encher nossos bolsos se, uma vez saciados, não continuamos a nos empanturrar? Adam Smith tinha uma resposta. Ele começou por reconhecer aquilo de que a maioria de nós já desconfiava de qualquer maneira: a produção de riqueza não é necessariamente uma fonte de felicidade pessoal.

> No que constitui a real felicidade da vida humana, eles [os pobres] não são, em aspecto algum, inferiores àqueles que pareceriam tão acima deles. Em conforto do corpo e paz do espírito, todas as diferentes classes da vida estão aproximadamente sobre um mesmo nível, e o mendigo, que toma sol à beira da estrada, tem aquela segurança pela qual lutam os reis.[13]

Parece ótimo, mas se for verdade, então estamos todos encrencados. Se reis ricos não são mais felizes do que mendigos miseráveis, então por que os mendigos miseráveis deveriam parar de tomar sol à beira da estrada e trabalhar para se tornarem reis ricos? Se ninguém quiser ser rico, então temos um significativo problema econômico, porque economias prósperas exigem que as pessoas continuamente adquiram e consumam bens e serviços de outras pessoas. As economias de mercado exigem que todos nós tenhamos uma fome insaciável por *coisas*, e se todos estiverem contentes com as coisas, então a economia ficará paralisada. Mas se esse é um significativo problema *econômico*, não é um problema *pessoal* significativo. O presidente do Federal Reserve [Banco Central norte-americano] pode acordar todas as manhãs com o desejo de fazer o que a economia quer, mas a maioria de nós sai da cama com o desejo de fazer o que *nós* quisermos, o que quer dizer que as necessidades fundamentais de uma economia vibrante e as necessidades fundamentais de um indivíduo feliz não são necessariamente as mesmas. Então, o que motiva as pessoas a trabalhar duro todos os dias para fazer coisas que satisfarão as necessidades da economia, mas não as suas próprias necessidades? Como tantos pensadores, Adam Smith acreditava que as pessoas querem apenas uma coisa – felicidade –, portanto as economias poderão florescer e crescer se e somente se as pessoas forem ludibriadas a acreditar que a produção de riqueza irá torná-las felizes.[14] Se e somente se as pessoas mantiverem essa falsa crença é que continuarão a produzir coisas, adquirir coisas e consumir coisas para sustentar a economia de seu país.

> Os prazeres da riqueza e das honrarias [...] atiçam a imaginação como se se tratasse de algo grandioso, belo e nobre, cuja aquisição vale toda a faina e aflição que tão dispostos estamos a lhe dedicar [...]. É esse engodo que dá origem e mantém em contínuo movimento o empenho da humanidade. É o que primeiro os incitou a cultivar o solo, a edificar casas, a fundar cidades e estados e a inventar e a aperfeiçoar todas as ciências e artes, que enobrecem e embelezam a vida humana; que modificou por completo toda a face do globo, transformando agrestes florestas

em planícies agradáveis e férteis, o insondável e estéril oceano em nova fonte de subsistência e na grande via de comunicação entre as diferentes nações da terra.[15]

Em suma, a produção de riqueza não necessariamente torna os indivíduos felizes, mas atende às necessidades de uma economia, que atende às necessidades de uma sociedade estável, que serve como uma rede para a propagação de delirantes crenças sobre felicidade e riqueza. A economia prospera quando os indivíduos se esforçam, mas como os indivíduos só se esforçarão em prol de sua própria felicidade, é essencial que acreditem erroneamente que produzir e consumir são rotas para o bem-estar pessoal. Embora palavras como *delirante* possam aparentemente sugerir algum tipo de obscura conspiração orquestrada por um pequeno grupo de homens de ternos escuros, o jogo de transmissão de crenças nos ensina que a propagação de falsas crenças não exige que ninguém tente cometer uma fraude magnífica contra toda uma população inocente. Não há conluio, não existe tribunal secreto,* não há um mestre manipulador cujo maquiavélico programa de doutrinação e propaganda enganou a todos nós, fazendo-nos acreditar que o dinheiro pode nos comprar amor. Em vez disso, essa falsa crença é um super-replicador porque ser adepto dela faz com que nos envolvamos nas mesmas atividades que a perpetuam.[16]

O jogo de transmissão de crenças explica por que acreditamos em algumas coisas a respeito da felicidade que simplesmente nada têm de verdadeiras. A alegria do dinheiro é um exemplo. A alegria de ter filhos é outra que mexe com a maioria de nós e muitas vezes gera frustração. Todas as culturas humanas dizem a seus membros que ter filhos os fará felizes. Quando as pessoas pensam sobre sua prole — seja imaginando uma prole futura ou pensando na prole atual —, tendem a evocar imagens de bebezinhos murmurando e sorrindo no berço, adoráveis criancinhas correndo desembestadas gramado afora, meninos bonitos e meninas lindas tocando trompete e tubas na banda marcial da escola, estudantes formados em universidades de prestígio, bem casados e bem-sucedidos

* No original, o autor faz referência à Star Chamber, órgão judiciário criado pela Coroa britânica em 1487 e que funcionou até 1641; tribunal secreto que não admitia testemunhas e tinha o direito de torturar, julgar e condenar prisioneiros sem culpa formalizada nem direito de apelo, foi usado para fins de perseguição política e passou a simbolizar os abusos do poder real; o nome Câmara Estrelada devia-se ao fato de utilizar uma sala no Palácio de Westminster decorada com estrelas pintadas no teto. (N. T.)

em carreiras profissionais gratificantes, e netos perfeitos cujas afeições podem ser compradas com doces. Os futuros papais e mamães sabem que precisarão trocar fraldas, fazer o dever de casa, e sabem que gastarão todas as economias de uma vida inteira custeando as viagens de férias dos ortodontistas de seus filhos para Aruba, mas, de forma geral, pensam com grande alegria na ideia de paternidade e maternidade, razão pela qual a maioria das pessoas mais cedo ou mais tarde embarca nessa. Quando os pais e mães recordam a paternidade e a maternidade, sua lembrança é a de sentir a mesma coisa que as pessoas que estão ansiosas para ter filhos esperam sentir. Poucos de nós são imunes a essas alegres expectativas. Tenho um filho de 29 anos e estou absolutamente convencido de que ele é e sempre foi uma das maiores fontes de alegria da minha vida, tendo sido apenas recentemente eclipsado por minha neta de dois anos, que é adorável em igual medida, mas ainda não me pediu para andar atrás dela e fingir que não somos parentes. Quando se pede às pessoas que identifiquem suas fontes de alegria, elas fazem exatamente o que eu faço: apontam para seus filhos.

No entanto, se medirmos a satisfação *real* das pessoas que têm filhos, vem à tona uma história muito diferente. Como mostra a figura 23, os casais geralmente começam bastante felizes em seu casamento e depois se tornam cada vez menos satisfeitos ao longo de sua vida conjugal, chegando perto de seu nível de satisfação original apenas quando seus filhos saem de casa.[17] Apesar do que lemos na mídia popular, o único sintoma conhecido da "síndrome do ninho vazio" é o aumento na frequência dos sorrisos.[18] Curiosamente, esse padrão de satisfação ao longo do ciclo da vida descreve as mulheres (que em geral são as principais cuidadoras dos filhos) melhor do que os homens.[19] Meticulosos estudos de como as mulheres se sentem enquanto realizam suas atividades diárias mostram que elas ficam menos felizes cuidando de suas crianças do que quando comem, fazem exercícios, fazem compras, cochilam ou assistem à televisão.[20] Na verdade, cuidar das crianças parece ser apenas um pouco mais agradável do que fazer o trabalho doméstico.

Nada disso deveria nos surpreender. Todo pai e toda mãe sabem que filhos dão muito trabalho — um trabalho realmente *pesado* e difícil —, e, embora a paternidade e a maternidade tragam muitos momentos gratificantes, a vasta maioria desses momentos envolve prestar um serviço monótono e abnegado a pessoas que levarão décadas para se tornarem, ainda que muito a contragosto, agradecidas por aquilo que estamos fazendo. Se o trabalho de ser pai e mãe é um negócio tão difícil, então por que temos uma visão tão edulcorada a esse

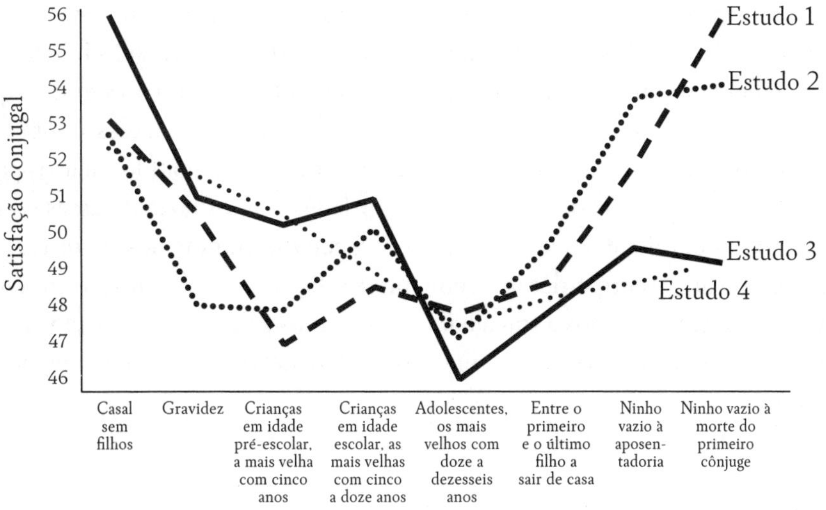

Figura 23. *Como mostram os quatro estudos separados neste gráfico, a satisfação conjugal diminui drasticamente após o nascimento do primeiro filho e aumenta apenas quando o último filho sai de casa.*

respeito? Uma razão é que passamos o dia inteiro falando ao telefone com os acionistas da sociedade — nossa mãe, nossos tios e nossos personal trainers —, que desde sempre nos transmitem uma ideia que eles *acreditam* ser verdadeira, mas cuja exatidão não é a causa de sua transmissão. A noção de que "filhos trazem felicidade" é um super-replicador. A rede de transmissão de crenças da qual fazemos parte não pode operar sem um suprimento continuamente renovado e reabastecido de pessoas para fazer a transmissão; portanto, a crença de que os filhos são uma fonte de felicidade torna-se parte de nossa sabedoria cultural simplesmente porque a crença oposta destrói a estrutura de qualquer sociedade que a professa. Na verdade, pessoas que acreditavam que os filhos trazem sofrimento e desespero — e que, portanto, deixaram de ter filhos — acabariam com sua rede de transmissão de crenças em cerca de cinquenta anos, liquidando assim a crença que os liquidou. Os *shakers* eram uma comunidade agrícola utópica surgida no século XIX e que chegou a contar com cerca de 6 mil seguidores. A seita aprovava filhos, mas não aprovava o ato natural que os gera. Ao longo dos anos, sua crença estrita na importância do celibato fez com que sua rede se contraísse, e hoje restam apenas alguns *shakers* idosos, transmitindo sua crença no Juízo Final a ninguém, a não ser a si mesmos.

A transmissão de crenças é um jogo viciado, manipulado de forma a nos convencer de que *devemos* acreditar que filhos e dinheiro trazem felicidade, independentemente de essas crenças serem verdadeiras. Isso não significa que devamos largar o emprego e abandonar nossa família. Em vez disso, significa que, embora *acreditemos* que estamos criando filhos e ganhando salários para aumentar nossa parcela de felicidade, na verdade estamos fazendo essas coisas por razões além do alcance da nossa compreensão. Somos nós de uma rede social cujo surgimento e desaparecimento se dão por uma lógica própria, e é por isso que continuamos a trabalhar, continuamos a procriar e continuamos a nos surpreender quando não vivenciamos toda a alegria que tão ingenuamente prevemos.

O MITO DAS IMPRESSÕES DIGITAIS

Meus amigos me dizem que tenho a tendência de apontar problemas sem propor soluções, mas nunca me dizem o que devo fazer a respeito. Aqui, capítulo após capítulo, descrevi as maneiras pelas quais a imaginação, por ser falha, é incapaz de fornecer previsões precisas acerca de nosso futuro emocional. Aleguei que, quando imaginamos nosso futuro, estamos propensos a preencher, a deixar coisas de fora e a não dar a importância ao fato de que, quando efetivamente chegarmos ao futuro, pensaremos nele de forma muito diferente. Asseverei que nem a experiência pessoal nem a sabedoria cultural compensam as deficiências da imaginação. Submeti você a uma imersão tão completa nos defeitos, lapsos, pontos fracos, preconceitos, erros e enganos da mente humana que talvez você possa estar pensando com seus botões como é que alguém consegue fazer torradas sem lambuzar de manteiga os próprios joelhos. Nesse caso, você ficará animado ao saber que existe um método simples por meio do qual qualquer pessoa pode fazer previsões extremamente precisas sobre como se sentirá no futuro. Mas pode ser que você fique desalentado ao saber que, de maneira geral, ninguém quer usar esse método.

Por que, para começo de conversa, confiamos em nossa imaginação? A imaginação é o buraco de minhoca dos pobres. Não podemos fazer o que realmente *gostaríamos* — ou seja, viajar no tempo, visitar nossos eus futuros e *ver* o quanto são felizes —, por isso imaginamos o futuro em vez de realmente ir até lá. Mas, se não podemos viajar na dimensão do tempo, podemos viajar nas dimensões de espaço, e são muito boas as chances de que, em algum lugar naquelas outras três dimensões, haja outro ser humano realmente *vivenciando a experiência* do evento futuro no qual estamos apenas pensando. Certamente não somos as primeiras pessoas a cogitar uma mudança para Cincinnati, uma carreira em gestão de motéis, outro pedaço de torta de ruibarbo ou um caso extraconjugal, e na maior parte dos casos aqueles que já tiveram essas experiências estão mais do que dispostos a nos contar sobre elas. É verdade que quando as pessoas nos contam sobre suas experiências anteriores ("Aquela água gelada não estava tão gelada" ou "Adoro cuidar da minha filha"), os pecadilhos da memória podem tornar seu testemunho pouco confiável. Mas também é verdade que quando as pessoas nos contam sobre suas experiências *atuais* ("Como estou me sentindo agora? Tenho vontade de arrancar meu braço deste balde de água congelante e enfiar nele a minha cabeça de adolescente!"), estão nos fornecendo o tipo de relato sobre seu estado subjetivo que é considerado o padrão-ouro das medidas de felicidade. Se você acredita (como eu) que as pessoas geralmente são capazes de dizer como estão se sentindo no momento em que são indagadas, então uma maneira de fazer previsões sobre o nosso futuro emocional é encontrar alguém que esteja tendo a experiência que estamos imaginando e perguntar como se sente. Em vez de lembrar nossa experiência passada, a fim de simular nossa experiência futura, talvez devêssemos simplesmente pedir a outras pessoas que façam um exame introspectivo de seus estados internos. Talvez devêssemos desistir totalmente de lembrar e imaginar, e em vez disso passar a usar outras pessoas como *substitutos* de nosso eu futuro.

Essa ideia parece simples demais, e suspeito que você tenha uma objeção a ela que vai mais ou menos na seguinte linha de raciocínio: *Sim, é provável que outras pessoas estejam agora vivenciando exatamente as mesmas coisas que estou apenas imaginando, mas não posso usar as experiências das outras pessoas como substitutas, porque não sou essas outras pessoas. Cada ser humano é único, tanto quanto suas impressões digitais, então não me ajuda muito saber como as outras pessoas se sentem nas situações que estou enfrentando. A menos que essas outras pessoas sejam meus clones e tenham tido todas as mesmas experiências que tive, suas reações e minhas reações estão fadadas a ser diferentes. Sou uma idiossincrasia ambulante e falante e, portanto, é melhor basear minhas previsões na minha imaginação um tanto inconstante do que nos relatos de pessoas cujas preferências, gostos e tendências emocionais são tão drasticamente diferentes dos meus.* Se essa é sua objeção, é das boas — tão boa que serão necessários dois passos para desmontá-la. Primeiro, permita-me provar que a experiência de um único indivíduo selecionado aleatoriamente pode, por vezes, proporcionar uma base melhor para prever sua experiência futura do que a sua imaginação é capaz de fornecer. E, em seguida, permita-me mostrar por que você – e eu – tem tanta dificuldade de acreditar nisso.

Encontrando a solução

A imaginação tem três deficiências, e, se você ainda não sabia disso, talvez esteja lendo este livro de trás para a frente. Se já sabia disso, então sabe também que a primeira deficiência da imaginação é a tendência de preencher e deixar de fora sem nos dizer (o que investigamos na seção sobre *realismo*). Ninguém é capaz de imaginar todas as características e consequências de um evento futuro, portanto devemos levar em consideração alguns e deixar de prestar atenção em outros. O problema é que as peculiaridades e as consequências que deixamos de levar em consideração são quase sempre muito importantes. Talvez você se lembre do estudo em que se pediu a estudantes universitários que imaginassem como se sentiriam alguns dias depois da partida do time de futebol americano da sua faculdade contra o time arquirrival.[21] Os resultados mostraram que os alunos superestimaram a duração do impacto emocional do jogo, porque, quando tentaram imaginar sua experiência futura, fantasiaram a vitória de sua equipe ("O cronômetro vai zerar, vamos invadir o campo, todos vão aplaudir e gritar...") mas não conseguiram imaginar o que fariam depois ("E aí vou voltar pra casa e vou estudar pra minha prova final"). Como os estudantes estavam focados no jogo, não conseguiram imaginar como os eventos que aconteceram *após* o jogo influenciariam sua felicidade. Então, o que *deveriam* ter feito?

Deveriam ter abandonado totalmente a imaginação. Tenha em mente um estudo que colocou as pessoas em uma situação semelhante e, em seguida, as forçou a abandonar sua imaginação. Nesse estudo, voluntários de um grupo (os relatores) primeiro receberam um prêmio delicioso – um vale-presente de uma sorveteria local – e em seguida realizaram uma tarefa longa e enfadonha em que contaram e registraram formas que apareciam na tela do computador.[22] Os relatores informaram como se sentiram. Em seguida, os pesquisadores disseram a voluntários de um novo grupo que eles também receberiam um prêmio e realizariam a mesma tarefa tediosa. Alguns desses novos voluntários (os simuladores) foram informados de qual era o prêmio, e os pesquisadores solicitaram que usassem sua imaginação para prever seus sentimentos futuros. Outros voluntários (os substitutos) não foram informados de qual era o prêmio, mas, em vez disso, tiveram acesso à descrição feita por um relator selecionado aleatoriamente. Sem saber qual era o prêmio, não era possível que usassem a imaginação para prever seus sentimentos futuros. Em vez disso, tiveram que confiar nas informações do relator. Depois que fizeram suas previsões, todos os voluntários receberam o prêmio, realizaram a tarefa longa e tediosa e relataram como realmente se sentiram. Como mostram as barras mais à esquerda na figura 24, os simuladores não se sentiram tão felizes quanto julgavam que se sentiriam. Por quê? Porque falharam quanto a imaginar a rapidez com que a alegria de receber um vale-presente desapareceria quando seguida por uma tarefa longa e tediosa. É exatamente o mesmo erro que os universitários fãs de futebol americano cometeram. Mas agora examine os resultados relativos aos substitutos. Como você pode ver, eles fizeram previsões extremamente precisas acerca de sua felicidade futura. Esses substitutos não sabiam que tipo de prêmio receberiam, mas sabiam que alguém que recebera esse mesmo prêmio não estava nem um pouco empolgado na conclusão da tarefa entediante. Então eles deram de ombros e raciocinaram que também se sentiriam menos do que extasiados na conclusão da tarefa maçante — e estavam certos!

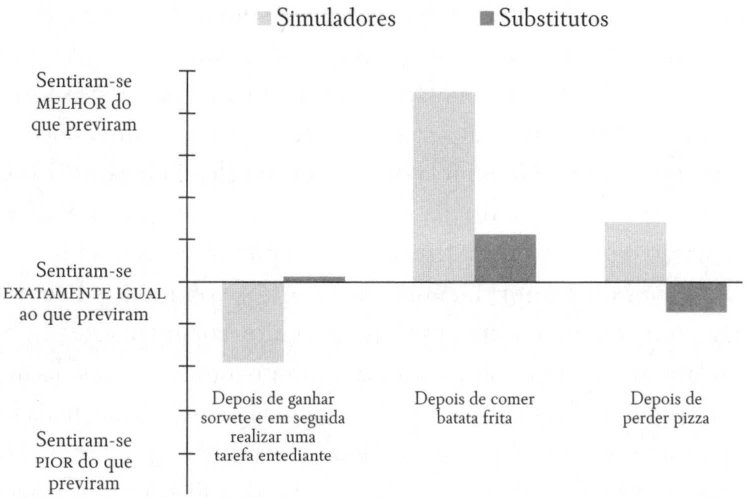

Figura 24. *Os voluntários fizeram previsões muito mais precisas acerca de seus sentimentos futuros quando souberam como outra pessoa se sentiu na mesma situação (os substitutos) do que quando tentaram imaginar como eles próprios se sentiriam (os simuladores).*

A segunda deficiência da imaginação é a tendência de projetar o presente futuro adentro (o que investigamos na seção sobre *presentismo*). Quando a imaginação pinta um quadro do futuro, muitos dos detalhes ficam necessariamente faltando, e a imaginação resolve esse problema de ausência preenchendo as lacunas com detalhes que toma emprestados do presente. Qualquer pessoa que algum dia já fez compras de estômago vazio ou jurou parar de fumar depois de apagar a guimba de um cigarro, ou o marinheiro que pediu alguém em casamento durante uma licença para desembarcar do navio, sabe que nosso estado de ânimo do momento presente pode influenciar erroneamente o modo como *pensamos* que nos sentiremos mais tarde. Ao fim e ao cabo, fica claro que a substituição também pode suprir essa deficiência. Em um estudo, voluntários (os relatores) comeram algumas batatas fritas e relataram o quanto gostaram do petisco.[23] Em seguida, um novo grupo de voluntários foi alimentado com pretzels, biscoitos de queijo com pasta de amendoim, chips de tortilha, palitos de pão e torradas melba, o que, como você pode deduzir, os deixou empanturrados e com pouca vontade de consumir alimentos salgados. Em seguida os pesquisadores pediram a esses voluntários de barriga cheia que previssem o quanto gostariam de comer determinado alimento no dia seguinte. Alguns desses voluntários abarrotados de comida (os simuladores) foram informados de que o alimento que comeriam no dia seguinte era batata frita, e os pesquisadores pediram que usassem sua imaginação para prever como se sentiriam depois de comê-las. Outros voluntários que se empanzinaram (os substitutos) não foram informados de qual seria a comida do dia seguinte, mas tiveram acesso à descrição feita por um relator selecionado aleatoriamente. Como não sabiam qual seria a comida do dia seguinte, os substitutos não podiam usar sua imaginação para prever sua fruição futura; portanto, tiveram que confiar nas informações do relator. Depois que todos os voluntários fizeram suas previsões, foram embora, voltaram no dia seguinte, comeram algumas batatas fritas e relataram o quanto gostaram. Como mostram as barras do meio na figura 24, os simuladores gostaram de comer as batatas fritas mais do que tinham pensado. Por quê? Porque, quando fizeram suas previsões, estavam com a barriga cheia de pretzels e biscoitos. Mas os substitutos — igualmente saciados quando fizeram suas previsões — basearam-se no relato de alguém que não estava de barriga cheia e, por conseguinte, fizeram previsões muito mais precisas. É importante notar que os substitutos previram com precisão o futuro prazer que sentiriam com uma comida, a despeito do fato de que nem sequer sabiam qual era a comida!

A terceira deficiência da imaginação é sua incapacidade de reconhecer que as coisas parecerão diferentes quando acontecerem — em especial, as coisas ruins parecerão muito melhores (o que exploramos na seção sobre *racionalização*). Quando imaginamos perder um emprego, por exemplo, imaginamos a experiência dolorosa ("O chefe entrará a passos pesados na minha sala, fechará a porta atrás de si..."), sem imaginar também como nosso sistema imunológico psicológico transformará o significado dela ("Vou perceber que foi uma oportunidade de deixar o ramo de vendas no varejo e seguir a minha verdadeira vocação como escultor"). A substituição pode corrigir essa deficiência? Para descobrir, os pesquisadores providenciaram um experimento em que algumas pessoas eram submetidas a uma experiência desagradável. Um grupo de voluntários (os relatores) foi informado de que o experimentador lançaria uma moeda e, se desse cara, o voluntário receberia um vale-presente de uma pizzaria local. A moeda foi lançada — *Ah, que pena, desculpe* —, deu coroa, e os relatores não receberam nada.[24] Em seguida os relatores informaram como se sentiram. Depois, os pesquisadores instruíram voluntários de um novo grupo sobre o jogo de cara ou coroa e pediram que previssem como se sentiriam caso a moeda desse coroa e eles não recebessem o vale-presente de pizza. Alguns desses voluntários (os simuladores) foram informados do valor monetário exato do vale-presente, e outros (os substitutos) leram a descrição de um relator selecionado aleatoriamente. Assim que os voluntários fizeram suas previsões, a moeda foi lançada e — *oh, que pena, sinto muito* — saiu coroa. Em seguida os voluntários relataram como se sentiram. Como mostram as barras mais à direita na figura 24, os simuladores se sentiram melhor do que previram que se sentiriam caso perdessem no lance da moeda. Por quê? Porque os simuladores não se deram conta da rapidez e facilidade com que racionalizariam a perda ("Pizza engorda e, além do mais, eu não gosto da comida daquele restaurante"). Mas os substitutos — que não tinham com que se orientar exceto o relato de outro indivíduo selecionado de forma aleatória — supuseram que não se sentiriam tão mal depois de perder o prêmio, o que, consequentemente, tornou mais precisas as previsões.

Essa trinca de estudos sugere que quando as pessoas são privadas das informações que a imaginação requer e, portanto, são *forçadas* a usar outras pessoas como substitutos, fazem previsões incrivelmente precisas sobre seus sentimentos futuros, o que por sua vez sugere que a melhor maneira de prever os nossos sentimentos de amanhã é ver como outras pessoas estão se sentindo hoje.[25] Diante do poder impressionante dessa técnica simples, seria de esperar que as pessoas se esforçassem o máximo possível para usá-la. Mas elas não mostram esse empenho. Quando voluntários de um grupo inteiramente novo foram informados sobre as três situações que acabei de descrever – ganhar um prêmio, comer uma comida misteriosa ou deixar de receber um vale-presente – e em seguida questionados se preferiam fazer previsões sobre seus sentimentos futuros com base em (*a*) informações sobre o prêmio, a comida e o vale-presente; ou (*b*) informações sobre como um indivíduo selecionado aleatoriamente se sentiu depois de ganhar o prêmio, comer a comida ou perder o vale-presente, praticamente todos os voluntários escolheram a primeira opção. Se você não tivesse visto os resultados desses estudos, provavelmente teria feito o mesmo. Se eu me oferecesse para pagar seu jantar em um restaurante contanto que você fosse capaz de prever com precisão o quanto iria apreciar a refeição, você gostaria de ver o cardápio do restaurante ou de dar uma olhada numa avaliação crítica feita por algum cliente do restaurante selecionado aleatoriamente? Se você for como a maioria das pessoas, preferirá ver o cardápio e, se for como a maioria das pessoas, acabará pagando seu próprio jantar. Por quê?

Porque se você é como a maioria das pessoas, então, tal qual a maioria das pessoas, não sabe que é como a maioria das pessoas. A ciência nos propiciou muitos fatos sobre a pessoa mediana, e um dos fatos mais confiáveis é que a pessoa mediana não se vê como mediana. A maioria dos estudantes se vê como mais inteligente do que o estudante médio,[26] a maioria dos gerentes de empresas se vê como mais competente do que o gerente médio,[27] e a maioria dos jogadores de futebol americano se vê como um atleta com melhor "senso de futebol americano" do que seus colegas de time.[28] Noventa por cento dos motoristas consideram-se mais zelosos do que os motoristas médios,[29] e 94% dos professores universitários consideram-se educadores acima da média.[30] Ironicamente, a tendência para nos vermos como melhores do que a média faz com que nos vejamos também como menos tendenciosos do que a média.[31] De acordo com a conclusão de uma equipe de pesquisa: "Quase todos nós parecemos acreditar que somos mais atléticos, inteligentes, organizados, éticos, lógicos, interessantes, justos e saudáveis — sem falar mais atraentes — do que a pessoa média".[32]

Essa tendência de pensar que somos melhores do que os outros não é necessariamente uma manifestação de nosso narcisismo desenfreado, mas em vez disso pode ser um exemplo de uma tendência mais geral de pensar que somos *diferentes* dos outros — quase sempre para melhor, mas às vezes para pior. Quando as pessoas são indagadas sobre generosidade, afirmam realizar um número maior de atos generosos do que os outros; mas, quando indagadas sobre egoísmo, afirmam realizar um maior número de atos egoístas do que os outros.[33] Quando as pessoas são questionadas sobre sua capacidade de realizar uma tarefa fácil, dirigir um automóvel ou andar de bicicleta, por exemplo, classificam-se como melhores do que os outros; mas quando questionadas sobre sua capacidade de realizar uma tarefa difícil, como fazer malabarismo ou jogar xadrez, avaliam a si próprios como piores do que os outros.[34] Nem sempre nos vemos como *superiores*, mas quase sempre nos vemos como *únicos*. Mesmo quando fazemos exatamente o que os outros fazem, tendemos a pensar que estamos fazendo de forma singular. Por exemplo, tendemos a atribuir as escolhas de outras pessoas às características de quem escolheu ("O Phil escolheu fazer esta aula porque ele é um daqueles tipos literatos"), mas tendemos a atribuir nossas próprias escolhas às características das opções ("Mas eu a escolhi porque era mais fácil do que economia").[35] Reconhecemos que nossas decisões são influenciadas por normas sociais ("Fiquei com vergonha de levantar minha mão na aula, embora eu estivesse terrivelmente confuso"), mas não conseguimos reconhecer que as decisões alheias foram influenciadas da mesma forma ("Ninguém mais levantou a mão porque ninguém estava tão confuso quanto eu").[36] Sabemos que nossas escolhas às vezes refletem nossas aversões ("Votei no Kerry porque não suporto o Bush"), mas supomos que as escolhas de outras pessoas refletem seus apetites ("Se a Rebecca votou em Kerry, então é porque deve ter gostado dele").[37] A lista de diferenças é longa, porém a conclusão a ser tirada delas é curta: o eu se considera uma pessoa muito especial.[38]

O que nos faz pensar que somos tão especiais e incomparáveis? Três coisas, pelo menos. A primeira: mesmo que não sejamos especiais, a forma como nos conhecemos é. Somos as únicas pessoas no mundo a quem podemos conhecer por dentro. *Vivenciamos a experiência* de nossos próprios pensamentos e sentimentos, mas temos que *inferir* que as outras pessoas estão vivenciando as experiências delas. Todos temos plena confiança de que, por trás daqueles olhos e dentro daqueles crânios, nossos amigos e vizinhos estão tendo experiências subjetivas muito semelhantes às nossas, mas essa confiança é um artigo de fé, e não a verdade palpável e axiomática que nossas próprias experiências subjetivas constituem. Há uma diferença entre fazer amor e ler a respeito de fazer amor, e é a mesma diferença que distingue o conhecimento que temos de nossa própria vida mental do conhecimento que temos acerca da vida mental de todas as outras pessoas. Uma vez que conhecemos a nós mesmos e aos outros por meios tão diferentes, reunimos tipos e quantidades de informação muito diferentes. Em cada momento que estamos acordados, monitoramos o fluxo constante de pensamentos e sentimentos que percorre nossa cabeça, mas monitoramos apenas as palavras e ações de outras pessoas, e apenas quando elas estão em nossa companhia. Uma razão pela qual parecemos tão especiais, então, é que aprendemos acerca de nós mesmos de uma maneira bem especial.

A segunda razão é que *gostamos* de nos considerar especiais. Quase todos nós queremos nos dar bem com nossos pares, mas não queremos nos encaixar muito bem com os outros.[39] Valorizamos nossa identidade ímpar, e pesquisas mostram que, quando as pessoas são levadas a se sentir muito parecidas com outras pessoas, seu humor rapidamente azeda e elas tentam distanciar-se e se distinguir de várias maneiras.[40] Se você algum dia já foi a uma festa e encontrou outra pessoa usando exatamente o mesmo vestido ou gravata que você, então sabe como é perturbador compartilhar o quarto com um gêmeo indesejado cuja presença diminui temporariamente o seu senso de individualidade. Por *valorizarmos* nossa singularidade, não é surpreendente a nossa tendência de superestimá-la.

A terceira razão pela qual tendemos a superestimar nossa singularidade é que tendemos a superestimar a singularidade de todas as pessoas — isto é, temos a tendência de pensar que as pessoas são mais diferentes umas das outras do que realmente são. Convenhamos: todas as pessoas são semelhantes em alguns aspectos e diferentes em outros. Os psicólogos, biólogos, economistas e sociólogos que procuram as leis universais do comportamento humano naturalmente se preocupam com as semelhanças, mas o restante de nós preocupa-se principalmente com as diferenças. A vida social envolve selecionar indivíduos específicos para serem nossos parceiros sexuais, parceiros de negócios, parceiros de boliche e muito mais. Essa tarefa requer que nos concentremos nas coisas que distinguem uma pessoa da outra, e não nas coisas que todas as pessoas têm em comum, e é por isso que em anúncios pessoais são muito maiores as probabilidades de aparecer uma menção ao amor que o anunciante sente por balé do que por oxigênio. A propensão para respirar explica muita coisa sobre o comportamento humano — por exemplo, por que as pessoas vivem em terra, passam mal em grandes altitudes, têm pulmões, rechaçam a sufocação, amam árvores e assim por diante. Certamente explica mais coisas do que a predileção de uma pessoa pelo balé. Mas em nada ajuda distinguir uma pessoa da outra e, portanto, para pessoas comuns que estão no ramo normal de selecionar pessoas para transações comerciais, conversas ou cópula, a inclinação a sorver ar é desconcertantemente irrelevante. As semelhanças individuais são vastas, mas não nos importamos muito com elas porque não nos ajudam a fazer o que estamos aqui no mundo para fazer, ou seja, distinguir Pedro de Paulo e Paulo de Paula. Assim, essas semelhanças individuais são um pano de fundo imperceptível em contraste com o qual um pequeno número de diferenças individuais relativamente pouco importantes destaca-se em alto-relevo.

Uma vez que passamos muito tempo procurando essas diferenças e nos lembrando delas, prestando atenção a elas e pensando nelas, tendemos a superestimar sua magnitude e frequência, e o resultado disso é que prevalece em nós o pensamento de que as pessoas são mais diversificadas do que realmente são. Se passasse o dia inteiro separando uvas de acordo com diferentes formatos, cores e tipos, você se tornaria um daqueles irritantes "uvófilos", especialistas que discursam sem parar sobre as nuances de sabor e as permutações de textura das uvas. Você chegaria a ponto de conceber as uvas como frutos infinitamente variados e se esqueceria de que quase todas as informações realmente *importantes* sobre uma uva podem ser deduzidas do simples fato de sua natureza de uva. Nossa crença na variabilidade dos outros e na singularidade do eu é especialmente potente no que diz respeito à emoção.[41] Como podemos *sentir* nossas próprias emoções, mas temos que *inferir* as emoções alheias, observando o rosto dos outros e ouvindo sua voz, muitas vezes temos a impressão de que os outros não sentem a mesma intensidade de emoção que nós, e é por isso que esperamos que os outros reconheçam nossos sentimentos mesmo quando não podemos reconhecer os deles.[42] Essa sensação de singularidade emocional começa cedo. Quando se pergunta a alunos do jardim de infância sobre como eles e outras pessoas se sentiriam em uma variedade de situações, sua expectativa é de vivenciar a experiência de emoções singulares ("O Billy ficaria triste, mas eu não"), e fornecem razões ímpares para vivenciá-las ("Eu diria a mim mesmo que o hamster foi para o céu, mas o Billy simplesmente começaria a chorar").[43] Quando os adultos fazem esses mesmos tipos de previsões, estão simplesmente fazendo a mesma coisa.[44]

Nossa crença mítica na variabilidade e singularidade dos indivíduos é a principal razão pela qual nos recusamos a usar os outros como substitutos. Afinal, um substituto só é útil quando podemos contar com um substituto para reagir a um evento aproximadamente como faríamos, e se acreditarmos que as reações emocionais das pessoas são mais diversificadas do que realmente são, então a substituição parecerá menos útil para nós do que de fato é. A ironia, claro, é que a substituição é uma maneira barata e eficaz de prever as emoções futuras, mas, na medida em que não percebemos como todos nós somos semelhantes, rejeitamos esse método confiável e, em vez disso, confiamos em nossa imaginação, por mais imperfeita e falível que ela seja.

ADIANTE

Apesar de sua conotação aquosa, a palavra *hogwash* [lavagem] se refere à alimentação – e não ao banho – dos porcos. Lavagem é algo que os porcos comem, de que eles gostam e de que precisam. Os fazendeiros dão lavagem aos porcos porque sem esses restos de comida os porcos ficam mal-humorados. Em língua inglesa, *hogwash* também quer dizer tolices mentirosas que as pessoas dizem umas para as outras. Tal qual a lavagem com que os fazendeiros alimentam seus porcos, a conversa fiada com que nossos amigos, professores, pais e mães nos alimentam tem a intenção de nos deixar felizes; porém, ao contrário da lavagem suína, as tolices humanas nem sempre alcançam seu objetivo. Como vimos, as ideias podem florescer se preservarem os sistemas sociais que permitem sua transmissão. Como os indivíduos geralmente não julgam que é seu dever pessoal preservar os sistemas sociais, essas ideias devem se disfarçar como receitas para a felicidade individual. Seria de esperar que, depois de ter passado algum tempo no mundo, nossas experiências desmascarassem essas ideias, mas nem sempre funciona assim. Para aprender com nossa experiência, devemos nos lembrar dela, e, por uma variedade de razões, a memória é um amigo infiel. O treinamento prático e a instrução nos tiram de nossas fraldas e nos levam às calças curtas, mas não são suficientes para nos tirar do nosso presente em direção ao nosso futuro. O aspecto irônico desse dilema é que as informações de que necessitamos para fazer previsões precisas sobre nosso futuro emocional estão bem debaixo de nosso nariz, mas parece que não reconhecemos seu aroma. Nem sempre faz sentido prestar atenção ao que as pessoas nos dizem quando comunicam suas crenças sobre felicidade, mas faz sentido observar seus níveis de felicidade em diferentes circunstâncias. Infelizmente, pensamos em nós mesmos como entidades únicas — mentes incomparáveis, diferentes de quaisquer outras — e, portanto, volta e meia rejeitamos as lições que a experiência emocional dos outros tem a nos ensinar.

Posfácio

Minha mente pressagia
vitória, conquista, alegria.
William Shakespeare, *Rei Henrique VI – Parte III*, Ato V, cena 1

A maioria das pessoas toma pelo menos três decisões importantes na vida: onde morar, o que fazer e com quem fazer. Escolhemos nossa cidade e nosso bairro, escolhemos nossos empregos e nossos passatempos, escolhemos nossos cônjuges e nossos amigos. Tomar essas decisões é uma parte tão natural da vida adulta que é fácil esquecer que estamos entre os primeiros seres humanos a fazer isso. Durante a maior parte da história escrita, as pessoas viviam no mesmo local onde nasciam, faziam o que seus pais fizeram antes e se associavam àqueles que estavam fazendo o mesmo. Os moleiros moíam, os ferreiros forjavam metais, e os pequenos moleiros e ferreiros se casavam quando e com quem seu pai e sua mãe mandassem. As estruturas sociais (as religiões e castas, por exemplo) e as estruturas físicas (a exemplo das montanhas e oceanos) eram os grandes ditadores que determinavam como, onde e com quem as pessoas passariam sua vida, o que deixava pouca coisa para as pessoas decidirem por conta própria. Mas as revoluções agrícola, industrial e tecnológica mudaram tudo isso, e a resultante explosão de liberdade pessoal criou uma desconcertante gama de opções, alternativas, escolhas e decisões que nossos ancestrais nunca tiveram que enfrentar. Pela primeira vez, nossa felicidade está em nossas mãos.

Como devemos fazer essas escolhas? Em 1738, um polímata holandês chamado Daniel Bernoulli afirmou que tinha a resposta. Ele sugeriu que a sabedoria de qualquer decisão pode ser calculada multiplicando-se a *probabilidade* de que a decisão nos dará o que queremos pela *utilidade* de conseguir o que queremos. Por *utilidade*, Bernoulli se referia a algo como *sensação de bem-estar* ou *prazer*.[1] A primeira parte da prescrição de Bernoulli é bastante fácil de seguir, porque na maior parte das circunstâncias podemos estimar de forma aproximada as chances de que nossas escolhas nos levarão aonde queremos estar. Qual é a probabilidade de você ser promovido a gerente-geral se aceitar o emprego na IBM? Qual é a probabilidade de passar seus fins de semana na praia se você se mudar para São Petersburgo? Qual é a probabilidade de ter que vender sua motocicleta se você se casar com Eloise? Calcular essas probabilidades é algo relativamente simples, e é por isso que as seguradoras ficam ricas fazendo pouco mais do que uma estimativa da probabilidade de sua casa pegar fogo, seu carro ser roubado e sua vida acabar cedo. Com um pouco de trabalho de detetive, um lápis e uma boa borracha, geralmente somos capazes de calcular — pelo menos de modo aproximado — a probabilidade de que uma escolha nos dará o que desejamos.

O problema é que não temos meios de avaliar facilmente como nos sentiremos quando conseguirmos o que queremos. O brilhantismo de Bernoulli não estava em sua matemática, mas em sua psicologia — em sua compreensão de que aquilo que obtemos em termos objetivos (*riqueza*) não é a mesma *experiência que vivenciamos* subjetivamente quando o obtemos (*utilidade*). A riqueza pode ser medida contando-se dólares, mas a utilidade deve ser medida calculando-se o nível da sensação de bem-estar que esses dólares compram.[2] A riqueza não importa; a utilidade é que é importante. Não nos preocupamos com dinheiro, promoções ou férias na praia em si; nós nos preocupamos com a sensação de bem-estar ou prazer que essas formas de riqueza podem (ou não) induzir. Escolhas sábias são aquelas que maximizam nosso prazer, não nosso dinheiro, e se temos alguma esperança de saber escolher com sabedoria, então devemos prever corretamente quanto prazer esse dinheiro comprará para nós. Bernoulli sabia que era muito mais fácil prever quanta riqueza uma escolha pode produzir do que quanta utilidade uma escolha é capaz de proporcionar, então concebeu uma simples fórmula de conversão com a qual esperava permitir que qualquer pessoa traduzisse as estimativas de riqueza em estimativas de utilidade. Bernoulli sugeriu que cada dólar sucessivo que uma pessoa ganha proporciona uma quantidade um pouco menor de prazer do que o anterior, e que é possível, portanto, calcular o prazer que um dólar proporcionará simplesmente reajustando-se pelo número de dólares que já se tem.

> A determinação do *valor* de um item não deve ser baseada em seu *preço*, mas em vez disso na *utilidade* que ele proporciona. O preço de um item depende apenas da coisa em si e é igual para todo mundo; já a utilidade, contudo, depende das circunstâncias específicas da pessoa que faz a estimativa. Assim, não resta dúvida de que um ganho de mil ducados é mais significativo para um mendigo do que para um homem rico, embora ambos ganhem o mesmo montante.[3]

Bernoulli percebeu, corretamente, que as pessoas são sensíveis a magnitudes relativas em vez de a magnitudes absolutas, e sua fórmula foi concebida para levar em consideração essa verdade psicológica. Mas ele sabia também que traduzir riqueza em utilidade não era tão simples quanto imaginava e que havia outras verdades psicológicas que sua fórmula ignorou.

> Embora um homem pobre geralmente obtenha mais utilidade do que um homem rico a partir de um ganho igual, é, no entanto, concebível, por exemplo, que um prisioneiro rico que possui 2 mil ducados, mas precisa de 2 mil ducados a mais para recomprar sua liberdade, atribua um valor maior a um ganho de 2 mil ducados do que outro homem que tenha menos dinheiro do que ele. Ainda que inúmeros exemplos dessa espécie possam ser formulados, representam raríssimas exceções.[4]

Foi uma boa tentativa. Bernoulli estava certo em pensar que o centésimo dólar (ou beijo ou rosquinha ou cambalhota na colina) geralmente não nos faz tão feliz quanto o primeiro, mas se enganou ao pensar que essa era *a única* coisa que distinguia riqueza de utilidade e, portanto, a única coisa que se deve corrigir quando se quer prever a utilidade a partir da riqueza. No fim fica claro que as "inúmeras exceções" que Bernoulli varreu para debaixo do tapete não são raríssimas. Há *muitas* coisas além do tamanho da conta bancária da pessoa que influenciam a quantidade de utilidade que o próximo dólar pode proporcionar. Por exemplo, as pessoas costumam valorizar mais as coisas depois de tê-las do que antes de tê-las, e costumam valorizar mais as coisas quando são iminentes do que distantes; invariavelmente sofrem mais com pequenas perdas do que com grandes perdas; muitas vezes imaginam que a dor de perder alguma coisa é maior do que o prazer de obter essa mesma coisa, e assim por diante — e assim por diante, e assim por diante. As miríades de fenômenos que interessam a este livro são apenas algumas das exceções não tão raras que tornam o princípio de Bernoulli uma bela e inútil abstração. Sim, *devemos* fazer escolhas multiplicando probabilidades e utilidades, mas como podemos fazer isso se não somos capazes de calcular de antemão essas utilidades? As mesmas circunstâncias objetivas dão origem a uma variedade extraordinariamente ampla de experiências subjetivas e, portanto, é muito difícil prever nossas experiências subjetivas a partir do conhecimento prévio de nossas circunstâncias objetivas. O triste fato é que converter riqueza em utilidade — isto é, prever como nos sentiremos a partir do conhecimento do que obteremos — não é muito parecido com a conversão de metros para jardas ou do alemão para o japonês. Os relacionamentos simples e legítimos que vinculam números a números e palavras a palavras não vinculam eventos objetivos a experiências emocionais.

Então, o que uma pessoa que faz escolhas deve fazer? Sem uma fórmula para prever a utilidade, tendemos a fazer o que apenas nossa espécie faz: imaginar. Nosso cérebro é dotado de uma estrutura singular graças à qual temos a possibilidade de nos transportarmos mentalmente para circunstâncias futuras e, em seguida, perguntarmos a nós mesmos qual é a sensação de estar lá. Em vez de calcular utilidades com precisão matemática, simplesmente calçamos os sapatos do amanhã e vemos se eles se ajustam bem aos nossos pés. Nossa capacidade de nos projetar adiante no tempo e vivenciar a experiência de eventos antes que aconteçam nos permite aprender com os erros sem cometê-los e avaliar ações sem efetivamente realizá-las. Se a natureza nos deu um presente maior, ninguém ainda conseguiu dizer qual é. Mesmo assim, por mais impressionante que seja, nossa capacidade de simular os eus futuros e as circunstâncias futuras não é, de forma alguma, perfeita. Quando imaginamos circunstâncias futuras, nós as preenchemos com detalhes que de fato não acontecerão e deixamos de fora detalhes que acontecerão. Quando imaginamos sentimentos futuros, achamos impossível ignorar o que estamos sentindo agora e impossível reconhecer como pensaremos nas coisas que acontecem depois. Daniel Bernoulli sonhou com um mundo em que uma fórmula simples permitiria a todos nós determinar nosso futuro com perspicácia e antevisão. Mas a previsão é um talento frágil que muitas vezes nos deixa apertando os olhos, esforçando-nos para enxergar como seria ter isto ou aquilo, ir ali ou acolá, fazer esta ou aquela coisa. Não existe uma fórmula simples para encontrar a felicidade. Mas se nosso grande e formidável cérebro não nos permite avançar com passo firme e seguro rumo ao nosso futuro, pelo menos nos permite entender o que nos faz tropeçar.

P.S. Ideias, entrevistas e destaques

SOBRE O AUTOR

Perguntas e respostas com o professor Gilbert.

Como foi sua infância?
Meu pai era professor (ainda é, na verdade) e minha mãe era escritora e artista, então tive o melhor dos dois mundos. Assim como a minha mãe, eu escrevo. Tal qual o meu pai, sou um cientista. Minha infância foi ótima, porque meus pais foram maravilhosos, mas também porque meu irmão mais velho foi o primeiro filho e minha irmã mais nova foi a primeira menina, e, como não fui o primeiro em nada, recebi muito menos escrutínio, o que significa que geralmente eu podia fazer as coisas do jeito que eu gostava, porque ninguém estava olhando.

Quando criança, o que você queria ser quando crescesse?
Pelo que me lembro, defensor da segunda base do Chicago Cubs e fotógrafo da *Playboy* estavam no topo da lista. Aos dez anos de idade, eu achava que essas eram as duas melhores maneiras de garantir que, mais cedo ou mais tarde, veria uma mulher nua.

Você se descreveria como uma pessoa feliz — e em que posição se classificaria numa escala de avaliação de 0 a 8?
As pessoas são péssimas para se lembrar do quanto foram felizes, para prever o quanto serão felizes ou para julgar sua felicidade de modo geral. No entanto, são capazes de dizer o quanto estão felizes no momento em que são questionadas. Então, neste momento estou em torno de 6,5. Normalmente sou assim? Não sei. As pessoas me dizem que tenho um temperamento alegre, mas me irrito facilmente.

O que o faz feliz?
Essa é outra pergunta que as pessoas têm dificuldade em responder por si mesmas. Quando a pessoa está realmente feliz, não percebe o quanto está feliz, o que torna difícil lembrar-se disso mais tarde. Contudo, tenho a sensação de que fico mais feliz quando estou escrevendo sem interrupção. Posso acordar às cinco da manhã, ir direto para a minha mesa de trabalho e escrever por dez horas sem nunca me lembrar de parar para comer ou escovar os dentes. Meu dia normal é uma série interminável de interrupções — e-mail, telefone, família, alunos —, então, um dia ocasional sem interrupções é (eu acho) meu maior prazer.

O que o deixa infeliz?
Fico ríspido e sarcástico quando as pessoas maltratam a língua. Eu não deveria fazer isso, mas faço. Quando o balconista de uma loja diz: "Serão três dólares", eu digo: "Sério, quando?". Eu sei, eu sei. Eu deveria levar um tiro.

Você diz que as pesquisas mostram que ter filhos não nos torna mais felizes. Você acha que ser pai o deixou mais feliz?
As intuições e os dados frequentemente entram em conflito. Os dados dizem que a Terra é redonda, mas parece plana para mim. Minha intuição é que a paternidade aumenta minha felicidade diária média, mas os dados dizem que, a menos que eu seja diferente da maioria das pessoas, provavelmente não é assim. Claro, não sou exatamente como as outras pessoas, já que tenho 48 anos e meu filho, trinta, então talvez eu seja livre para acreditar em minhas intuições — no sentido de que acredito que ele me faz feliz e que minha neta me deixa ainda mais feliz.

Os livros de autoajuda podem ajudar?
Sim. Eles ajudam os autores a ganhar dinheiro. Qualquer pessoa que aceita conselhos psicológicos de alguém que não tem formação e licença profissional para prestar esse tipo de serviço deveria ser submetida a exames cerebrais. Alguém compraria um livro escrito por um taxista intitulado *Como remover seu próprio apêndice*?

O que você sabe sobre o funcionamento do cérebro humano de alguma forma o ajuda a ser feliz?
Saber que as pessoas superestimam o impacto de quase todos os eventos da vida me torna um pouco mais corajoso e um pouco mais relaxado, porque sei que, seja lá o que estiver me preocupando agora, provavelmente não importará tanto quanto penso.

Você tem a intenção de que seu livro ajude as pessoas a pensar de forma diferente?
Meu livro não tem a intenção de deixar as pessoas felizes. O objetivo é torná-las mais inteligentes em relação à felicidade, contando-lhes o que a ciência descobriu. Espero dar às pessoas informações que elas possam usar (ou não) como desejarem. Não estou no ramo de dizer às pessoas o que é certo. Meu negócio é ajudá-las a ver o que é verdade e, a partir daí, deixá-las decidir por si próprias o que fazer a respeito.

O que você espera alcançar com sua pesquisa?
Eu gostaria de dizer que estou tentando entender os erros na previsão afetiva de modo que possamos aprender a melhor forma de superá-los. O problema é que os erros de previsão não são claramente uma "doença" que requer uma "cura". Na verdade, algumas pessoas sugeriram que previsões imprecisas podem desempenhar um papel importante em nossa vida. Dito isso, estou disposto a apostar que, no balanço geral, somos muito bem servidos por estimativas precisas das consequências emocionais de dores, tragédias e constrangimentos. No entanto, no fundo, sou apenas um cara curioso a respeito da natureza humana, e o que realmente quero com a minha pesquisa é uma compreensão mais aprofundada de quem somos e do que estamos fazendo aqui. Se minha pesquisa tiver um benefício prático, fico feliz com isso. Do contrário, não

estou nem um pouco preocupado. Qual é o benefício prático de saber como o universo começou ou de compreender a evolução do caruncho?

Você já experimentou livros de autoajuda, meditação, terapia, qualquer coisa, para lutar contra o comportamento do seu cérebro?
Sim, eu chamo isso de terapia do uísque puro malte escocês e acho que no final de um longo dia ela dá conta de amansar meu cérebro muito bem.

Você gostaria de viver no eterno agora?
Não. Gosto de me lembrar do passado e imaginar o futuro. Minha capacidade de fazer essas coisas está entre as maiores dádivas da natureza para mim, então por que eu iria querer me livrar dela? Quem quiser viver no momento deveria ter nascido mosquito.

Você diz que todos nós imaginamos que nosso futuro será melhor do que nosso presente, mas principalmente os norte-americanos fazem isso. Por que você acha que eles são mais otimistas do que pessoas de outras nacionalidades?
Os Estados Unidos são um país jovem que alcançou uma ascensão surpreendentemente rápida ao auge da riqueza e do poder. As coisas estão bem desde o início e sempre melhoraram, então os norte-americanos acreditam que essa é sua trajetória eterna. Vejo algumas surpresas reservadas para nós.

Por que você abre cada capítulo de seu livro com uma citação de Shakespeare?
Há duas razões. Primeiro, ao longo da história houve pessoas maravilhosamente perspicazes que fizeram suposições astutas sobre como a mente funciona. A ciência moderna nos permite decidir quais dessas suposições estavam certas e quais estavam equivocadas. Shakespeare tem um histórico muito bom de estar certo, então decidi deixá-lo iniciar cada capítulo. A segunda razão é que sou um cara comum de cultura mediana que prefere filmes de ação a sonetos e bolinhos de batata com queijo a patês, mas na minha vida diária eu encarno um professor de Harvard, e sempre tenho a incômoda sensação de que desempenhar adequadamente esse papel exige que eu seja um esnobe refinado que fica sentado lendo Shakespeare enquanto mordisca pequenos sanduíches

em pão de fôrma sem casca. Esse não sou eu, mas as aspas vão enganar a todos – desde que você não me dedure.

Qual é o seu filme ou livro favorito e por quê?
Gosto muito de filmes, mas adoro filmes antigos de ficção científica, então deixe-me dizer *O dia em que a Terra parou*. Ainda fico arrepiado quando alguém fala "Klaatu, barada nikto". No que diz respeito a livros, gosto muito de T. C. Boyle. *Drop City* é incrível. E A. M. Homes. Ela é sombria e estranha em todos os sentidos. *Music for Torching* me fez sentir um alienígena em meu próprio planeta.

Você é otimista?
Optometrista? Não, desculpe, não sei nada sobre exames dos olhos ou fabricação de óculos.

Todos nós sofremos de ilusões de previsão. Como você imagina seu futuro? Você acha que está errado sobre isso?
Quando penso no futuro, imagino largar meu emprego e fugir para uma ilha havaiana com minha esposa e meu violão e nunca mais voltar. Suponho que isso me torne um optometrista, no fim das contas.

Você diz que lamentamos mais não termos feito algo do que termos feito. O que você se arrepende de não ter feito – e de ter feito?
Lamento não ter cuidado um pouco melhor da minha saúde quando era fácil fazer isso. O cara que tomava conta do meu corpo antes de mim não era tão legal com ele. Não tenho nenhum grande arrependimento de ação, mas, se fosse possível, eu voltaria no tempo e desfaria todos os momentos em que fiz alguém que eu amava se sentir mal.

Você diz que é a frequência e não a intensidade dos eventos positivos na vida das pessoas que as faz felizes. Que eventos positivos ocorrem regularmente em sua vida e, portanto, contribuem para sua felicidade?
Três coisas boas que faço regularmente: (1) bebo café recém-moído extraforte feito em uma prensa francesa todas as manhãs, (2) vou e volto a pé para meu escritório todos os dias e (3) ouço Miles ou Jimi pelo menos uma vez por

semana (e se você tiver que perguntar o sobrenome deles, é ainda menos cool do que eu).

Você acha que o excesso de opções na vida moderna está contribuindo para o nosso sofrimento?
Bem, certamente temos muitas opções estúpidas. Há um ou dois anos, comprei uma dúzia de pares de calças cargo idênticas e camisetas pretas idênticas e agora, quando acordo de manhã, nunca fico pensando no que vestir. Por que desperdiçaríamos a vida decidindo se vamos beber coca-cola ou pepsi, com ou sem cafeína, com ou sem açúcar, com ou sem limão, em lata ou garrafa ou litro ou copo, com ou sem gelo, e canudo, obrigado?

Você acha que perdemos algo da ignorância primordial que nos teria mantido felizes?
Não, não, não. Eu já disse que não? Cada geração tem a ilusão de que as coisas eram melhores e mais fáceis em um passado mais simples. Estão completamente erradas. As coisas estão melhores hoje do que em qualquer época da história humana. Nossa ignorância primordial é o que nos mantém batendo com porretes na cabeça uns dos outros, e não o que nos permite pintar uma *Mona Lisa* ou projetar um ônibus espacial. A "ignorância primordial que nos mantém felizes" dá origem à obesidade e ao aquecimento global, não aos antibióticos ou à Magna Carta. Se a espécie humana florescer em vez de afundar nos próximos mil anos, será porque encampamos totalmente a aprendizagem e a razão, e não porque nos rendemos a alguma fantasia de retorno a um mundo que nunca existiu.

O que você considera sua maior conquista e por quê?
Estou bastante orgulhoso de ter sido incluído na lista dos mais famosos estudantes que abandonaram os estudos no ensino médio, logo antes de Dizzy Gillespie. Quer dizer, só de estar na mesma página que Diz... uau!

O que você faria agora se soubesse que morreria em dez minutos?
Eu pegaria o telefone para me despedir de algumas pessoas importantes. Em seguida, se tivesse tempo, fumaria feito uma chaminé.

A VIDA EM UM RELANCE

Nascimento: 1957, Ithaca, Nova York, EUA.

Educação: Bacharelado em psicologia pela Universidade do Colorado em Denver (1981); doutorado em psicologia pela Universidade Princeton em Nova Jersey (1985).

Carreira: Professor na Universidade do Texas em Austin, 1985-96; professor na Universidade Harvard, 1996-até o presente.

Família: Casado com Marilynn Oliphant. Tem um filho, Arlo Gilbert, e uma neta, Daylyn Gilbert.

Vive em Cambridge, Massachusetts, com a esposa e uma falta de animais de estimação.

UMA VIDA NA ESCRITA

Quando você escreve?
De manhã – entre as cinco e o meio-dia é meu horário nobre. Não suporto conversar com as pessoas pela manhã, mas gosto de falar comigo mesmo, e escrever é isso.

Por que você escreve?
Isso é a mesma coisa que perguntar "por que você respira?".
Resposta: "Como eu poderia não fazer isso?".

Caneta ou computador?
Computador. Canetas são para escritores de mão veloz e pessoas de pensamento lento, e não sou nem uma coisa nem outra.

Silêncio ou música?
Silêncio, música instrumental (tenho que conseguir ouvir o narrador na minha cabeça, e cantores e cantoras competem com ele) ou o barulho da multidão (o zumbido de fundo das pessoas e máquinas em um café é perfeito).

Como você inicia um livro?
Com um detalhado plano que abandono assim que o livro desenvolve sua própria trajetória.

E como termina?
Quando eles o arrancam à força de minhas mãos mortas e frias. Eu seria capaz de ficar fuçando num texto e tentando consertá-lo para sempre. Alguém (por exemplo, meu editor) tem que me fazer parar.

Você tem algum ritual de escrita?
Posiciono minha mesa de trabalho a 45 graus em relação à lua cheia e consumo intestinos de vombate pulverizados. Na verdade, não.

O que o inspira?
Escrevo sobre ciência porque sou inspirado pelo triunfo da racionalidade sobre o mito, o preconceito e a ignorância.

Se não fosse escritor, o que você faria?
Choraria?

Quais são seus prazeres inconfessáveis e vergonhosos em termos de leitura? As porcarias favoritas que você lê?
Eu nunca sinto vergonha sobre o que quer que seja. Assistir a *Star Trek* na televisão... bom, isso é vergonhoso.

DEZ GUITARRISTAS FAVORITOS

1. John Abercrombie
2. Nels Cline

3. Bill Frisell
4. Jimi Hendrix
5. Charlie Hunter
6. John McLaughlin
7. Terje Rypdal
8. Sonny Sharrock
9. Ralph Towner
10. Steve Ray Vaughan

SOBRE O LIVRO

Confissões de um homem que revolve a terra com uma colherinha

Alguns escritores odeiam escrever, mas adoram ter escrito. Comigo é o contrário. Escrever *A felicidade por acaso* foi a coisa mais prazerosa que já fiz, e, agora que acabou, minha vida está um pouco vazia. Nunca pensei que me sentiria assim.

Quando me sentei numa Starbucks na cidade de Nova York naquele dia em 1998 e escrevi a primeira página deste livro, não sabia o que estava fazendo nem por quê. Simplesmente anotei o pensamento que me ocorreu e depois escrevi alguma outra coisa, e quando terminei o primeiro capítulo... bem, eu ainda não tinha a menor ideia sobre que livro poderia ser. A bem da verdade, quanto mais eu escrevia, mais convencido ficava de que não havia um livro a escrever — não porque eu não estivesse à altura da tarefa, mas porque ainda não existia a matéria-prima para um livro sobre previsão. As teorias sobre as quais eu queria falar ainda não tinham sido formuladas, e os dados que eu queria descrever ainda não haviam sido compilados. Então, enfiei o capítulo numa gaveta e fiquei imaginando se algum dia voltaria a ele.

Dois anos depois, as coisas tinham mudado. Cientistas de todas as áreas se interessaram pelos temas da felicidade e da previsão e estavam produzindo ideias e experimentos a uma velocidade extraordinária, fornecendo-me o material de que eu precisava, mas não tinha (ou pelo menos achava que não) dois anos antes. Assim, revisitei aquele velho capítulo, retomei o texto de onde tinha parado e comecei a escrever mais coisas. Nunca mais parei. Sou um escritor terrivelmente lento — agonizo diante de cada palavra e cada escolha de palavra, batalhando com a sonoridade de cada vocábulo e cada trocadilho, e passo horas reescrevendo cada parágrafo — mas a escrita não foi a parte difícil. A parte difícil foi desenvolver uma maneira de organizar as centenas de ideias e descobertas de vários campos do conhecimento e entremeá-las em uma narrativa coesa e coerente que tivesse seu próprio fôlego para ir a todo vapor da primeira à última página. Eu não queria escrever uma série de ensaios. Queria contar uma única história que tivesse suas reviravoltas e becos sem saída, mas também um arco narrativo claro. Em sua resenha, Malcolm Gladwell chamou meu livro de "uma história de detetive psicológica", e fiquei satisfeito com essa descrição, porque sugere que o livro tem uma trama visível, e é isso que me esforcei para conseguir fazer.

Eu me empenhei também para realizar outra coisa. A psicologia é o tópico mais interessante que pode existir, e mesmo assim os psicólogos geralmente conseguem dar um jeito de transformá-la em uma coisa entediante. Eu não queria escrever naquela voz fria, distante, fajuta e imperiosa que adotamos quando escrevemos artigos científicos. Eu precisava de uma voz diferente, e quando procurei ao redor constatei que a única que pude encontrar era a minha própria. Então eu a usei. Um dos meus colegas me disse que outro dia a esposa dele leu meu livro e disse: "Isto aqui é igualzinho a bater um papo com o Dan, a única diferença é que não dá para interrompê-lo", ao que meu colega respondeu: "E qual é a diferença quando conversamos com o Dan?". Ela tem razão. Falo exatamente como o cara do livro. Os admiradores do meu livro chamam esse estilo de pessoal, empolgante e engraçado, e os detratores dizem que é juvenil, autoindulgente e irritante. Desconfio que esses adjetivos me descrevem muito bem.

Trabalhei neste livro durante cinco anos, e em raras ocasiões mostrei uma linha que fosse a qualquer pessoa. Eu gostaria de poder dizer que escrevi este livro para você, mas não. Eu o escrevi para mim. Quando eu era estudante de pós-graduação, tive um querido e brilhante colega chamado Ned Jones. Eu e Ned tínhamos longas e errantes conversas sobre pesquisa, e depois de algumas horas de divagações ele invariavelmente me interrompia e dizia: "Então, Danny, meu menino, qual é o quadro geral?". Em seguida, respondia a sua própria pergunta articulando um cerne belo e simples em torno do qual nossa conversa girava em variações barrocas. Embora eu tenha herdado o amor de Ned pelo panorama geral, o trabalho cotidiano de um cientista não deixa muito tempo de sobra para fazer isso. Fazer ciência é um pouco parecido com sobrevoar num avião uma vasta paisagem durante uma hora, depois pousar o avião, descer e passar vinte anos escavando a terra com uma colherinha de chá. Estabelecer fatos consome tanto tempo que, à medida que os anos vão passando, é fácil esquecer que você tem asas. Faz 25 anos que venho revolvendo a terra com uma colherinha, e escrevi este livro porque queria embarcar no avião e ver qual tinha sido o propósito da minha vida. Já publiquei dezenas de estudos vagamente relacionados entre si, li milhares de estudos vagamente relacionados aos meus, mas a verdade é que eu não conhecia os contornos da paisagem na qual uns e outros eram apenas uma minúscula colina. *Felicidade por acaso* é um relato de mim para mim — uma maneira de contar a mim mesmo o que venho fazendo ao longo de todos esses anos.

Agora eu sei e você também sabe, então é hora de polir minha colherinha e voltar para a terra. Gostei de contar a história. Obrigado por ouvir.

LEIA MAIS

Talvez você goste de......

Strangers to Ourselves: Discovering the Adaptive Unconscious, de Timothy D. Wilson
O psicólogo que colabora com o professor Gilbert em suas pesquisas examina os limites do que sabemos — e podemos saber — sobre nós mesmos.

O ponto da virada – The Tipping Point: Como pequenas coisas podem fazer uma grande diferença, e ***Blink: A decisão num piscar de olhos***, de Malcolm Gladwell
O melhor jornalista de ciências do mundo escreve de maneira meditativa e cativante sobre psicologia.

Freakonomics: O lado oculto e inesperado de tudo que nos afeta, de Steven D. Levitt e Stephen J. Dubner
Um economista original e um jornalista premiado se juntam para mostrar como uma análise econômica pode lançar luz sobre diversos problemas interessantes e incomuns.

The Happiness Hypothesis: Finding Modern Truth in Ancient Wisdom, de Jonathan Haidt
Com entusiasmo e perspicácia, um psicólogo descreve a interseção de psicologia e sabedoria antiga.

Felicidade – Uma história, de Darrin M. McMahon
Nessa façanha intelectual, uma historiadora examina como o conceito de felicidade evoluiu ao longo de 2 mil anos.

SAIBA MAIS

Em ***danielgilbert.com***, você encontrará os artigos de pesquisa (em inglês) do professor Gilbert que formam o esqueleto deste livro.

Agradecimentos

Esta é a parte do livro em que o autor geralmente afirma que ninguém escreve um livro sozinho. Em seguida, enumera os nomes de todas as pessoas que supostamente o escreveram junto com ele. Deve ser bom ter amigos assim. Infelizmente, todas as pessoas que escreveram este livro se resumem a mim mesmo. Já que escrevi este livro sozinho, gostaria de agradecer àqueles que, com seus talentos, me deram a oportunidade de escrever um livro sem eles.

Em primeiro lugar, agradeço aos alunos e colegas que realizaram boa parte dos estudos e pesquisas descritos aqui e me permitiram compartilhar seus resultados. Entre eles incluem-se Danny Axsom, Mike Berkovits, Stephen Blumberg, Ryan Brown, David Centerbar, Erin Driver-Linn, Liz Dunn, Jane Ebert, Mike Gill, Sarit Golub, Karim Kassam, Debbie Kermer, Boaz Keysar, Jaime Kurtz, Matt Lieberman, Jay Meyers, Carey Morewedge, Kristian Myrseth, Becca Norwick, Kevin Ochsner, Liz Pinel, Jane Risen, Todd Rogers, Ben Shenoy e Thalia Wheatley. Como tive a sorte de trabalhar com todos vocês?

Sou especialmente grato a meu amigo e colaborador de longa data Tim Wilson, da Universidade da Virgínia, cuja criatividade e inteligência têm sido constantes fontes de inspiração, inveja e bolsas de pesquisa. A frase anterior é a única em todo o livro que eu teria sido capaz de escrever sem sua ajuda.

Vários colegas leram capítulos individuais, deram sugestões, forneceram informações e de uma ou outra maneira me ajudaram a não desperdiçar tempo em buscas inúteis. São eles: Sissela Bok, Allan Brandt, Patrick Cavanagh,

Nick Epley, Nancy Etcoff, Tom Gilovich, Richard Hackman, John Helliwell, Danny Kahneman, Boaz Keysar, Jay Koehler, Steve Kosslyn, David Laibson, Andrew Oswald, Steve Pinker, Rebecca Saxe, Jonathan Schooler, Nancy Segal, Dan Simons, Robert Trivers, Dan Wegner e Tim Wilson. Obrigado a todos.

Minha agente, Katinka Matson, me desafiou a parar de tagarelar sobre este livro e começar a escrevê-lo. E, embora não seja a única pessoa que já me mandou parar de tagarelar, é a única de quem ainda gosto. Marty Asher, meu editor na Knopf, tem um ótimo ouvido e uma grande caneta azul, e se você não acha que este livro é uma leitura prazerosa, deveria tê-lo visto antes de cair nas mãos de Marty.

Escrevi a maior parte do livro durante as licenças sabáticas subsidiadas pelo presidente e pelos membros do conselho da Harvard College, da John Simon Guggenheim Memorial Foundation, da James McKeen Cattell Foundation, da Sociedade Americana de Filosofia, do Instituto Nacional de Saúde Mental e do Departamento de Pós-Graduação da Faculdade de Economia e Administração da Universidade de Chicago. Agradeço a essas organizações por investirem no meu sumiço.

E, finalmente, a pieguice. Sou grato pela coincidência de a minha esposa e minha melhor amiga terem o mesmo nome – Marilynn Oliphant. Ninguém deveria fingir estar interessado em cada ideia inacabada que brota na minha cabeça. Ninguém deveria, mas alguém se interessa. Os membros dos clãs Gilbert e Oliphant – Larry, Gloria, Sherry, Scott, Diana, sr. Mickey, Jo, Danny, Shona, Arlo, Amanda, Big Z, Sarah B., Ren e Daylyn – têm a guarda compartilhada do meu coração, e agradeço a todos eles por darem ao meu coração um lar. Por fim, permita-me lembrar com gratidão e afeto de duas almas que nem o céu faz por merecer: meu mentor, Ned Jones, e minha mãe, Doris Gilbert.

Agora, vamos sair tropeçando.

18 de julho de 2005
Cambridge, Massachusetts

Agradecimentos por permissões

CRÉDITOS DAS ILUSTRAÇÕES

Figuras 1, 2, 6, 7, 8, 9, 10, 11, 13, 14, 15, 16, 17, 18, 19, 21, 22, 23 e 24 criadas por Mapping Specialists, Ltd.

Figura 3 reproduzida de J. M. Harlow, "Recovery from the Passage of an Iron Bar Through the Head", *Publications of the Massachusetts Medical Society*, v. 2, pp. 327-47 (1868).

Figura 12: cartum *Animal Crackers*, de Fred Wagner. Copyright © 1983 by Tribune Media Services. Reproduzido com permissão de Tribune Media Services.

Figura 14 reproduzida de C. Walker, "Some Variations in Marital Satisfaction", em R. Chester e J. Peel (Org.). *Equalities and Inequalities in Family Life* (Londres: Academic Press, 1977), pp. 127-39. Copyright © 1977. Reproduzido com permissão de Elsevier.

Figura 19 adaptada com permissão da Associação Americana de Psicologia, de D. T. Gilbert, E. C. Pinel, T. D. Wilson, S. J. Blumberg e T. P. Wheatley, "Immune Neglect: A Source of Durability Bias in Affective Forecasting", in *Journal of Personality and Social Psychology*, v. 75, pp. 617-38, 1998.

Figura 20 reproduzida com permissão da Associação Americana de Psicologia, de T. D. Wilson, D. B. Centerbar, D. A. Kermer e D. T. Gilbert, "The Pleasures of Uncertainty: Prolonging Positive Moods in Ways People Do Not Anticipate", in *Journal of Personality and Social Psychology*, v. 88, pp. 5-21, 2005.

Figura 22 adaptada com permissão de Guilford Publications, Inc. de T. D. Wilson, J. Meyers e D. T. Gilbert, "How Happy Was I, Anyway? A Retrospective Impact Bias", in *Social Cognition*, v. 21, pp. 407-32, 2003.

Notas

PREFÁCIO [pp. 11-5]

1. As notas neste livro contêm referências a pesquisas científicas que corroboram as afirmações que faço ao longo do texto. Vez por outra, contêm algumas informações adicionais que podem ser de interesse, mas que não são essenciais para a argumentação. Se você não se preocupa com as fontes, não tem interesse por coisas não essenciais e está aborrecido com livros que o obrigam a ficar indo e voltando o tempo todo, então tenha certeza de que a única nota importante no livro é esta.

1. VIAGEM A OUTROS TEMPOS [pp. 19-42]

1. W. A. Roberts, "Are Animals Stuck in Time?". *Psychological Bulletin*, v. 128, pp. 473-89, 2002.
2. D. Dennett, *Kinds of Minds*. Nova York: Basic Books, 1996. [Ed. bras.: *Tipos de mentes: Rumo a uma compreensão da consciência*. Rio de Janeiro: Rocco, 1997.]
3. M. M. Haith, "The Development of Future Thinking as Essential for the Emergence of Skill in Planning". In: S. L. Friedman e E. K. Scholnick (Org.), *The Developmental Psychology of Planning: Why, How, and When Do We Plan?*, pp. 25-42. Mahwah: Lawrence Erlbaum, 1997.
4. E. Bates, J. Elman e P. Li, "Language In, On e About Time". In: M. M. Haith et al. (Org.), *The Development of Future Oriented Processes*. Chicago: University of Chicago Press, 1994.
5. B. M. Hood et al. "Gravity Biases in a Nonhuman Primate?". *Developmental Science*, v. 2, pp. 35-41, 1999. Ver também D. A. Washburn e D. M. Rumbaugh, "Comparative Assessment of Psychomotor Performance: Target Prediction by Humans and Macaques (*Macaca mulatta*)". *Journal of Experimental Psychology: General*, v. 121, pp. 305-12, 1992.
6. L. M. Oakes e L. M. Cohen, "Infant Perception of a Causal Event". *Cognitive Development*, v. 5, pp. 193-207, 1990. Ver também N. Wentworth e M. M. Haith, "Event-Specific Expectations of 2- and 3-Month-Old Infants". *Developmental Psychology*, v. 28, pp. 842-50, 1992.

7. C. M. Atance e D. K. O'Neill, "Planning in 3-Year-Olds: A Reflection of the Future Self?". In: C. Moore e K. Lemmon (Org.), *The Self in Time: Developmental Perspectives*. Mahwah: Lawrence Erlbaum, 2001; e J. B. Benson, "The Development of Planning: It's About Time". In: Friedman e Scholnick, *Developmental Psychology of Planning*.

8. Embora as crianças comecem a falar sobre o futuro por volta dos dois anos, não parecem ter uma compreensão disso até cerca de quatro. Ver D. J Povinelli e B. B. Simon, "Young Children's Understanding of Briefly Versus Extremely Delayed Images of the Self: Emergence of the Autobiographical Stance". *Developmental Psychology*, v. 34, pp. 188-94, 1998; e K. Nelson, "Finding One's Self in Time". In: J. G. Snodgrass e R. L. Thompson (Org.), *The Self Across Psychology: Self-Recognition, Self-Awareness, and the Self Concept*, pp. 103-16. Nova York: Academia de Ciências de Nova York, 1997.

9. C. A. Banyas, "Evolution and Phylogenetic History of the Frontal Lobes". In: B. L. Miller e J. L. Cummings (Org.), *The Human Frontal Lobes*. Nova York: Guilford Press, pp. 83-106, 1999.

10. Phineas aparentemente levou a haste de metal consigo para onde quer que fosse pelo resto da vida, e provavelmente ficaria satisfeito por saber que tanto ele quanto seu crânio acabaram em exibição permanente no Museu Antropológico Warren da Universidade Harvard.

11. Autores modernos citam o caso Gage como evidência da importância do lobo frontal, mas não foi o que as pessoas pensaram sobre o incidente quando aconteceu. Ver M. B. Macmillan, "A Wonderful Journey Through Skull and Brains: The Travels of Mr. Gage's Tamping Iron". *Brain and Cognition*, v. 5, pp. 67-107, 1986.

12. M. B. Macmillan, "Phineas Gage's Contribution to Brain Surgery". *Journal of the History of the Neuroscience*, v. 5, pp. 56-77, 1996.

13. S. M. Weingarten, "Psychosurgery". In: Miller e Cummings, *Human Frontal Lobes*, pp. 446-60.

14. D. R. Weinberger et al., "Neural Mechanisms of Future-Oriented Processes". In: Haith et al. *Development of Future Oriented Processes*, pp. 221-42.

15. J. M. Fuster, *The Prefrontal Cortex: Anatomy, Physiology, and Neuropsychology of the Frontal Lobe*, pp. 160-1. Nova York: Lippincott-Raven, 1997.

16. A. K. Macleod e M. L. Cropley, "Anxiety, Depression, and the Anticipation of Future Positive and Negative Experiences". *Journal of Abnormal Psychology*, v. 105, pp. 286-9, 1996.

17. M. A. Wheeler, D. T. Stuss e E. Tulving, "Toward a General Theory of Episodic Memory: The Frontal Lobes and Autonoetic Consciousness". *Psychological Bulletin*, v. 121, pp. 331-54, 1997.

18. F. T. Melges, "Identity and Temporal Perspective". In: R. A. Block (Org.), *Cognitive Models of Psychological Time*. Hillsdale: Lawrence Erlbaum, 1990, pp. 255-66.

19. P. Faglioni, "The Frontal Lobes". In: G. Denes e L. Pizzamiglio (Org.), *The Handbook of Clinical and Experimental Neuropsicologia*, East Sussex, Inglaterra: Psychology Press, 1999, pp. 525-69.

20. J. M. Fuster, "Cognitive Functions of the Frontal Lobes". In: Miller e Cummings, *Human Frontal Lobes*, pp. 187-95.

21. E. Tulving, "Memory and Consciousness". *Canadian Psychology*, v. 26, pp. 1-12, 1985. O mesmo caso é descrito em detalhes sob o pseudônimo "K.C." em E. Tulving et al., "Priming of Semantic Autobiographical Knowledge: A Case Study of Retrograde Amnesia". *Brain and Cognition*, v. 8, pp. 3-20, 1988.

22. Tulving, "Memory and Consciousness."

23. R. Dass, *Be Here Now*. Nova York: Crown, 1971.

24. L. A. Jason et al., "Time Orientation: Past, Present, and Future Perceptions". *Psychological Reports*, v. 64, pp. 1199-205, 1989.

25. E. Klinger e W. M. Cox, "Dimensions of Thought Flow in Everyday Life". *Imagination, Cognition, and Personality*, v. 72, pp. 105-28, 1987-8; E. Klinger, "On Living Tomorrow Today: The Quality of Inner Life as a Function of Goal Expectations". In: Z. Zaleski (Org.), *Psychology of Future Orientation*. Lublin, Polônia: Towarzystwo Naukowe KUL, 1994, pp. 97-106.

26. J. L. Singer, *Daydreaming and Fantasy*. Oxford: Oxford University Press, 1981; E. Klinger, *Daydreaming: Using Waking Fantasy and Imagery for Self-Knowledge and Creativity*. Los Angeles: Tarcher, 1990; G. Oettingen, *Psychologie des Zukunftdenkens* [Sobre a psicologia do pensamento futuro]. Göttingen, Alemanha: Hogrefe, 1997.

27. G. F. Loewenstein e D. Prelec, "Preferences for Sequences of Outcomes". *Psychological Review*, v. 100, pp. 91-108, 1993. Ver também G. Loewenstein, "Anticipation and the Valuation of Delayed Consumption". *Economy Journal*, v. 97, pp. 666-84, 1987; J. Elster e G. F. Loewenstein, "Utility from Memory and Anticipation". In: G. F. Loewenstein e J. Elster (Org.), *Choice Over Time*. Nova York: Fundação Russell Sage, 1992, pp. 213-34.

28. G. Oettingen; D. Mayer, "The Motivating Function of Thinking About the Future: Expectations Versus Fantasies". *Journal of Personality and Social Psychology*, v. 83, pp. 1198-212, 2002.

29. A. Tversky e D. Kahneman, "Availability: A Heuristic for Judgment Frequency and Probability". *Cognitive Psychology*, v. 5, pp. 207-32, 1973.

30. N. Weinstein, "Unrealistic Optimism About Future Life Events". *Journal of Personality and Social Psychology*, v. 39, pp. 806-20, 1980.

31. P. Brickman, D. Coates e R. J. Janoff-Bulman, "Lottery Winners and Accident Victims: Is Happiness Relative?". *Journal of Personality and Social Psychology*, v. 36, pp. 917-27, 1978.

32. E. C. Chang, K. Asakawa e L. J. Sanna, "Cultural Variations in Optimistic and Pessimistic Bias: Do Easterners Really Expect the Worst and Westerners Really Expect the Best When Predicting Future Life Events?". *Journal of Personality and Social Psychology*, v. 81, pp. 476-91, 2001.

33. J. M. Burger e M. L. Palmer, "Changes in and Generalization of Unrealistic Optimism Following Experiences with Stressful Events: Reactions to the 1989 California Earthquake". *Personality and Social Psychology Bulletin*, v. 18, pp. 39-43, 1992.

34. H. E. Stiegelis et al., "Cognitive Adaptation: A Comparison of Cancer Patients and Healthy References". *British Journal of Health Psychology*, v. 8, pp. 303-18, 2003.

35. A. Arntz, M. Van Eck e P. J. de Jong, "Unpredictable Sudden Increases in Intensity of Pain and Acquired Fear". *Journal of Psychophysiology*, v. 6, pp. 54-64, 1992.

36. Por falar em choques elétricos, este é provavelmente um bom momento para mencionar que experimentos como esses são sempre realizados de acordo com as rígidas diretrizes éticas da Associação Americana de Psicologia e antes de sua implementação devem ser aprovados pelos comitês das universidades. Os participantes o fazem de forma voluntária e são devidamente informados de todos os eventuais riscos que o estudo pode representar para sua saúde ou felicidade, e têm a oportunidade de se retirar a qualquer momento, sem medo de sanções. Se as pessoas receberem informações falsas no decorrer de um experimento, serão informadas da verdade assim que o experimento terminar. Resumindo, somos pessoas *muito* legais.

37. M. Miceli e C. Castelfranchi, "The Mind and the Future: The (Negative) Power of Expectations". *Theory and Psychology*, v. 12, pp. 335-66, 2002.

38. J. N. Norem, "Pessimism: Accentuating the Positive Possibilities". In: E. C. Chang e L. J. Sanna (Org.), *Virtue, Vice, and Personality: The Complexity of Behavior*, pp. 91-104. Washington, DC.: Associação Americana de Psicologia, 2003; J. N. Norem, N. Cantor, "Defensive Pessimism: Harnessing Anxiety as Motivation". *Journal of Personality and Social Psychology*, v. 51, pp. 1208-17, 1986.

39. A. Bandura, "Self-Efficacy: Toward a Unifying Theory of Behavioral Change". *Psychological Review*, v. 84, pp. 191-215, 1977; A. Bandura, "Self-Efficacy: Mechanism in Human Agency". *American Psychologist*, v. 37, pp. 122-47, 1982.

40. M. E. P. Seligman, *Helplessness: On Depression, Development, and Death*. San Francisco: Freeman, 1975.

41. E. Langer e J. Rodin, "The Effect of Choice and Enhanced Personal Responsibility for the Aged: A Field Experiment in an Institutional Setting". *Journal of Personality and Social Psychology*, v. 34, pp. 191-8, 1976; J. Rodin e E. Langer, "Long-Term Effects of a Control-Relevant Intervention with the Institutional Aged". *Journal of Personality and Social Psychology*, v. 35, pp. 897-902, 1977.

42. R. Schulz e B. H. Hanusa, "Long-Term Effects of Control and Predictability-Enhancing Interventions: Findings and Ethical Issues". *Journal of Personality and Social Psychology*, v. 36, pp. 1202-12, 1978.

43. E. J. Langer, "The Illusion of Control". *Journal of Personality and Social Psychology*, v. 32, pp. 311-28, 1975.

44. Ibid.

45. D. S. Dunn e T. D. Wilson, "When the Stakes Are High: A Limit to the Illusion of Control Effect". *Social Cognition*, v. 8, pp. 305-23, 1991.

46. L. H. Strickland, R. J. Lewicki e A. M. Katz, "Temporal Orientation and Perceived Control as Determinants of Risk Taking". *Journal of Experimental Social Psychology*, v. 2, pp. 143-51, 1966.

47. Dunn e Wilson, "When the Stakes Are High".

48. S. Gollin et al., "The Illusion of Control Between Depressed Patients". *Journal of Abnormal Psychology*, v. 88, pp. 454-7, 1979.

49. L. B. Alloy e L. Y. Abramson, "Judgment of Contingency in Depressed and Nondepressed Students: Sadder but Wiser?". *Journal of Experimental Psychology: General*, v. 108, pp. 441-85, p. 1979. Para um ponto de vista contrário, ver D. Dunning e A. L. Story, "Depression, Realism and the Overconfidence Effect: Are the Sadder Wiser When Predicting Future Actions and Events?". *Journal of Personality and Social Psychology*, v. 61, pp. 521-32, 1991; R. M Msetfi et al., "Depressive Realism and Outcome Density Bias in Contingency Judgments: The Effect of the Context and Intertrial Interval". *Journal of Experimental Psychology: General*, v. 134, pp. 10-22, 2005.

50. S. E. Taylor e J. D. Brown, "Illusion and Well-Being: A Social-Psychological Perspective on Mental Health". *Psychological Bulletin*, v. 103, pp. 193-210, 1988.

2. A VISTA DAQUI [pp. 45-71]

1. N. L. Segal, *Entwined Lives: Twins and What They Tell Us About Human Behavior*. Nova York: Dutton, 1999.

2. N. Angier, "Joined for Life, and Living Life to the Full". *The New York Times*, 23 dez. 1997, p. F1.

3. A. D. Dreger, "The Limits of Individuality: Ritual and Sacrifice in the Lives and Medical Treatment of Conjoined Twins". *Studies in History and Philosophy of Biological and Biomedical Sciences*, v. 29, pp. 1-29, 1998.

4. Ibid. Desde que este artigo foi publicado, pelo menos um par de gêmeos siameses adultos tentou a separação e morreu durante a cirurgia. "A Lost Surgical Gamble". *The New York Times*, 9 jul. 2003, p. 20.

5. J. R. Searle, *Mind, Language, and Society: Philosophy in the Real World*. Nova York: Basic Books, 1998.

6. Os estados subjetivos podem ser definidos apenas em termos de seus antecedentes objetivos ou outros estados subjetivos, mas o mesmo é verdadeiro para objetos físicos. Se não tivéssemos permissão para definir um objeto físico (creme de marshmallow) em termos dos estados subjetivos que ele suscita ("É macio, pegajoso e doce") ou em termos de qualquer outro objeto físico ("É feito de xarope de milho, xarope de açúcar, essência de baunilha e claras de ovo"), não seríamos capazes de defini-lo. Todas as definições são obtidas comparando-se o que desejamos definir com coisas que habitam a mesma categoria ontológica (isto é, coisas físicas com coisas físicas) ou associando-as a coisas em uma categoria ontológica diferente (por exemplo, coisas físicas com estados subjetivos). Até hoje ninguém descobriu ainda uma terceira via.

7. R. D. Lane et al., "Neuroanatomical Correlates of Pleasant and Unpleasant Emotion". *Neuropsychologia*, v. 35, pp. 1437-44, 1997.

8. C. Osgood, G. J. Suci e P. H. Tannenbaum, *The Measurement of Meaning* Urbana: University of Illinois Press, 1957. A descoberta típica é que as palavras diferem em três dimensões: *estimativa* (boa ou ruim), *atividade* (ativa ou passiva) e *potência* (forte ou fraca). Então os psicólogos falam sobre a "qualidade de E" (*e-ness*), sua "qualidade de A" (*a-ness*) ou "qualidade de P" (*p-ness*). Diga esses termos em voz alta e depois me diga que os cientistas não têm senso de humor.

9. T. Nagel, "What Is It Like Be a Be a Bat?". *Philosophical Review*, v. 83, pp. 435-50, 1974.

10. Ver A. Pope, *Essay on Man, Epistle 4* (1744). In: H. W. Boynton (Org.), *The Complete Poetical Works of Alexander Pope*. Nova York: Houghton Mifflin, 1903.

11. S. Freud, *Civilization and Its Discontents, v. 1 of The Standard Edition of the Complete Psychological Works of Sigmund Freud* (1930). Londres: Hogarth Press and Institute of Psychoanalysis, 1953, pp. 75-6. [Ed. bras.: Freud (1930-1936). *O mal-estar na civilização e outros textos*. Trad. Paulo César de Souza. São Paulo: Companhia das Letras, 2010.]

12. B. Pascal, "Pensées". In: W. F. Trotter (Org.), *Pensées*, p. 102. Nova York: Dutton, 1908 (1660). [Ed. bras.: *Pascal. Pensamentos*. Trad. de Sérgio Milliet. São Paulo, Abril Cultural, 1971. (Os Pensadores).]

13. R. Nozick, *The Examined Life*. Nova York: Simon & Schuster, 1989.

14. J. S. Mill, "Utilitarianism" (1863). In: D. E. Miller (Org.), *On Liberty, the Subjection of Women and Utilitarism*, em *The Basic Writings of John Stuart Mill*. Nova York: Modern Library, 2002. [Ed. bras.: *Utilitarismo*. Trad. de Alexandre Braga Massella. São Paulo: Iluminuras, 2020; *Sobre a liberdade/A sujeição das mulheres*. Trad. de Paulo Geiger. São Paulo: Companhia das Letras, 2017.]

15. R. Nozick, *Anarchy, State, and Utopia*. Nova York: Basic Books, 1974.

16. Nozick, *The Examined Life*, p. 111. O problema da "máquina da felicidade" de Nozick é popular entre acadêmicos, que geralmente deixam de levar em consideração três coisas. Para começo de conversa: *quem disse* que ninguém gostaria de ser plugado à máquina? O mundo está repleto de pessoas que querem felicidade e não se importam nem um pouco se ela é "merecida". Em segundo lugar, pode ser que aqueles que afirmam que não concordariam em ser conectados à máquina já estejam conectados. Afinal, o acordo é que você se esqueça de sua decisão anterior. Terceiro: ninguém pode *realmente* responder a essa questão, porque ela exige que a pessoa imagine um estado futuro em que não sabe qual é a própria coisa que está imaginando no momento presente. Ver E. B. Royzman, K. W. Cassidy e J. Baron, "'I Know, You Know': Epistemic Egocentrism in Children and Adults". *Review of General Psychology*, v. 7, pp. 38-65, 2003.

17. D. M. Macmahon, "From the Happiness of Virtue to the Virtue of Happiness: 400 AC – DC 1780". *Daedalus: Journal of the American Academy of Arts and Sciences*, v. 133, pp. 5-17, 2004.

18. Ibid.

19. Para algumas discussões sobre a distinção entre felicidade moral e emocional, todas as quais adotam posições contrárias à minha, consultar D. W. Hudson, *Happiness and the Limits of Satisfaction*. Londres: Rowman e Littlefield, 1996; M. Kingwell, *Better Living: In Pursuit of Happiness from Plato to Prozac*. Toronto: Viking, 1998 [Ed. bras.: *Aprendendo felicidade – todas as tentativas de Platão ao Prozac*. Rio de Janeiro Relume Dumará, 2006]; E. Telfer, *Happiness*. Nova York: St. Martin's Press, 1980.

20. N. Block, "Begging the Question Against Phenomenal Consciousness". *Behavioral and Brain Sciences*, v. 15, pp. 205-6, 1992.

21. J. W. Schooler e T. Y. Engstler-Schooler, "Verbal Overshadowing of Visual Memories: Some Things Are Better Left Unsaid". *Cognitive Psychology*, v. 22, pp. 36-71, 1990.

22. G. W. Mcconkie e D. Zola, "Is Visual Information Integrated in Successive Fixations in Reading?". *Perception and Psychophysics*, v. 25, pp. 221-4, 1979.

23. D. J. Simons e D. T. Levin, "Change Blindness". *Trends in Cognitive Sciences*, v. 1, pp. 261-7, 1997.

24. M. R. Beck, B. L. Angelone e D. T. Levin, "Knowledge About the Probability of Change Affects Change Detection Performance". *Journal of Experimental Psychology: Human Perception and Performance*, v. 30, pp. 778-91, 2004.

25. D. J. Simons e D. T. Levin, "Failure to Detect Changes to People in a Real-World Interaction". *Psychonomic Bulletin and Review*, v. 5, pp. 644-9, 1998.

26. R. A. Rensink, J. K. O'Regan e J. J. Clark, "To See or Not to See: The Need for Attention to Perceive Changes in Scenes". *Psychological Science*, v. 8, pp. 368-73, 1997.

27. Hats Off to the Amazing Hondo", <www.hondomagic.com/html/a_little_magic.htm>.

28. B. Fischoff, "Perceived Informativeness of Facts". *Journal of Experimental Psychology: Human Perception and Performance*, v. 3, pp. 349-58, 1977.

29. A. Parducci, *Happiness, Pleasure, and Judgment: The Contextual Theory and Its Applications*. Mahwah: Lawrence Erlbaum, 1995.

30. E. Shackleton, *South* (1959). Nova York: Carroll & Graf, 1998, p. 192.

3. OLHANDO DE FORA PARA DENTRO [pp. 72-90]

1. J. Ledoux, *The Emotional Brain: The Mysterious Underpinnings of Emotional Life*. Nova York: Simon & Schuster, 1996. [Ed. bras.: *O cérebro emocional: Os misteriosos alicerces da vida emocional*. Rio de Janeiro: Objetiva, 1998.]

2. R. B. Zajonc, "Feeling and Thinking: Preferences Need No Inferences". *American Psychologist*, v. 35, pp. 151-75, 1980; R. B. Zajonc, "On the Primacy of Affect". *American Psychologist*, v. 39, pp. 117-23, 1984; "Emotions". In: D. T. Gilbert, S. T. Fiske e G. Lindzey (Org.), *The Handbook of Social Psychology*, 4. ed., v. 1. Nova York: McGraw-Hill, 1998, pp. 591-632.

3. S. Schachter e J. Singer, "Cognitive, Social and Physiological Determinants of Emotional State". *Psychological Review*, v. 69, 1962, pp. 379-99.

4. D. G. Dutton e A. P. Aron, "Some Evidence for Heightened Sexual Attraction Under Conditions of High Anxiety". *Journal of Personality and Social Psychology*, v. 30, pp. 510-7, 1974.

5. Também é interessante notar que o mero ato de identificar uma emoção às vezes pode eliminá-la. Ver A. R. Hariri, S. Y. Bookheimer e J. C. Mazziotta, "Modulating Emotional Response: Effects of a Neocortical Network on the Limbic System". *NeuroReport*, v. 11, pp. 43-8, 2000; M. D. Lieberman et al., "Two Capitains, One Ship: A Social Cognitive Neuroscience Approach to Disrupting Automatic Affective Processes" (manuscrito não publicado, UCLA, 2003).

6. Graham Greene, *The End of the Affair*. Nova York: Viking Press, 1951, p. 29. [Ed. bras.: *Fim de caso*. São Paulo/Rio de Janeiro: Record, 2000.]

7. R. A. Dienstbier e P. C. Munter, "Cheating as a Function of the Labeling of Natural Arousal". *Journal of Personality and Social Psychology*, v. 17, pp. 208-13, 1971.

8. M. P. Zanna e J. Cooper, "Dissonance and the Pill: An Attribution Approach to Studying the Arousal Properties of Dissonance". *Journal of Personality and Social Psychology*, v. 29, pp. 703-9, 1974.

9. D. C. Dennett, *Brainstorms: Philosophical Essays on Mind and Psychology*, p. 218. Boston: MIT Press, 1981.

10. J. W. Schooler, "Re-representanting Consciousness: Dissociations Between Consciousness and Meta-Consciousness". *Trends in Cognitive Science*, v. 6, pp. 339-44, 2002.

11. L. Weiskrantz, *Blindsight*. Oxford: Oxford University Press, 1986.

12. A. Cowey e P. Stoerig, "The Neurobiology of Blindsight". *Trends in Neuroscience*, v. 14, pp. 140-5, 1991.

13. E. J. Vanman, M. E. Dawson e P. A. Brennan, "Affective Reactions in the Blink of an Eye: Individual Differences in Subjective Experience and Physiological Responses to Emotional Stimuli". *Personality and Social Psychology Bulletin*, v. 24, pp. 994-1005, 1998.

14. R. D. Lane et al., "Is Alexithymia the Emotional Equivalent of Blindsight?". *Biological Psychiatry*, v. 42, pp. 834-44, 1997.

15. O economista do século XIX Francis Edgeworth referiu-se a esse dispositivo como um hedonímetro. Ver F. Y. Edgeworth, *Mathematical Psychics: An Essay on the Application of Mathematics to the Moral Sciences*. Londres: Kegan Paul, 1881.

16. N. Schwarz e F. Strack, "Reports of Subjective Well-Being: Judgmental Processes and their Methodological Impliocations". In: D. Kahneman, E. Diener e N. Schwarz (Org.), *Well-Being: The Foundations of Hedonic Psychology*. Nova York: Fundação Russell Sage, 1999, pp. 61-84; D. Kahneman, "Objective Happiness". In: *Well-Being*, pp. 3-25.

17. R. J. Larsen e B. L. Fredrickson, "Measurement Issues in Emotion Research". In: *Well-Being*, pp. 40-60.

18. M. Minsky, *The Society of Mind*. Nova York: Simon & Schuster, 1985 [Ed. bras.: *A sociedade da mente*. Rio de Janeiro: Francisco Alves, 1989]; W. G. Lycan, "Homuncular Functionalism Meets pdp". In: W. Ramsey, S. P. Stich e D. E. Rumelhart (Org.), *Philosophy and Connectionist Theory*. Mahwah: Lawrence Erlbaum, 1991, pp. 259-86.

19. O. Jowett, *Plato: Protagoras*, edição fac-símile. Nova York: Prentice Hall, 1956. [Ed. bras.: *Platão. Protágoras*. Trad. de Carlos Alberto Nunes. Editora da Universidade Federal do Pará, 2002; *Protágoras de Platão*. Trad. de Daniel R. N. Lopes. São Paulo: Perspectiva, 2017.]

4. NO PONTO CEGO DO OLHO DA MENTE [pp. 93-113]

1. R. O. Boyer e H. M. Morais, *Labour's Untold Story*. Nova York: Cameron, 1955; P. Avrich, *The Haymarket Tragedy*. Princeton: Princeton University Press, 1984.

2. E. Brayer, *George Eastman: A Biography*. Baltimore: Johns Hopkins University Press, 1996.

3. R. Karniol e M. Ross, "The Motivational Impact of Temporal Focus: Thinking About the Future and the Past". *Annual Review of Psychology*, v. 47, pp. 593-620, 1996; B. A. Mellers, "Choice and the Relative Pleasure of Consequences". *Psychological Bulletin*, v. 126, pp. 910-24, 2000.

4. D. L. Schacter, *Searching for Memory: The Brain, the Mind and the Past*. Nova York: Basic Books, 1996.

5. E. F. Loftus, D. G. Miller e H. J. Burns, "Semantic Integration of Verbal Information into Visual Memory". *Journal of Experimental Psychology: Human Learning and Memory*, v. 4, pp. 19-31, 1978.

6. E. F. Loftus, "When a Lie Becomes Memory's Truth: Memory Distortion After Exposure to Misinformation". *Current Directions in Psychological Sciences*, v. 1, pp. 121-3, 1992. Para um ponto de vista oposto, ver M. S. Zaragoza, M. McCloskey e M. Jamis, "Misleading Postevent Information and Recall of the Original Event: Further Evidence Against the Memory Impairment Hypothesis". *Journal of Experimental Psychology: Learning, Memory, and Cognition*, v. 13, pp. 36-44, 1987.

7. M. K. Johnson e S. J. Sherman, "Constructing and Reconstructing the Past and the Future in the Present". In: E. T. Higgins e R. M. Sorrentino (Org.), *Handbook of Motivation and Cognition: Foundations of Social Behavior*, v. 2. Nova York: Guilford Press, 1990, pp. 482-526; M. K. Johnson e C. L. Raye, "Reality Monitoring". *Psychological Review*, v. 88, 1981, pp. 67-85.

8. J. Deese, "On the Predicted Occurrence of Particular Verbal Intrusions in Immediate Recall". *Journal of Experimental Psychology*, v. 58, pp. 17-22, 1959.

9. H. L. Roediger e K. B. Mcdermott, "Creating False Memories: Remembering Words Not Presented in Lists". *Journal of Experimental Psychology: Learning, Memory, and Cognition*, v. 21, pp. 803-14, 1995.

10. K. B. Mcdermott e H. L. Roediger, "Attempting to Avoid Illusory Memories: Robust False Recognition of Associates Persists Under Conditions of Explicit Warnings and Immediate Testing". *Journal of Memory and Language*, v. 39, pp. 508-20, 1998.

11. R. Warren, "Perceptual Restoration of Missing Speech Sounds". *Science*, v. 167, pp. 392-3, 1970.

12. A. G. Samuel, "A Further Examination of Attentional Effects in the Phonemic Restoration Illusion". *Quarterly Journal of Experimental Psychology* 43A, pp. 679-99, 1991.

13. R. Warren, "Perceptual Restoration of Obliterated Sounds". *Psychological Bulletin*, v. 96, pp. 371-83, 1984.

14. L. F. Baum, *The Wonderful Wizard of Oz*. Nova York: G. M. Hill, 1900, pp. 113-9. [Ed. bras.: *O mágico de Oz. Edição comentada e ilustrada*. Trad. de Sergio Flaksman. Rio de Janeiro: Zahar, 2013.]

15. John Locke, Livro IV, *An Essay Concerning Human Understanding*, v. 2 (1690). Nova York: Dover, 1959. [Ed. bras.: *Ensaio sobre o entendimento humano*. Trad. de Pedro Paulo Garrido Pimenta. São Paulo: Martins Fontes, 2012; *Ensaio acerca do entendimento humano*. Trad. de Anoiar Aiex. São Paulo: Abril/Nova Cultural, 1999.]

16. I. Kant, *Critique of Pure Reason*, p. 93, trad. N. K. Smith (1781). Nova York: St. Martin's Press, 1965. [Ed. bras.: *Crítica da razão pura*. Trad. Valério Rohden e Udo Baldur Moosburger, São Paulo: Abril Cultural, 1980 (Os Pensadores).]

17. W. Durant, *The Story of Philosophy*. Nova York: Simon & Schuster, 1926. [Ed. bras.: *A história da filosofia*. Trad. de Luiz Carlos do Nascimento Silva. São Paulo: Nova Cultural, 2000. (Os Pensadores); *A história da filosofia*. Trad. L. C. N. Silva. Rio de Janeiro: Record, 1996.]

18. A. Gopnik e J. W. Astington, "Children's Understanding of Representational Change and Its Relation to the Understanding of False Beliefs and the Appearance-Reality Distinction". *Child Development*, v. 59, pp. 26-37, 1988; H. Wimmer e J. Perner, "Beliefs About Beliefs: Representation and Constraining Function of Wrong Beliefs in Young Children's Understanding of Deception". *Cognition*, v. 13, pp. 103-28, 1983.

19. J. Piaget, *The Child's Conception of the World*. Londres: Routledge & Kegan Paul, 1929, p. 166. [Ed. bras.: *A representação do mundo na criança*. Rio de Janeiro: Fundo de Cultura, [s.d.].]

20. B. Keysar et al., "Taking Perspective in Conversation: The Role of Mutual Knowledge in Comprehension". *Psychological Science*, v. 11, pp. 32-8, 2000.

21. D. T. Gilbert, "How Mental Systems Believe". *American Psychologist*, v. 46, pp. 107-19, 1991.

22. Curiosamente, a capacidade de fazer isso aumenta com a idade, mas começa a se deteriorar na velhice. Ver C. Ligneau-Hervé e E. Mullet, "Perspective-Taking Judgments Between Young Adults, Middle-Aged, and Elderly People". *Journal of Experimental Psychology: Applied*, v. 11, pp. 53-60, 2005.

23. Piaget, *Child's Conception*, p. 124.

24. G. A. Miller, "Trends and Debates in Cognitive Psychology". *Cognition*, v. 10, pp. 215-25, 1981.

25. D. T. Gilbert e T. D. Wilson, "Miswanting: Some Problems in the Forecasting of Future Affective States". In: J. Forgas (Org.), *Feeling and Thinking: The Role of Affect in Social Cognition*. Cambridge, Inglaterra: Cambridge University Press, 2000, pp. 178-97.

26. D. Dunning et al., "The Overconfidence Effect in Social Prediction". *Journal of Personality e Social Psychology*, v. 58, pp. 568 ± 81, 1990; R. Vallone et al., "Overconfident Predictions of Future Actions and Outcomes by Self and Others". *Journal of Personality and Social Psychology*, v. 58, 1990, pp. 582-92.

27. D. W. Griffin, D. Dunning e L. Ross, "The Role of Construal Processes in Overconfident Predictions About the Self and Others". *Journal of Personality and Social Psychology*, v. 59, pp. 1128-39, 1990.

28. Kant, *Critique*, p. 93.

5. O CÃO DO SILÊNCIO [pp. 114-27]

1. A. C. Doyle, "Silver Blaze". In: *The Complete Sherlock Holmes* (1892). Nova York: Gramercy, 2002, p. 149. [Ed. bras. *As memórias de Sherlock Holmes*. Trad. de Maria Luiza X. de A. Borges. Rio de Janeiro: Zahar, 2014.]

2. Ibid.

3. R. S. Sainsbury e H. M. Jenkins, "Feature-Positive Effect in Discrimination Learning", *Anais da Convenção Anual da Associação Americana de Psicologia*, v. 2, pp. 17-8, 1967.

4. J. P. Newman, W. T. Wolff e E. Hearst, "The Feature-Positive Effect in Adult Human Assumption". *Journal of Experimental Psychology: Human Learning and Memory*, v. 6, pp. 630-50, 1980.

5. H. M. Jenkins e W. C. Ward, "Judgment of Contingency Between Responses and Outcomes". *Psychological Monographs*, v. 79, 1965; P. C. Wason, "Reasoning About a Rule". *Quarterly Journal of Experimental Psychology*, v. 20, pp. 273-81, 1968; D. L. Hamilton e R. K. Gifford, "Illusory Correlation in Interpersonal Perception: A Cognitive Basis of Stereotypic Judgments". *Journal of Experimental Social Psychology*, v. 12, pp. 392-407, 1976. Ver também Crocker, J. "Judgment of Covariation by Social Perceivers". *Psychological Bulletin*, v. 90, pp. 272-92, 1981; L. B. Alloy e N. Tabachnik, "The Assessment of Covariation by Humans and Animals: The Joint Influence of Prior Expectations and Current Situational Information". *Psychological Review*, v. 91, pp. 112-49, 1984.

6. F. Bacon, *Novum organum*, ed. e trad. P. Urbach e J. Gibson (1620). Chicago: Open Court, 1994, p. 60. [Ed. bras.: *Novum organum ou Verdadeiras indicações acerca da interpretação da natureza*. Trad. de José Aluysio Reis de Andrade. Pará de Minas: Virtual Books, 2000/2003.]

7. Ibid., p. 57.

8. J. Klayman e Y. W. Ha, "Confirmation, Disconfirmation, and Information in Hypothesis-Testing". *Psychological Review*, v. 94, pp. 211-28, 1987.

9. A. Tversky, "Features of Similarity". *Psychological Review*, v. 84, pp. 327-52, 1977.

10. E. Shafir, "Choosing Versus Rejecting: Why Some Options Are Both Better and Worse Than Others". *Memory & Cognition*, v. 21, pp. 546-56, 1993.

11. T. D. Wilson et al., "Focalism: A Source of Durability Bias in Affective Forecasting". *Journal of Personality and Social Psychology*, v. 78, pp. 821-36, 2000.

12. Este estudo foi descrito em um artigo que também descreveu alguns outros estudos nos quais se pediu às pessoas que fizessem previsões sobre como se sentiriam se (a) o ônibus espacial *Columbia* explodisse e matasse todos os astronautas a bordo, ou (b) uma guerra liderada pelos norte-americanos no Iraque derrubasse Saddam Hussein. O mais assustador é que os estudos foram realizados em 1998 — cinco anos antes de qualquer um desses eventos realmente acontecer. Acredite se quiser.

13. D. A. Schkade e D. Kahneman, "Does Living in California Make People Happy? A Focusing Illusion in Judgments of Life Satisfaction". *Psychological Science*, v. 9, pp. 340-6, 1998.

14. Isso pode ser menos verdadeiro para pessoas que vivem em culturas que enfatizam o pensamento holístico. Ver K. C. H. Lam et al., "Cultural Differences in Affective Forecasting: The Role of Focalism". *Personality and Social Psychology Bulletin*, v. 31, pp. 1296-309, 2005.

15. P. Menzela et al., "The Role of Adaptation to Disability and Disease in Health State Valuation: A Preliminary Normative Analysis". *Social Science & Medicine*, v. 55, pp. 2149-58, 2002.

16. C. Turnbull, *The Forest People*. Nova York: Simon & Schuster, 1961, p. 222.

17. Y. Trope e N. Liberman, "Temporal Construal". *Psychological Review*, v. 110, pp. 403-21, 2003.

18. R. R. Vallacher e D. M. Wegner, A *Theory of Action Identification*. Hillsdale: Lawrence Erlbaum, 1985, pp. 61-88.

19. N. Liberman e Y. Trope, "The Role of Feasibility and Desirability Considerations in Near and Distant Future Decisions: A Test of Temporal Construal Theory". *Journal of Personality and Social Psychology*, v. 75, pp. 5-18, 1998.

20. M. D. Robinson e G. L. Clore, "Episodic and Semantic Knowledge in Emotional Self--Report: Evidence for Two Judgment Processes". *Journal of Personality and Social Psychology*, v. 83, pp. 198-215, 2002.

21. T. Eyal et al., "The Pros and Cons of Temporally Near and Distant Action". *Journal of Personality and Social Psychology*, v. 86, pp. 781-95, p. 2004.

22. I. R. Newby-Clark e M. Ross, "Conceiving the Past and Future", *Personality and Social Psychology Bulletin*, v. 29, pp. 807-18, 2003; M. Ross e I. R. Newby-Clark, "Construing the Past and Future". *Social Cognition*, v. 16, pp. 133-50, 1998.

23. N. Liberman, M. Sagristano e Y. Trope, "The Effect of Temporal Distance on Level of Mental Construal". *Journal of Experimental Social Psychology*, v. 38, pp. 523-34, 2002.

24. G. Ainslie, "Specious Reward: A Behavioral Theory of Impulsiveness and Impulse Control". *Psychological Bulletin*, v. 82, pp. 463-96, 1975; Ainslie, G. *Picoeconomics: The Strategic Interaction of Successive Motivational States Within the Person*. Cambridge, Inglaterra: Cambridge University Press, 1992.

25. O primeiro autor a notar isso foi Platão, que usou esse fato para defender uma medida objetiva de felicidade: "Parece para vocês que, para a visão, objetos do mesmo tamanho são maiores, de perto, ao passo que, de longe, são menores? [...] Agora, supondo que a felicidade consistisse em, por um lado, escolher e praticar as ações de maior magnitude e, por outro, fugir e não escolher tampouco praticar ações de menor importância, em que consistiria, afinal, o princípio norteador de nossa vida? Acaso seria a arte da medida ou o poder das aparências? Não é este último que constantemente nos faz errar para cima e para baixo, nas ações e escolhas, das grandes e das pequenas coisas, muitas vezes nos levando a ficar trocando, trocando e nos arrependendo?". O. Jowett, *Protagoras*, edição em fac-símile. Nova York: Prentice Hall, 1936.

26. G. Loewenstein, "Anticipation and the Valuation of Delayed Consumption", *Economy Journal*, v. 97, pp. 666-84, 1987.

27. S. M. Mcclure et al., "The Grasshopper and the Ant: Separate Neural Systems Value Immediate and Delayed Monetary Rewards". *Science*, v. 306, pp. 503-7, 2004.

28. Doyle, *Complete Sherlock Holmes*, p. 147.

6. O FUTURO É AGORA [pp. 131-46]

1. *Todo mundo* parece ter certeza de que Kelvin disse isso em 1895, mas de jeito nenhum consigo encontrar a fonte original para provar isso.

2. S. A. Newcomb, *Side-Lights on Astronomy*. Nova York: Harper & Brothers, 1906, p. 355.

3. W. Wright, "Speech to the Aero Club of France". In: M. McFarland (Org.), *The Papers of Wilbur and Orville Wright*. Nova York: McGraw-Hill, 1908, p. 934.

4. A. C. Clarke, *Profiles of the Future*, p. 14. Nova York: Bantam, 1963. A propósito, Clarke define "idoso" como algo entre trinta e 45. Caramba!

5. G. R. Goethals e R. F. Reckman, "The Perception of Consistency in Attitudes". *Journal of Experimental Social Psychology*, v. 9, pp. 491-501, 1973.

6. C. Mcfarland e M. Ross, "The Relation Between Current Impressions and Memories of Self and Dating Partners". *Personality and Social Psychology Bulletin*, v. 13, pp. 228-38, 1987.

7. M. A. Safer, L. J. Levine e A. L. Drapalski, "Distortion in Memory for Emotions: The Contributions of Personality and Post-Event Knowledge". *Personality and Social Psychology Bulletin*, v. 28, pp. 1495-507, 2002.

8. E. Eich et al., "Memory for Pain: Relation Between Past and Present Pain Intensity". *Pain*, v. 23, pp. 375-80, 1985.

9. L. N. Collins et al., "Agreement Between Retrospective Accounts of Substance Use and Earlier Reported Substance Use". *Applied Psychological Measurement*, v. 9, pp. 301-9, 1985; G. B. Markus, "Stability and Change in Political Attitudes: Observe, Recall, and Explain". *Political Behavior*, v. 8, pp. 21-44, 1986; D. Offer et al., "The Altering of Reported Experiences". *Journal of the American Academy of Child and Adolescent Psychiatry*, v. 39, pp. 735-42, 2000.

10. M. A. Safer, G. A. Bonanno e N. P. Field, "'It Was Never That Bad': Biased Recall of Grief e Long-Term Adjustment to the Death of a Spouse". *Memory*, v. 9, pp. 195-204, 2001.

11. Para revisões, ver M. Ross, "Relation of Implicit Theories to the Construction of Personal Histories". *Psychological Review*, v. 96, pp. 341-57, 1989; L. J. Levine e M. A. Safer, "Sources of Bias in Memory for Emotions". *Current Directions in Psychological Science*, v. 11, pp. 169-73, 2002.

12. L. J. Levine, "Reconstruting Memory for Emotions". *Journal of Experimental Psychology: General*, v. 126, pp. 165-77, 1997.

13. G. F. Loewenstein, "Out of Control: Visceral Influences on Behavior", *Organizational Behavior and Human Decision Processes*, v. 65, pp. 272-92, 1996; G. F. Loewenstein, T. O'Donoghue e M. Rabin, "Projection Bias in Predicting Future Utility". *Quarterly Journal of Economics*, v. 118, pp. 1209-48, 2003; G. Loewenstein e E. Angner, "Predicting and Indulging Changing Preferences". In: G. Loewenstein, D. Read e R. F. Baumeister (Org.), *Time and Decision*, pp. 351-91. Nova York: Fundação Russell Sage, 2003; L. van Boven, D. Dunning e G. F. Loewenstein, "Egocentric Empathy Gaps Between Owners and Buyers: Misperceptions of the Endowment Effect". *Journal of Personality and Social Psychology*, v. 79, pp. 66-76, 2000.

14. R. E. Nisbett e D. E. Kanouse, "Obesity, Food Privation and Supermarket Shopping Behavior". *Journal of Personality and Social Psychology*, v. 12, pp. 289-94, 1969; D. Read e B. van Leeuwen, "Predicting Hunger: The Effects of Appetite and Delay on Choice". *Organizational Behavior and Human Decision Processes*, v. 76, pp. 189-205, 1998.

15. G. F. Loewenstein, D. Prelec e C. Shatto, "Hot/Cold Intrapersonal Empathy Gaps and the Under-prediction of Curiosity" (manuscrito não publicado, Universidade Carnegie-Mellon, 1998), citado em G. F. Loewenstein, "The Psychology of Curiosity: A Review and Reinterpretation". *Psychological Bulletin*, v. 116, pp. 75-98, 1994.

16. S. M. Kosslyn et al., "The Role of Area 17 in Visual Imagery: Convergent Evidence from PET e rTMS". *Science*, v. 284, pp. 167-70, 1999.

17. P. K. Mcguire, G. M. S. Shah e R. M. Murray, "Increased Blood Flow in Broca's Area During Auditory Hallucinations in Schizophrenia". *Lancet*, v. 342, pp. 703-6, 1993.

18. D. J. Kavanagh, J. Andrade e J. May, "Imaginary Relish and Exquisite Torture: The Elaborated Intrusion Theory of Desire". *Psychological Review*, v. 112, pp. 446-67, 2005.

19. A. K. Anderson e E. A. Phelps, "Lesions of the Human Amygdala Impair Enhanced Perception of Emotionally Salient Events". *Nature*, v. 411, pp. 305-9, 2001; E. A. Phelps et al., "Activation of the Left Amygdala to a Cognitive Representation of Fear". *Nature Neuroscience*, v. 4, pp. 437-41, 2001; e H. C. Breiter et al., "Functional Imaging of Neural Responses to Expectancy and Experience of Monetary Gains and Losses". *Neuron*, v. 30, 2001.

20. Até onde sei, a palavra *prefeel* [pressentimento] foi usada pela primeira vez como um título de música no álbum *Prize*, por Arto Lindsay (1999). Ver também C. M Atance e D. K. O'Neill, "Episodic Future Thinking". *Trends in Cognitive Sciences*, v. 5, pp. 533-9, 2001.

21. T. D. Wilson et al. "Introspecting About Reasons Can Reduce Post-Choice Satisfaction". *Personality and Social Psychology Bulletin*, v. 19, pp. 331-9, 1993. Ver também T. D. Wilson e J. W. Schooler, "Thinking Too Much: Introspection Can Reduce the Quality of Preferences and Decisions". *Journal of Personality and Social Psychology*, v. 60, pp. 181-92, 1991.

22. C. N. Dewall e R. F. Baumeister, "Alone but Feeling No Pain: Effects of Social Exclusion on Physical Pain Tolerance and Pain Threshold, Affective Forecasting, and Interpersonal Empathy". *Journal of Personality and Social Psychology* (no prelo).

23. D. Reisberg et al., "'Enacted' Auditory Images Are Ambiguous; 'Pure' Auditory Images Are Not". *Quarterly Journal of Experimental Psychology: Human Experimental Psychology*, v. 41, pp. 619-41, 1989.

24. Psicólogos inteligentes têm sido capazes de projetar algumas circunstâncias incomuns que fornecem exceções a essa regra; ver C. W. Perky, "An Experimental Study of Imagination". *American Journal of Psychology*, v. 21, pp. 422-52, 1910. Também é importante notar que, embora quase sempre possamos distinguir entre o que estamos vendo e o que estamos imaginando, nem sempre somos capazes de distinguir entre o que vimos e o que imaginamos; ver M. K. Johnson e C. L. Raye, "Reality Monitoring". *Psychological Review*, v. 88, pp. 67-85, 1981.

25. N. Schwarz e G. L. Clore, "Mood, Misattribution, and Judgments of Well-Being: Informative and Directive Functions of Affective States". *Journal of Personality and Social Psychology*, v. 45, pp. 513-23, 1983.

26. L. van Boven e G. Loewenstein, "Social Projection of Transient Drive States". *Personality and Social Psychology Bulletin*, v. 29, pp. 1159-68, 2003.

27. A. K. Macleod e M. L. Cropley, "Anxiety, Depression, and the Anticipation of Future Positive and Negative Experiences". *Journal of Abnormal Psychology*, v. 105, pp. 286-9, 1996.

28. E. J. Johnson e A. Tversky, "Affect, Generalization, and the Perception of Risk". *Journal of Personality and Social Psychology*, v. 45, pp. 20-31 (1983); D. Desteno et al. "Beyond Valence in the Perception of Likelihood: The Role of Emotion Specificity". *Journal of Personality and Social Psychology*, v. 78, pp. 397-416, 2000.

7. BOMBAS-RELÓGIO [pp. 147-67]

1. M. Hegarty, "Mechanical Reasoning by Mental Simulation". *Trends in Cognitive Sciences*, v. 8, pp. 280-5, 2004.

2. G. Lakoff e M. Johnson, *Metaphors We Live By*. Chicago: University of Chicago Press, 1980.

3. D. Gentner, M. Imai e L. Boroditsky, "As Time Goes By: Evidence for Two Systems in Processing Space Time Metaphors". *Language and Cognitive Processes*, v. 17, pp. 537-65, 2002; L. Boroditsky, "Metaphoric Structuring: Understanding Time Through Spatial Metaphors". *Cognition*, v. 75, pp. 1-28, 2000.

4. B. Tversky, S. Kugelmass e A. Winter, "Cross-Cultural and Developmental Trends in Graphic Productions". *Cognitive Psychology*, v. 23, pp. 515-57, 1991.

5. L. Boroditsky, "Does Language Shape Thought? Mandarin and English Speakers' Conceptions of Time". *Cognitive Psychology*, v. 43, pp. 1-22, 2001.

6. R. K. Ratner, B. E. Kahn e D. Kahneman, "Choosing Less-Preferred Experiences for the Sake of Variety". *Journal of Consumer Research*, v. 26, pp. 1-15, 1999.

7. D. Read e G. F. Loewenstein, "Diversification Bias: Explaining the Discrepancy in Variety Seeking Between Combined and Separated Choices". *Journal of Experimental Psychology: Applied*, v. 1, pp. 34-49, 1995. Ver também I. Simonson, "The Effect of Purchase Quantity and Timing on Variety-Seeking Behavior". *Journal of Marketing Research*, v. 27, pp. 150-62, 1990.

8. T. D. Wilson e D. T. Gilbert, "Making Sense: A Model of Affective Adaptation" (manuscrito inédito, Universidade da Virgínia, 2005).

9. Os seres humanos não são os únicos animais que apreciam a variedade. O *efeito Coolidge* aparentemente recebeu esse nome quando o presidente Calvin Coolidge e sua esposa estavam visitando uma fazenda. O capataz fez um comentário às proezas sexuais de seu galo premiado: "Este galo pode fazer sexo o dia inteiro sem parar", disse ele. "É mesmo?", disse a sra. Coolidge. "Por favor, diga isso ao meu marido." O presidente voltou-se para o granjeiro e perguntou: "O galo acasala com a mesma galinha todas as vezes?". "Não", respondeu o capataz, "sempre com uma galinha diferente." Ao que o presidente respondeu: "É mesmo? Por favor, diga isso à minha esposa". A história é provavelmente apócrifa, mas o fenômeno não é: mamíferos machos que copularam à exaustão em geral podem ser induzidos a acasalar novamente com uma nova fêmea; ver J. Wilson, R. Kuehn e F. Beach, "Modifications in the Sexual Behavior of Male Rats Produced by Changing the Stimulus Female". *Journal of Comparative and Physiological Psychology*, v. 56, pp. 636-44, 1963. Na verdade, até mesmo touros reprodutores cujo esperma é coletado por uma máquina apresentam um tempo muito reduzido para a ejaculação quando a máquina à qual se habituaram é movida para um novo local. E. B. Hale, J. O. Almquist, "Relation of Sexual Behavior to Germ Cell Output in Farm Animals". *Journal of Dairy Science*, v. 43, Suplemento, pp. 145-67, 1960.

10. É importante notar que mudarmos nossas suposições (sobretudo a suposição de habituação) e em seguida trocarmos os pratos exatamente no ponto em que nossa refeição favorita perdeu seu caráter especial pode ser uma estratégia ruim para maximizar o prazer no longo prazo; R. J. Hernstein, *The Matching Law: Papers in Psychology and Economics*. H. Rachlin e D. I. Laibson (Org.) Cambridge: Harvard University Press, 1997.

11. Gostaria de aproveitar a oportunidade para observar que, embora minha aparente fixação por carteiros adúlteros demonstre meu senso de humor juvenil, o exemplo é inteiramente fictício e não se destina a colocar em maus lençóis os muitos carteiros e esposas bondosos que tive.

12. D. T. Gilbert, "Inferential Correction". In: T. Gilovich, D. W. Griffin e D. Kahneman (Org.), *Heuristics and Biases: The Psychology of Intuitive Judgment*, pp. 167-84. Cambridge: Cambridge University Pres, 2002.

13. A. Tversky e D. Kahneman, "Judgment Under Uncertainty: Heuristics and Biases". *Science*, v. 185, pp. 1124-31, 1974.

14. N. Epley, T. Gilovich, "Putting Adjustment Back in the Anchoring and Adjustment Heuristic: Differential Processing of Self-Generated and Experimenter-Provided Anchors". *Psychological Science*, v. 12, pp. 391-6, 2001.

15. D. T. Gilbert, M. J. Gill e T. D. Wilson, "The Future Is Now: Temporal Correction in Affective Forecasting". *Organizational Behavior and Human Decision Processes*, v. 88, pp. 430-44, 2002.

16. Ver também J. E. J. Ebert, "The Role of Cognitive Resources in the Valuation of Near and Far Future Events". *Acta Psychologica*, v. 108, pp. 155-71, 2001.

17. G. F. Loewenstein e D. Prelec, "Preferences for Sequences of Outcomes". *Psychological Review*, v. 100, pp. 91-108, 1993.

18. D. Kahneman e A. Tversky, "Prospect Theory: An Analysis of Decision Under Risk". *Econometrica*, v. 47, pp. 263-91, 1979.

19. J. W. Pratt, D. A. Wise e R. Zeckhauser, "Price Differences in Almost Competitive Markets". *Quarterly Journal of Economics*, v. 93, pp. 189-211, 1979; A. Tversky e D. Kahneman, "The Framing of Decisions and the Psychology of Choice". *Science*, v. 211, pp. 453-8, 1981; Thaler, R. H. "Toward a Positive Theory of Consumer Choice". *Journal of Economic Behavior and Organization*, v. 1, pp. 39-60, 1980.

20. R. H. Thaler, "Mental Accounting Matters". *Journal of Behavioral Decision Making*, v. 12, pp. 183-206, 1999.

21. R. B. Cialdini et al., "Reciprocal Concessions Procedure for Inducing Compliance: The Door-in-the-Face Technique". *Journal of Personality and Social Psychology*, v. 31, pp. 206-15, 1975. Há alguma controvérsia sobre se esse efeito se deve, de fato, ao contraste entre as solicitações grandes e pequenas. Ver J. P. Dillard, "The Current Status of Research on Sequential-Request Compliance Techniques". *Personality and Social Psychology Bulletin*, v. 17, pp. 283-8, 1991.

22. D. Kahneman e D. T. Miller, "Norm Theory: Comparing Reality to Its Alternatives". *Psychological Review*, v. 93, pp. 136-53, 1986.

23. O. E. Tykocinski e T. S. Pittman, "The Consequences of Doing Nothing: Inaction Inertia as Avoidance of Anticipated Counterfactual Regret". *Journal of Personality and Social Psychology*, v. 75, pp. 607-16, 1998; O. E. Tykocinski, T. S. Pittman e E. E. Tuttle, "Inaction Inertia: Forgoing Future Benefits as a Result of an Initial Failure to Act". *Journal of Personality and Social Psychology*, v. 68, pp. 793-803, 1995.

24. D. Kahneman e A. Tversky, "Choices, Values, and Frames". *American Psychologist*, v. 39, pp. 341-50, 1984.

25. I. Simonson e Tversky, "Choice in Context: Tradeoff Contrast and Extremeness Aversion". *Journal of Marketing Research*, v. 29, pp. 281-95, 1992.

26. R. B. Cialdini, *Influence: Science and Practice*. Glenview: Scott, Foresman, 1985.

27. D. A. Redelmeier e E. Shafir, "Medical Decision Making in Situations That Offer Multiple Alternatives". *JAMA: Journal of the American Medical Association*, v. 273, pp. 302-5, 1995.

28. S. S. Iyengar e M. R. Lepper, "When Choice Is Demotivating: Can One Desire Too Much of a Good Thing?". *Journal of Personality and Social Psychology*, v. 79, pp. 995-1006, 2000; B. Schwartz, "Self-Determination: The Tyranny of Freedom". *American Psychologist*, v. 55, pp. 79-88, 2000.

29. A. Tversky, S. Sattath e P. Slovic, "Contingent Weighting in Judgment and Choice". *Psychological Review*, v. 95, pp. 371-84, 1988.

30. C. K. Hsee et al., "Preference Reversals Between Joint and Separate Evaluations of Options: A Review and Theoretical Analysis". *Psychological Bulletin*, v. 125, pp. 576-90, 1999.

31. C. Hsee, The Evaluability Hypothesis: An Explanation for Preference Reversals Between Joint and Separate Evaluations of Alternatives". *Organizational Behavior and Human Decision Processes*, v. 67, pp. 247-57, 1996.

32. J. R. Priester, U. M. Dholakia e M. A. Fleming, "When and Why the Background Contrast Effect Emerges: Thought Engenders Meaning by Influencing the Perception of Applicability". *Journal of Consumer Research*, v. 31, pp. 491-501, 2004.

33. K. Myrseth, C. K. Morewedge e D. T. Gilbert, Dados brutos não publicados, Universidade Harvard, 2004.

34. D. Kahneman e A. Tversky, "Prospect Theory: An Analysis of Decision Under Risk". *Econometrica*, v. 47, pp. 263-91, 1979; A. Tversky e D. Kahneman, "The Framing of Decisions and the Psychology of Choice". *Science*, v. 211, pp. 453-8, 1981; A. Tversky e D. Kahneman, "Loss Aversion in Riskless Choice: A Reference-Dependent Model". *Quarterly Journal of Economics*, v. 106, pp. 1039-61, 1991.

35. D. Kahneman, J. L. Knetsch e R. H. Thaler, "Experimental Tests of the Endowment Effect and the Coase Theorem". *Journal of Political Economy*, v. 98, pp. 1325-48, 1990; D. Kahneman, J. L. Knetsch e R. H. Thaler, "The Endowment Effect, Loss Aversion, and Statu Quo Bias". *Journal of Economic Perspectives*, v. 5, pp. 193-206, 1991.

36. L . van Boven, D . Dunning e G. F. Loewenstein, "Egocentric Empathy Gaps Between Owners and Buyers: Misperceptions of the Endowment Effect". *Journal of Personality and Social Psychology*, v. 79, pp. 66-76, 2000; Z. Carmon e D. Ariely, "Focusing on the Foregone: How Value Can Appear So Different to Buyers and Sellers", *Journal of Consumer Research*, v. 27, pp. 360-70, 2000.

37. L. Hunt, "Against Presentism". *Perspectives*, v. 40, 2002.

8. PARAÍSO ILUDIDO [pp. 171-93]

1. C. B. Wortman e R. C. Silver, "The Myths of Coping with Loss". *Journal of Consulting and Clinical Psychology*, v. 57, pp. 349-57, 1989; G. A. Bonanno, "Loss, Trauma, and Human Resilience: Have We Underestimated the Human Capacity to Thrive After Extremely Aversive Events?". *American Psychologist*, v. 59, pp. 20-8, 2004; C. S. Carver, "Resilience and Thriving: Issues, Models, and Linkages". *Journal of Social Issues*, pp. 54, 245-66, 1998.

2. G. A. Bonanno e S. Kaltman, "Toward an Integrative Perspective on Bereavement". *Psychological Bulletin*, v. 125, pp. 760-76, 1999; G. A. Bonanno et al., "Resilience to Loss and Chronic Grief: A Prospective Study from Preloss to 18-months Postloss". *Journal of Personality and Social Psychology*, v. 83, pp. 1150-64, 2002.

3. E. J. Ozer et al., "Predictors of Posttraumatic Stress Disorder and Symptoms in Adults: A Meta-analysis". *Psychological Bulletin*, v. 129, pp. 52-73, 2003.

4. G. A. Bonanno, C. Rennicke e S. Dekel, "Self-Enhancement Among High-Exposure Survivors of the September 11th Terrorist Attack: Resilience or Social Maladjustment?". *Journal of Personality and Social Psychology*, v. 88, pp. 984-98, 2005.

5. R. G. Tedeschi e L. G. Calhoun, "Posttraumatic Growth: Conceptual Foundations and Empirical Evidence". *Psychological Inquiry*, v. 15, pp. 1-18, 2004; P. A. Linley e S. Joseph, "Positive Change following Trauma and Adversity: A Review". *Journal of Traumatic Stress*, v. 17, pp. 11-21, 2004; C. S. Carver, "Resilience and Thriving: Issues, Models, and Linkages". *Journal of Social Issues*, v. 54, pp. 245-66, 1998.

6. K. Sack, "After 37 Years in Prison, Inmate Tastes Freedom". *The New York Times*, 11 jan. 1996, p. 18.

7. C. Reeve, Discurso de formatura da Ohio State University, 13 jun. 2003.

8. D. Becker, "Cycling Through Adversity: Ex-World Champ Stays on Cancer Comeback Course". USA Today, 22 maio 1998, p. 3C.

9. R. G. Tedeschi e L. G. Calhoun, *Trauma and Transformation: Growing in the Aftermath of Suffering*. Sherman Oaks: Sage, 1995.

10. R. Schulz e S. Decker, "Long-Term Adjustment to Physical Disability: The Role of Social Support, Perceived Control, and Self-Blame". *Journal of Personality and Social Psychology*, v. 48, pp. 1162-72, 1985; C. B. Wortman e R. C. Silver, "Coping with Irrevocable Loss". In: G. R. VandenBos e B. K. Bryant (Org.), *Cataclysms, Crises, and Catastrophes: Psychology in Action*. Washington, DC. Associação Americana de Psicologia, 1987, pp. 185-235; P. Brickman, D. Coates e R. J. Janoff--Bulman, "Lottery Winners and Accident Victims: Is Happiness Relative?". *Journal of Personality and Social Psychology*, v. 36, pp. 917-27, 1978.

11. S. E. Taylor, "Adjustment to Threatening Events: A Theory of Cognitive Adaptation". *American Psychologist*, v. 38, pp. 1161-73, 1983.

12. D. T. Gilbert, E. Driver-Linn e T. D. Wilson, "The Trouble with Vronsky: Impact Bias in the Forecasting of Future Affective States". *The Wisdom in Feeling: Psychological Processes in Emotional Intelligence*. L. F. Barrett e P. Salovey (Org.), Nova York: Guilford Press, 2002, pp. 114-43; T. D. Wilson e D. T. Gilbert, "Affective Forecasting". *Advances in Experimental Social Psychology*. M. Zanna (Org.), v. 35. Nova York: Elsevier, 2003.

13. D. L. Sackett e G. W. Torrance, "The Utility of Different Health States as Perceived by the General Public". *Journal of Chronic Disease*, v. 31, pp. 697-704, 1978; P. Dolan e D. Kahneman, "Interpretations of Utility and Their Implications for the Valuation of Health" (manuscrito inédito), Universidade Princeton, 2005; J. Riis et al., "Ignorance of Hedonic Adaptation to Hemo-Dialysis: A Study Using Ecological Momentary Assessment". *Journal of Experimental Psychology: General*, v. 134, pp. 3-9, 2005.

14. P. Menzela et al., "The Role of Adaptation to Disability and Disease in Health State Valuation: A Preliminary Normative Analysis". *Social Science & Medicine*, v. 55, pp. 2149-58, 2002.

15. P. Dolan, "Modeling Valuations for EuroQol Health States". *Medical Care*, v. 11, pp. 1095--108, 1997.

16. J. Jonides e H. Gleitman, "A Conceptual Category Effect in Visual Search: 0 as Letter or as Digit". *Perception and Psychophysics*, v. 12, pp. 457-60, 1972.

17. C. M. Solley e J. F. Santos, "Perceptual Learning with Partial Verbal Reinforcement". *Perceptual and Motor Skills*, v. 8, pp. 183-93, 1958; E. D. Turner e W. Bevan, "Patterns of Experience and the Perceived Orientation of the Necker Cube". *Journal of General Psychology*, v. 70, pp. 345-52, 1964.

18. D. Dunning, J. A. Meyerowitz e A. D. Holzberg, "Ambiguity and Self-Evaluation: The Role of Idiosyncratic Trait Definitions in Self-Serving Assessments of Ability". *Journal of Personality and Social Psychology*, v. 57, pp. 1-9, 1989.

19. C. K. Morewedge e D. T. Gilbert, Dados brutos não publicados. Universidade Harvard, 2004.

20. J. W. Brehm, "Post-decision Changes in Desirability of Alternatives". *Journal of Abnormal and Social Psychology*, v. 52, pp. 384-9, 1956.

21. E. E. Lawler et al., "Job Choice and Post Decision Dissonance", *Organizational Behavior and Human Decision Processes*, v. 13, pp. 133-45, 1975.

22. S. Lyubomirsky e L. Ross, "Changes in Attractiveness of Elected, Rejected, and Precluded Alternatives: A Comparison of Happy and Unhappy Individuals". *Journal of Personality and Social Psychology*, v. 76, pp. 988-1007, 1999.

23. R. E. Knox e J. A. Inkster, "Postdecision Dissonance at Post Time". *Journal of Personality and Social Psychology*, v. 8, pp. 319-23, 1968.

24. O. J. Frenkel e A. N. Doob, "Post-Decision Dissonance at the Polling Booth". *Canada Journal of Behavioral Science*, v. 8, pp. 347-50, 1976.

25. F. M. Voltaire, *Candide* (1759), cap. 1. Nunca encontrei uma tradução em língua inglesa de que tenha gostado, então improvisei uma tradução de lavra própria. Perdoe meu francês. [Ed. bras. *Cândido ou O otimismo*. Trad. de Mário Laranjeira. São Paulo: Companhia das Letras, 2012.]

26. R. F. Baumeister, "The Optimal Margin of Illusion," *Journal of Social and Clinical Psychology*, v. 8, pp. 176-89, 1989; S. E. Taylor, *Positive Illusions*. Nova York: Basic Books, 1989; S. E. Taylor e J. D. Brown, "Illusion and Well-Being: A Social-Psychological Perspective on Mental Health". *Psychological Bulletin*, v. 103, pp. 193-210, 1988; Z. Kunda, "The Case for Motivated Reasoning", *Psychological Bulletin*, v. 108, pp. 480-98, 1990; T. Pyszczynski e J. Greenberg, "Toward an Integration of Cognitive and Motivational Perspectives on Social Inference: A Biased Hypothesis-Testing Model". *Advances in Experimental Social Psychology*. L. E. Berkowitz (Org.), v. 20. San Diego: Academic Press, 1987, pp. 297-340.

27. Tanto Sigmund quanto Anna Freud chamaram isso de sistema de "mecanismos de defesa", e desde então praticamente todos os psicólogos fizeram comentários e reparos sobre esse sistema e lhe deram um nome diferente. Um resumo recente da literatura sobre a defesa psicológica pode ser encontrado em D. L. Paulhus, B. Fridhandler e S. Hayes, "Psychological Defense: Contemporary Theory and Research". In: R. Hogan, J. Johnson e S. Briggs (Org.), *Handbook of Personality Psychology*. San Diego: Academic Press, 1997, pp. 543-79.

28. W. B. Swann, B. W. Pelham e D. S. Krull, "Agreeable Fancy or Disagreeable Truth? Reconciling Self-Enhancement and Self-Verification". *Journal of Personality and Social Psychology*, v. 57, pp. 782-91, 1989; W. B. Swann, P. J. Rentfrow e J. Guinn, "Self-Verification: The Search for Coherence". *Handbook of Self and Identity*. M. Leary e J. Tagney (Org.) Nova York: Guilford Press, 2002, pp. 367-83; W. B. Swann, *Self-Traps: The Elusive Quest for Higher Self-Esteem*. Nova York: Freeman, 1996.

29. W. B. Swann e B. W. Pelham, "Who Wants Out When the Going Gets Good? Psychological Investment and Preference for Self-Verifying College Roommates". *Journal of Self and Identity*, v. 1, pp. 219-33, 2002.

30. J. L. Freedman e D. O. Sears, "Selective Exposure," in *Advances in Experimental Social Psychology*. L. Berkowitz (Org.), v. 2. Nova York: Academic Press, 1965, pp. 57-97; D. Frey, "Recent Research on Selective Exposure to Information," in *Advances in Experimental Social Psychology*. L. Berkowitz (Org.), v. 19. Nova York: Academic Press, 1986, pp. 41-80.

31. D. Frey e D. Stahlberg, "Selection of Information After Receiving More or Less Reliable Self-Threatening Information". *Personality and Social Psychology Bulletin*, v. 12, pp. 434-41, 1986.

32. B. Holton e T. Pyszczynski, "Biased Information Search in the Interpersonal Domain". *Personality and Social Psychology Bulletin*, v. 15, pp. 42-51, 1989.

33. D. Ehrlich et al., "Postdecision Exposure to Relevant Information". *Journal of Abnormal and Social Psychology*, v. 54, pp. 98-102, 1957.

34. R. Sanitioso, Z. Kunda e G. T. Fong, "Motivated Recruitment of Autobiographical Memories". *Journal of Personality and Social Psychology*, v. 59, pp. 229-41, 1990.

35. A. Tesser e S. Rosen, "Similarity of Objective Fate as a Determinant of the Reluctance to Transmit Unpleasant Information: The MUM Effect". *Journal of Personality and Social Psychology*, v. 23, pp. 46-53, 1972.

36. M. Snyder e W. B. Swann Jr., "Hypothesis Testing Processes in Social Interaction". *Journal of Personality and Social Psychology*, v. 36, pp. 1202-12, 1978; W. B. J. Swann, T. Giuliano e D. M. Wegner, "Where Leading Questions Can Lead: The Power of Conjecture in Social Interaction". *Journal of Personality and Social Psychology*, v. 42, pp. 1025-35, 1982.

37. D. T. Gilbert e E. E. Jones, "Perceiver-Induced Constraint: Interpretations of Self-Generated Reality". *Journal of Personality and Social Psychology*, v. 50, pp. 269-80, 1986.

38. L. Festinger, "A Theory of Social Comparison Processes". *Human Relations*, v. 7, pp. 117-40, 1954; A. Tesser, M. Millar e J. Moore, "Some Affective Consequences of Social Comparison and Reflection Processes: The Pain and Pleasure of Being Close", *Journal of Personality and Social Psychology*, v. 54, pp. 49-61, 1988; S. E. Taylor e M. Lobel, "Social Comparison Activity Under Threat: Downward Evaluation and Upward Contacts". *Psychological Review*, v. 96, pp. 569-75, 1989; T. A. Wills. "Downward Comparison Principles in Social Psychology". *Psychological Bulletin*, v. 90, pp. 245-71, 1981.

39. T. Pyszczynski, J. Greenberg e J. Laprelle, "Social Comparison After Success and Failure: Biased Search for Information Consistent with a Self-Servicing Conclusion". *Journal of Experimental Social Psychology*, v. 21, pp. 195-211, 1985.

40. J. V. Wood, S. E. Taylor e R. R. Lichtman, "Social Comparison in Adjustment to Breast Cancer". *Journal of Personality and Social Psychology*, v. 49, pp. 1169-83, 1985.

41. S. E. Taylor et al., "Social Support, Support Groups, and the Cancer Patient". *Journal of Consulting and Clinical Psychology*, v. 54, pp. 608-15, 1986.

42. A. Tesser e J. Smith, "Some Effects of Task Relevance and Friendship on Helping: You Don't Always Help the One You Like". *Journal of Experimental Social Psychology*, v. 16, pp. 582-90, 1980.

43. A. H. Hastorf e H. Cantril, "They Saw a Game: A Case Study". *Journal of Abnormal and Social Psychology*, v. 49, pp. 129-34, 1954.

44. L. Sigelman e C. K. Sigelman, "Judgments of the Carter-Reagan Debate: The Eyes of the Beholders". *Public Opinion Quarterly*, v. 48, pp. 624-8, 1984; R. K. Bothwell e J. C. Brigham, "Selective Evaluation and Recall During the 1980 Reagan-Carter Debate". *Journal of Applied Social Psychology*, v. 13, pp. 427-42, 1983; J. G. Payne et al., "Perceptions of the 1988 Presidential and

Vice-Presidential Debates". *American Behavioral Scientist*, v. 32, pp. 425-35, 1989; G. D. Munro et al., "Biased Assimilation of Sociopolitical Arguments: Evaluating the 1996 U.S. Presidential Debate". *Basic and Applied Social Psychology*, v. 24, pp. 15-26, 2002.

45. R. P. Vallone, L. Ross e M. R. Lepper, "The Hostile Media Phenomenon: Biased Perception and Perceptions of Media Bias in Coverage of the Beirut Massacre". *Journal of Personality and Social Psychology*, v. 49, pp. 577-85, 1985.

46. C. G. Lord, L. Ross, e M. R. Lepper, "Biased Assimilation and Attitude Polarization: The Effects of Prior Theories on Subsequently Considered Evidence". *Journal of Personality and Social Psychology*, v. 37, pp. 2098-109, 1979.

47. Não é consolo que, em estudos posteriores, tanto cientistas estabelecidos quanto cientistas em treinamento mostraram a mesma tendência de privilegiar técnicas que produziram conclusões favoráveis. Ver J. J. Koehler, "The Influence of Prior Beliefs on Scientific Judgments of Evidence Quality". *Organizational Behavior and Human Decision Processes*, v. 56, pp. 28-55, 1993.

48. T. Pyszczynski, J. Greenberg e K. Holt, "Maintaining Consistency Between Self-Serving Beliefs and Available Data: A Bias in Information Evaluation". *Personality and Social Psychology Bulletin*, v. 11, pp. 179-90, 1985.

49. P. H. Ditto e D. F. Lopez, "Motivated Skepticism: Use of Differential Decision Criteria for Preferred and Nonpreferred Conclusions". *Journal of Personality and Social Psychology*, v. 63, pp. 568-84, 1992.

50. Ibid.

51. T. Gilovich, *How We Know What Isn't So: The Fallibility of Human Reason in Everyday Life*. Nova York: Free Press, 1991.

52. Essa tendência pode ter consequências desastrosas. Por exemplo, em 2004, o Comitê de Inteligência do Senado dos Estados Unidos concluiu que a CIA forneceu à Casa Branca informações incorretas sobre as armas de destruição em massa do Iraque, que levaram os Estados Unidos a invadir aquele país. De acordo com esse relatório, a tendência de adulterar fatos "levou analistas, coletores de dados e gestores da Comunidade de Inteligência a interpretar evidências ambíguas como indícios conclusivos de um programa de armas de destruição em massa, bem como a ignorar ou minimizar as evidências de que o Iraque não tinha programas de armas de destruição em massa ativos ou em expansão". K. P. Shrader, "Report: War Rationale Based on CIA Error", Associated Press, 9 jul. 2004.

53. Agence-France-Presse, "Italy: City Wants Happier Goldfish", *The New York Times*, 24 jul. 2004, p. A5.

9. IMUNES À REALIDADE [pp. 194-214]

1. T. D. Wilson, *Strangers to Ourselves: Discovering the Adaptive Unconscious*. Cambridge, Massachusetts: Harvard University Press, 2002; J. A. Bargh e T. L. Chartrand, "The Unbearable Automaticity of Being". *American Psychologist*, v. 54, pp. 462-79, 1999.

2. R. E. Nisbett e T. D. Wilson, "Telling More Than We Can Know: Verbal Reports on Mental Processes". *Psychological Review*, v. 84, pp. 231-59, 1977; D. J. Bem, "Self-Perception Theory". *Advances in Experimental Social Psychology*, pp. 1-62. L. Berkowitz, (Org.), v. 6. Nova York: Academic Press, 1972; M. S. Gazzaniga, *The Social Brain*. Nova York: Basic Books, 1985. [Ed. port.: *O cérebro*

social: À descoberta das redes do pensamento. Instituto Piaget; 1995]; D. M. Wegner, *The Illusion of Conscious Will*. Boston: MIT Press, 2003.

3. E. T. Higgings, W. S. Rholes e C. R. Jones, "Category Accessibility and Impression Training". *Journal of Experimental Social Psychology*, v. 13, pp. 141-54, 1977.

4. J. Bargh, M. Chen e L. Burrows, "Automaticity of Social Behavior: Direct Effects of Trait Construct and Stereotype Activation on Action". *Journal of Personality and Social Psychology*, v. 71, pp. 230-44, 1996.

5. A. Dijksterhuis e A. van Knippenberg, "The Relation Between Perception and Behavior, or How to Win a Game of Trivial Pursuit". *Journal of Personality and Social Psychology*, v. 74, pp. 865-77, 1998.

6. Nisbett e Wilson, "Telling More Than We Can Know".

7. SCHOOLER, J. W.; ARIELY, D.; LEWENSTEIN, G. "The Pursuit and Assessment of Happiness Can Be Self-Defeating". *The Psychology of Economic Decisions: Rationality and Well-Being*. I. Brocas e J. Carillo (Org.), v. 1. Oxford: Oxford University Press, 2003.

8. K. N. Ochsner et al., "Rethinking Feelings: An fMRI Study of the Cognitive Regulation of Emotion". *Journal of Cognitive Neuroscience*, v. 14, pp. 1215-29, 2002.

9. D. M. Wegner, R. Erber e S. Zanakos, "Ironic Processes in the Mental Control of Mood and Mood-Related Thought". *Journal of Personality and Social Psychology*, v. 65, pp. 1093-104, 1993; D. M. Wegner, A. Broome e S. J. Blumberg, "Ironic Effects of Trying to Relax Under Stress". *Behavior Research and Therapy*, v. 35, pp. 11-21, 1997.

10. D. T. Gilbert et al., "Immune Neglect: A Source of Durability Bias in Affective Forecasting". *Journal of Personality and Social Psychology*, v. 75, pp. 617-38, 1998.

11. Ibid.

12. D. T. Gilbert et al., "Looking Forward to Looking Backward: The Misprediction of Regret". *Psychological Science*, v. 15, pp. 346-50, 2004.

13. M. Curtiz, *Casablanca*, Warner Bros., 1942.

14. T. Gilovich e V. H. Medvec, "The Experience of Regret: What When, and Why". *Psychological Review*, v. 102, pp. 379-95, 1995; N. Roese, *If Only: How to Turn Regret into Opportunity*. Nova York: Random House, 2004; G. Loomes e R. Sugden, "Regret Theory: An Alternative Theory of Rational Choice Under Uncertainty". *Economic Journal*, v. 92, pp. 805-24, 1982; D. Bell, "Regret in Decision Making Under Uncertainty". *Operations Research*, v. 20, pp. 961-81, 1982.

15. I. Ritov e J. Baron, "Outcome Knowledge, Regret, and Omission Bias". Organizational Behavior and Human Decision Processes, v. 64, pp. 119-27, 1995; I. Ritov e J. Baron, "Probability of Regret: Anticipation of Uncertainty Resolution in Choice: Outcome Knowledge, Regret, and Omission Bias". *Organizational Behavior and Human Decision Processes*, v. 66, pp. 228-36, 1996; M. Zeelenberg, "Anticipated Regret, Expected Feedback and Behavioral Decision Making". *Journal of Behavioral Decision Making*, v. 12, pp. 93-106, 1999.

16. M. T. Crawford et al., "Reactance, Compliance, and Anticipated Regret". *Journal of Experimental Social Psychology*, v. 38, pp. 56-63, 2002.

17. I. Simonson, "The Influence of Anticipating Regret and Responsibility on Purchase Decisions". *Journal of Consumer Research*, v. 19, pp. 105-18, 1992.

18. V. H. Medvec, S. F. Madey e T. Gilovich, "When Less Is More: Counterfactual Thinking and Satisfaction Between Olympic Medalists". *Journal of Personality and Social Psychology*, v. 69,

pp. 603-10, 1995; D. Kahneman e A. Tversky, "Variants of Uncertainty". *Cognition*, v. 11, pp. 143-57, 1982.

19. D. Kahneman e A. Tversky, "The Psychology of Preferences". *Scientific American*, v. 246, pp. 160-73, 1982.

20. Gilovich e Medvec, "The Experience of Regret".

21. T. Gilovich, V. H. Medvec e S. Chen, "Omission, Commission, and Dissonance Reduction: Overcoming Regret in the Monty Hall Problem". *Personality and Social Psychology Bulletin*, v. 21, pp. 182-90, 1995.

22. H. B. Gerard e G. C. Mathewson, "The Effects of Severity of Initiation on Liking for a Group: A Replication". *Journal of Experimental Social Psychology*, v. 2, pp. 278-87, 1966.

23. P. G. Zimbardo, "Control of Pain Motivation by Cognitive Dissonance", *Science*, v. 151, pp. 217-9, 1966.

24. Ver também E. Aronson e J. Mills, "The Effect of Severity of Initiation on Liking for a Group". *Journal of Abnormal and Social Psychology*, v. 59, pp. 177-81, 1958; J. L. Freedman, "Long--Term Behavioral Effects of Cognitive Dissonance". *Journal of Experimental Social Psychology*, v. 1, pp. 145-55, p. 1965; D. R. Shaffer e C. Hendrick, "Effects of Actual Effort and Anticipated Effort on Task Enhancement". *Journal of Experimental Social Psychology*, v. 7, pp. 435-47, 1971; H. R. Arkes e C. Blumer, "The Psychology of Sunk Cost". *Organizational Behavior and Human Decision Processes*, v. 35, pp. 124-40, 1985; J. T. Jost et al., "Social Inequality and the Reduction of Ideological Dissonance on Behalf of the System: Evidence of Enhanced System Justification Among the Disadvantaged". *European Journal of Social Psychology*, v. 33, pp. 13-36, 2003.

25. D. T. Gilbert et al., "The Peculiar Longevity of Things Not So Bad". *Psychological Science*, v. 15, pp. 14-9, 2004.

26. D. Frey, et al., "Re-evaluation of Decision Alternatives Dependent upon the Reversibility of a Decision and the Passage of Time". *European Journal of Social Psychology*, v. 14, pp. 447-50, 1984; D. Frey, Reversible and Irreversible Decisions: Preference for Consonant Information as a Function of Attractiveness of Decision Alternatives". *Personality and Social Psychology Bulletin*, v. 7, pp. 621-6, 1981.

27. S. Wiggins et al., "The Psychological Consequences of Predictive Testing for Huntington's Disease". *New England Journal of Medicine*, v. 327, pp. 1401-5, 1992.

28. D. T. Gilbert, J. E. J. Ebert, "Decisions and Revisions: The Affective Forecasting of Changeable Outcomes". *Journal of Personality and Social Psychology*, v. 82, pp. 503-14, 2002.

29. J. W. Brehm, *A Theory of Psychological Reactance*. Nova York: Academic Press, 1966.

30. R. B. Cialdini, *Influence: Science and Practice*. Glenview: Scott, Foresman, 1985.

31. S. S. Iyengar e M. R. Lepper, "When Choice Is Demotivating: Can One Desire Too Much of a Good Thing?". *Journal of Personality and Social Psychology*, v. 79, pp. 995-1006, 2000; B. Schwartz, "Self-Determination: The Tyranny of Freedom". *American Psychologist*, v. 55, pp. 79-88, 2000.

32. J. W. Pennebaker, "Writing About Emotional Experiences as a Therapeutic Process". *Psychological Science*, v. 8, pp. 162-6, 1997.

33. J. W. Pennebaker, T. J. Mayne e M. E. Francis, "Linguistic Predictors of Adaptive Bereavement". *Journal of Personality and Social Psychology*, v. 72, pp. 863-71, 1997.

34. T. D. Wilson et al., "The Pleasures of Uncertainty: Prolonging Positive Moods in Ways People Do Not Antecipate". *Journal of Personality and Social Psychology*, v. 88, pp. 5-21, 2005.

35. B. Fischoff, "Hindsight =/= foresight: The Effects of Outcome Knowledge on Judgment Under Uncertainty". *Journal of Experimental Psychology: Human Perception and Performance*, v. 1, pp. 288-99, 1975; C. A. Anderson, M. R. Lepper e L. Ross, "Perseverance of Social Theories: The Role of Explanation in the Persistence of Discredited Information". *Journal of Personality and Social Psychology*, v. 39, pp. 1037-49, 1980.

36. B. Weiner, "Spontaneous Causal Thinking". *Psychological Bulletin*, v. 97, pp. 74-84, 1985; R. R. Hassin, J. A. Bargh e J. S. Uleman, "Spontaneous Causal Inferences". *Journal of Experimental Social Psychology*, v. 38, pp. 515-22, 2002.

37. B. Zeigarnik, "Das Behalten erledigter und unerledigter Handlungen". *Psychologische Forschung*, v. 9, pp. 1-85, 1927; G. W. Boguslavsky, "Interruption and Learning". *Psychological Review*, v. 58, pp. 248-55, 1951.

38. Wilson et al., "Pleasures of Uncertainty".

39. J. Keats, Carta a Richard Woodhouse, 27 out. 1881, em *Selected Poems and Letters de John Keats*. D. Bush (Org.). Boston: Houghton Mifflin, 1959.

10. GATO ESCALDADO [pp. 217-34]

1. D. Wirtz et al., "What to Do on Spring Break? The Role of Predicted, On-line, and Remembered Experience in Future Choice". *Psychological Science*, v. 14, pp. 520-4, 2003; S. Bluck, et al., "A Tale of Three Functions: The Self-Reported Use of Autobiographical Memory". *Social Cognition*, v. 23, pp. 91-117, 2005.

2. A. Tversky e D. Kahneman, "Availability: A Heuristic for Judgment Frequency and Probability". *Cognitive Psychology*, v. 5, pp. 207-32, 1973.

3. L. J. Sanna e N. Schwarz, "Integrating Temporal Biases: The Interplay of Focal Thoughts and Accessibility Experiences". *Psychological Science*, v. 15, pp. 474-81, 2004.

4. R. Brown e J. Kulik, "Flashbulb Memories". *Cognition*, v. 5, pp. 73-99, 1977; P. H. Blaney, "Affect and Memory: A Review", *Psychological Bulletin*, v. 99, pp. 229-46, 1986.

5. D. T. Miller e B. R. Taylor, "Counterfactual Thought, Regret and Superstition: How to Avoid Kicking Yourself". In: N. J. Roese e J. M. Olson (Org.), *What Might Have Been: The Social Psychology of Counterfactual Thinking*, pp. 305-31. Hillsdale: Lawrence Erlbaum, 1995; J. Kruger, D. Wirtz e D. T. Miller, "Counterfactual Thinking and the First Instinct Fallacy". *Journal of Personality and Social Psychology*, v. 88, pp. 725-35, 2005.

6. R. Buehler e C. McFarland, "Intensity Bias in Affective Forecasting: The Role of Temporal Focus". *Personality and Social Psychology Bulletin*, v. 27, pp. 1480-93, 2001.

7. C. K. Morewedge, D. T. Gilbert e T. D. Wilson, "The Least Likely of Times: How Memory for Past Events Biases the Prediction of Future Events". *Psychological Science*, p. 16, pp. 626-30, 2005.

8. B. L. Fredrickson e D. Kahneman, "Duration Neglect in Retrospective Evaluations of Affective Episodes". *Journal of Personality and Social Psychology*, v. 65, pp. 45-55, 1993; D. Ariely e Z. Carmon, "Summary Assessment of Experiences: The Whole Is Different from the Sum of Its Parts". *Time and Decision*. G. Loewenstein, D. Read e R. F. Baumeister (Org.). Nova York: Fundação Russell Sage, 2003, pp. 323-49.

9. W. M. Lepley, "Retention as a Function of Serial Position". *Psychological Bulletin*, v. 32, p. 730, 1935; B. B. Murdock, "The Serial Position Effect of Free Recall". *Journal of Experimental Psychology*, v. 64, pp. 482-8, 1962; T. L. White e M. Treisman, "A Comparison of the Encoding of Content and Order in Olfactory Memory and in Memory for Visually Presented Verbal Materials". *British Journal of Psychology*, v. 88, pp. 459-72, 1997.

10. N. H. Anderson, "Serial Position Curves in Impression Formation". *Journal of Experimental Psychology*, v. 97, pp. 8-12, 1973.

11. D. Kahneman et al., "When More Pain Is Preferred to Less: Adding a Better Ending". *Psychological Science*, v. 4, pp. 401-5, 1993.

12. J. J. Christensen-Szalanski, "Discount Functions and the Measurement of Patients' Values: Women's Decisions During Childbirth". *Medical Decision Making*, v. 4, pp. 47-58, 1984.

13. D. Holmberg, J. G. Holmes, "Reconstruction of Relationship Memories: A Mental Models Approach". In: N. Schwarz e N. Sudman (Org.), *Autobiographical Memory and the Validity of Retrospective Reports*. Nova York: Springer-Verlag, 1994, pp. 267-88; C. Mcfarland e M. Ross, "The Relation Between Current Impressions and Memories of Self and Dating Partners". *Personality and Social Psychology Bulletin*, v. 13, pp. 228-38, 1987.

14. William Shakespeare, *King Richard II*, Ato 2, cena 1, 1594-6. Londres: Penguin Classics, 1981. [Ed. bras.: *A tragédia do Rei Ricardo II*. Trad. de Carlos Alberto Nunes. Melhoramentos, 1956; Ediouro, s/d; Agir, 2008; *Ricardo II*. Trad. de F. Carlos de Almeida Cunha Medeiros e Oscar Mendes. José Aguilar, 1969; Nova Aguilar, 1989 e 1995; *Ricardo II*. Trad. de Barbara Heliodora. Nova Aguilar, 2016; *Ricardo II*. Trad. de Elvio Funck. Edunisc/Movimento, 2018.]

15. D. Kahneman, "Objective Happiness". D. Kahneman, E. Diener e N. Schwarz (Org.), *Well--Being: The Foundations of Hedonic Psychology*. Nova York: Fundação Russell Sage, 1999, pp. 3-25.

16. Ver "Well-Being and Time". In: J. D. Velleman, *The Possibility of Practical Reason*. Oxford: Oxford University Press, 2000.

17. E. Diener, D. Wirtz e S. Oishi, "End Effects of Rated Quality of Life: The James Dean Effect". *Psychological Science*, v. 12, pp. 124-8, 2001.

18. M. D. Robinson e G. L. Clore, "Belief and Feeling: Evidence for an Accessibility Model of Emotional Self-Report". *Psychological Bulletin*, v. 128, pp. 934-60, 2002; L. J. Levine e M. A. Safer, "Sources of Bias in Memory for Emotions". *Current Directions in Psychological Science*, v. 11, pp. 169-73, 2002.

19. M. D. Robinson e G. L. Clore, "Episodic and Semantic Knowledge in Emotional Self--Report: Evidence for Two Judgment Processes". *Journal of Personality and Social Psychology*, v. 83, pp. 198-215, 2002.

20. M. D. Robinson, J. T. Johnson e S. A. Shields, "The Gender Heurristic and the Database: Factors Affecting the Perception of Gender-Related Differences in the Experience and Display of Emotions". *Basic and Applied Social Psychology*, v. 20, pp. 206-19, 1998.

21. C. Mcfarland, M. Ross e N. Decourville, "Women's Theories of Menstruation and Biases in Recall of Menstrual Symptoms". *Journal of Personality and Social Psychology*, v. 57, pp. 522-31, 1981.

22. S. Oishi, "The Experiencing and Remembering of Well-Being: A Cross-Cultural Analysis". *Personality and Social Psychology Bulletin*, v. 28, pp. 1398-406, 2002.

23. C. N. Scollon et al. "Emotions Across Cultures and Methods". *Journal of Cross-Cultural Psychology*, v. 35, pp. 304-26, 2004.

24. M. A. Safer, L. J. Levine e A. L. Drapalski, "Distortion in Memory for Emotions: The Contributions of Personality and Post-Event Knowledge". *Personality and Social Psychology Bulletin*, v. 28, pp. 1495-507, 2002; S. A. Dewhurst e M. A. Marlborough, "Memory Bias in the Recall of Pre-exam Anxiety: The Influence of Self-Enhancement". *Applied Cognitive Psychology*, v. 17, pp. 695-702, 2003.

25. T. R. Mitchell et al., "Temporal Adjustments in the Evaluation of Events: The 'Rosy View'". *Journal of Experimental Social Psychology*, v. 33, pp. 421-48, 1997.

26. T. D. Wilson et al., "Preferences as Expectation-Driven Inferences: Effects of Affective Expectations on Affective Experience". *Journal of Personality and Social Psychology*, v. 56, pp. 519-30, 1989.

27. A. A. Stone et al., "Prospective and Cross-Sectional Mood Reports Offer No Evidence of a 'Blue Monday' Phenomenon". *Journal of Personality and Social Psychology*, v. 49, pp. 129-34, 1985.

11. REPORTANDO AO VIVO DO AMANHÃ [pp. 235-57]

1. J. Livingston e R. Evans, "Whatever Will Be, Will Be (Que Sera, Sera)", 1955.

2. W. V. Quine e J. S. Ullian, *The Web of Belief*, 2. ed., p. 51. Nova York: Random House, 1978.

3. Metade de todos os norte-americanos se mudou no período de cinco anos de 1995 a 2000, o que sugere que o cidadão médio se muda a cada dez anos; B. Berkner e C. S. Faber, *Geographical Mobility, 1995 to 2000*. Washington, DC: Departamento do Censo dos Estados Unidos, 2003.

4. O *baby boomer* [pessoa nascida durante a explosão demográfica ocorrida nos Estados Unidos após a Segunda Guerra Mundial] médio teve cerca de dez empregos entre os dezoito e os 36 anos, o que sugere que o norte-americano médio mantém pelo menos esse número ao longo da vida. Agência de Estatísticas de Trabalho e Emprego dos Estados Unidos, *Number of Jobs Held, Labor Market Activity, and Earnings Growth Among Younger Baby Boomers: Results from More Than Two Decades of a Longitudinal Survey*, comunicado da Agência de Estatísticas de Trabalho e Emprego dos Estados Unidos. Washington, DC: Departamento do Trabalho dos Estados Unidos, 2002.

5. O Departamento do Censo dos Estados Unidos projeta que, nos próximos anos, 10% dos americanos nunca se casarão, 60% se casarão apenas uma vez e 30% se casarão pelo menos duas vezes. R. M. Kreider e J. M. Fields, *Number, Timing, and Duration of Marriages and Divorces, 1996*. Washington, DC: Departamento do Censo dos Estados Unidos, 2002.

6. B. Russell, *The Analysis of Mind*, p. 231. Nova York: Macmillan, 1921. [Ed. bras.: *A análise da mente*. Rio de Janeiro: Zahar, 1976 (1971).]

7. O biólogo Richard Dawkins se refere a essas crenças como memes. Ver R. J. Dawkins, *The Selfish Gene*. Oxford: Oxford University Press, 1976. [Ed. bras.: *O gene egoísta*. Trad. de Rejane Rubino. São Paulo: Companhia das Letras, 2007.] Ver também S. Blackmore, *The Meme Machine*. Oxford: Oxford University Press, 2000.

8. D. C. Dennett, *Brainstorms: Philosophical Essays on Mind and Psychology*. Cambridge: Bradford/MIT Press, 1981.

9. R. Layard, *Happiness: Lessons from a New Science*. Nova York: Penguin, 2005. [Ed. bras.: *Felicidade: Lições de uma nova ciência*. Rio de Janeiro: BestSeller, 2008]; E. Diener e M. E. P. Seligman, "Beyond Money: Toward an Economy of Well-Being". *Psychological Science in the Public Interest*, v. 5, pp. 1-31, 2004; B. S. Frey e A. Stutzer, *Happiness and Economics: How the Economy*

and Institutions Affect Human Well-Being. Princeton: Princeton University Press, 2002; R. A. Easterlin, "Income and Happiness: Towards a Unified Theory". *Economic Journal*, v. 111, pp. 465-84, 2001; D. G. Blanchflower e A. J. Oswald, "Well-Being over Time in Britain and the USA". *Journal of Public Economics*, v. 88, pp. 1359-86, 2004.

10. O efeito do *declínio da utilidade marginal* é retardado quando gastamos nosso dinheiro nas coisas às quais temos menos probabilidade de nos adaptar. Ver T. Scitovsky, *The Joyless Economy: The Psychology of Human Satisfaction*. Oxford: Oxford University Press, 1976; L. van Boven e T. Gilovich, "To Do or to Have? That Is the Question". *Journal of Personality and Social Psychology*, v. 85, pp. 1193-202, 2003; R. H. Frank, "How Not to Buy Happiness". *Daedalus: Journal of the American Academy of Arts and Sciences*, v. 133, pp. 69-79, 2004. Nem todos os economistas acreditam no declínio da utilidade marginal: R. A. Easterlin, "Diminishing Marginal Utility of Income? Caveat Emptor". *Social Indicators Research*, v. 70, pp. 243-326, 2005.

11. J. D. Graaf et al., *Affluenza: The All-Consuming Epidemic*. Nova York: Berrett-Koehler, 2002; D. Myers, *The American Paradox: Spiritual Hunger in an Age of Plenty*. New Haven: Yale University Press, 2000; R. H. Frank, *Luxury Fever*. Princeton: Princeton University Press, 2000; J. B. Schor, *The Overspent American: Why We Want What We Don't Need*. Nova York: Perennial, 1999; P. L. Wachtel, *Poverty of Affluence: A Psychological Portrait of the American Way of Life*. Nova York: Free Press, 1983.

12. Adam Smith, *An Inquiry into the Nature and Causes of the Wealth of Nations* (1776), Livro 1. Nova York: Modern Library, 1994. [Ed. bras.: *Riqueza das nações? Investigação sobre sua natureza e suas causas*. Trad. de Luiz João Baraúna. São Paulo: Nova Cultural, 1996 (Os Economistas).]

13. Adam Smith, *The Theory of Moral Sentiments* (1759). Cambridge: Cambridge University Press, 2002. [Ed. bras.: *Teoria dos sentimentos morais*. Trad. de Lya Luft. São Paulo: Martins Fontes, 1999.]

14. N. Ashraf, C. Camerer e G. Loewenstein, "Adam Smith, Behavorial Economist". *Journal of Economic Perspectives*, v. 19, pp. 131-45, 2005.

15. Smith, *Teoria dos sentimentos morais*.

16. Alguns teóricos argumentaram que as sociedades exibem um padrão cíclico no qual as pessoas chegam a perceber que dinheiro não compra felicidade, mas se esquecem dessa lição uma geração depois. Ver A. O. Hirschman, *Shifting Involutions: Private Interest and Public Action*. Princeton: Princeton University Press, 1982.

17. C. Walker, "Some Variations in Marital Satisfaction". In: R. Chester e J. Peel (Org.), *Equalities and Inequalities in Family Life*, pp. 127-39. Londres: Academic Press, 1977.

18. D. Myers, *The Pursuit of Happiness: Discovering the Pathway to Fulfillment, Well-Being, and Enduring Personal Joy*. Nova York: Avon, 1992, p. 71.

19. J. A. Feeney, "Attachment Styles, Communication Patterns and Satisfaction Across the Life Cycle of Marriage". *Personal Relationships*, v. 1, pp. 333-48, 1994.

20. D. Kahneman et al., "A Survey Method for Characterizing Daily Life Experience: The Day Reconstruction Method". *Science*, v. 306, pp. 1776-80, 2004.

21. T. D. Wilson et al., "Focalism: A Source of Durability Bias in Affective Forecasting". *Journal of Personality and Social Psychology*, v. 78, pp. 821-36, 2000.

22. R. J. Norwick, D. T. Gilbert e T. D. Wilson, "Surrogation: An Antidote for Errors in Affective Forecasting" (manuscrito não publicado, Harvard University, 2005).

23. Ibid.

24. Ibid.

25. Essa também é a melhor maneira de prever nosso comportamento futuro. Por exemplo, as pessoas superestimam a probabilidade de que realizarão um ato de caridade, mas estimam corretamente a probabilidade de que outros farão o mesmo. Isso sugere que, se baseássemos as previsões de nosso próprio comportamento no que vemos os outros fazer, acertaríamos em cheio. Ver N. Epley e D. Dunning, "Feeling 'Holier Than Thou': Are Self-Serving Assessments Produced by Errors in Self-or Social Prediction?". *Journal of Personality and Social Psychology*, v. 79, pp. 861-75, 2000.

26. R. C. Wylie, *The Self-Concept: Theory and Research on Selected Topics*, v. 2. Lincoln: University of Nebraska Press, 1979.

27. L. Larwood e W. Whittaker, "Managerial Myopia: Self-Serving Biases in Organizational Planning". *Journal of Applied Psychology*, v. 62, pp. 194-8, 1977.

28. R. B. Felson, "Ambiguity and Bias in the Self-Concept". *Social Psychology Quarterly*, v. 44, pp. 64-9.

29. D. Walton e J. Bathurst, "An Exploration of the Perceptions of the Average Driver's Speed Compared to Perceived Driver Safety and Driving Skill". *Accident Analysis and Prevention*, v. 30, pp. 821-30, 1998.

30. P. Cross, "Not Can but Will College Teachers Be Improved?". *New Directions for Higher Education*, v. 17, pp. 1-15, 1977.

31. E. Pronin, D. Y. Lin e L. Ross, "The Bias Blind Spot: Perceptions of Bias in Self Versus Others". *Personality and Social Psychology Bulletin*, v. 28, pp. 369-81, 2002.

32. J. Kruger, "Lake Wobegon Be Gone! The 'Below-Average Effect' and the Egocentric Nature of Comparative Ability Judgments". *Journal of Personality and Social Psychology*, v. 77, pp. 221-32, 1999.

33. J. T. Johnson et al., "The 'Barnum Effect' Revisited: Cognitive and Motivational Factors in the Acceptance of Personality Descriptions". *Journal of Personality and Social Psychology*, v. 49, pp. 1378-91, 1985.

34. Kruger, "Lake Wobegon Be Gone!".

35. E. E. Jones e R. E. Nibsbett, "The Actor and the Observer: Divergent Perceptions of the Causes of Behavior". In: E. E. Jones et al. (Org.), *Attribution: Perceiving the Causes of Behavior*. Morristown: General Learning Press, 1972; R. R. Nisbett e E. Borgida, "Attribution and the Psychology of Prediction". *Journal of Personality and Social Psychology*, v. 32, pp. 932-43, 1975.

36. D. T. Miller e C. McFarland, "Pluralistic Ignorance: When Similarity Is Interpreted as Dissimilarity". *Journal of Personality and Social Psychology*, v. 53, pp. 298-305, 1987.

37. D. T. Miller e L. D. Nelson, "Seeing Approach Motivation in the Avoidance Behavior of Others: Implications for an Understanding of Pluralistic Ignorance". *Journal of Personality and Social Psychology*, v. 83, pp. 1066-75, 2002.

38. C. R. Snyder e H. L. Fromkin, "Abnormality as a Positive Characteristic: The Development and Validation of a Scale Measuring Need for Uniqueness". *Journal of Abnormal Psychology*, v. 86, pp. 518-27, 1977.

39. M. B. Brewer, "The Social Self: On Being the Same and Different in the Same Time". *Personality and Social Psychology Bulletin*, v. 17, pp. 475-82, 1991.

40. H. L. Fromkin, "Effects of Experimentally Aroused Feelings of Undistinctiveness Upon Valuation of Scarce and Novel Experiences". *Journal of Personality and Social Psychology*, v. 16, pp. 521-9, 1970; H. L. Fromkin, "Feelings of Interpersonal Undistinctiveness: An Unpleasant Affective State". *Journal of Experimental Research in Personality*, v. 6, pp. 178-85, 1972.

41. R. Karniol, T. Eylon e S. Rish, "Predicting Your Own and Others' Thoughts and Feelings: More Like a Stranger Than a Friend", *European Journal of Social Psychology*, v. 27, pp. 301-11, 1997; J. T. Johnson, "The Heart on the Sleeve and the Secret Self: Estimations of Hidden Emotion in Self and Acquaintances". *Journal of Personality*, v. 55, pp. 563-82, 1987; R. Karniol, "Egocentrism Versus Protocentrism: The Status of Self in Social Prediction". *Psychological Review*, v. 110, pp. 564-80, 2003.

42. C. L. Barr e R. E. Kleck, "Self-Other Perception of the Intensity of Facial Expressions of Emotion: Do We Know What We Show?". *Journal of Personality and Social Psychology*, v. 68, pp. 608-18, 1995.

43. R. Karniol e L. Koren, "How Would You Feel? Children's Inferences Regarding Their Own and Others' Affective Reactions". *Cognitive Development*, v. 2, pp. 271-8, 1987.

44. C. McFarland e D. T. Miller, "Julgments of Self-Other Similarity: Just Like Other People, Only More So". *Personality and Social Psychology Bulletin*, v. 16, pp. 475-84, 1990.

POSFÁCIO [pp. 259-63]

1. Na verdade, não se sabe precisamente o que Bernoulli quis dizer com *utilidade*, porque ele não a definiu, e o significado desse conceito vem sendo debatido há três séculos e meio. Os primeiros a usar o termo estavam falando claramente sobre a capacidade das commodities de induzir experiências subjetivas positivas naqueles que as consumiam. Por exemplo, em 1750 o economista Ferdinando Galiani definiu *utilità* como "o poder de uma coisa de nos proporcionar felicidade" (F. Galiani, *Della moneta* [Sobre o dinheiro] [1750]). Em 1789, o filósofo Jeremy Bentham a definiu como "a propriedade por meio da qual qualquer objeto tende a produzir benefício, vantagem, prazer, bem-estar ou felicidade" (J. Bentham, em *An Introduction to the Principles of Morals and Legislation*. J. H. Burns e H. L. A. Hart (Org.) [1789]. Oxford: Oxford University Press, 1996. [Ed. bras.: *Uma introdução aos princípios da moral e da legislação*. Trad. de Luiz João Baraúna. São Paulo: Abril Cultural, 1984]). A maioria dos economistas modernos se distanciou de tais definições — não porque eles tenham melhores, mas porque não gostam de falar sobre experiências subjetivas. Assim, a utilidade tornou-se uma abstração hipotética da qual as escolhas são a medida. Se isso parece um truque de prestidigitação verbal para você, então bem-vindo ao clube. Para mais informações sobre a história do conceito, consulte N. Georgescu-Roegen, "Utility and Value in Economic Thought". *New Dictionary of the History of Ideas*, v. 4. Nova York: Charles Scribner's Sons, 2004, pp. 450-8; D. Kahneman, P. P. Wakker e R. Sarin, "Back to Bentham? Explorations of Experienced Utility". *Quarterly Journal of Economics*, v. 112, pp. 375-405, 1997.

2. A maioria dos economistas modernos discordaria dessa afirmação, porque atualmente a economia está comprometida com um pressuposto que a psicologia abandonou meio século atrás, a saber, o de que uma ciência do comportamento humano pode ignorar o que as pessoas sentem e dizem e se fiar apenas no que elas fazem.

3. D. Bernoulli, "Exposition of a New Theory on the Measurement of Risk". *Econometrica*, v. 22, pp. 23-36, 1954 (publicado originalmente como "Specimen theoriae novae de mensura sortis". *Commentarii Academiae Scientiarum Imperialis Petropolitanae*, v. 5, pp. 175-92, 1738.

4. Ibid., p. 25.

Índice remissivo

As páginas indicadas em itálico referem-se às figuras.

ESTA OBRA FOI COMPOSTA PELA ABREU'S SYSTEM EM INES LIGHT
E IMPRESSA EM OFSETE PELA LIS GRÁFICA SOBRE PAPEL PÓLEN SOFT
DA SUZANO S.A. PARA A EDITORA SCHWARCZ EM AGOSTO DE 2021

FSC
www.fsc.org
MISTO
Papel produzido a partir de fontes responsáveis
FSC® C112738

A marca FSC® é a garantia de que a madeira utilizada na fabricação do papel deste livro provém de florestas que foram gerenciadas de maneira ambientalmente correta, socialmente justa e economicamente viável, além de outras fontes de origem controlada.